Diwygiadau

<u>ardaloedd menter</u> nid cylchfaoedd menter *(enterprise zones)*
<u>canolbwynt</u> daeargryn nid ffocws daeargryn *(earthquake focus)*
<u>Cefnfor De Iwerydd</u> nid De Cefnfor Iwerydd
<u>cemegion</u> yw lluosog cemegyn, nid cemegau
<u>CGC ac CMC</u>: gall y ddau gael eu mesur mewn termau real neu yn ôl y pen
<u>cysgod glaw</u> nid glawsgodfa *(rain shadow)*
<u>De'r Cefnfor Tawel</u> nid De y Cefnfor Tawel
<u>ffermio dwys</u> nid ffermio arddwys *(intensive farming)*
<u>maetholion</u> yw lluosog maetholyn, nid maetholynnau
<u>pyramidiau</u> yw lluosog pyramid, nid pyramidau

Cynnwys

Y Fersiwn Saesneg gwreiddiol:
GCSE Geography: The Revision Guide
Cyhoeddwyd gan Coordination Group Publications Ltd

Arlunwaith gan:
Sandy Gardner, *e-bost:* illustrations@sandygardner.co.uk
Ashley Tyson a Lex Ward, CGP

Cydolygydd: Simon Cook
Cydgysylltwyd gan: Paddy Gannon

Cyfranwyr:
Rosalind Browning
Leigh Edwards
Barbara Melbourne

Diweddarwyd gan:
Chris Dennett
Dominic Hall
Tim Major
James Paul Wallis

Gwefan: www.cgpbooks.co.uk
Gyda diolch i Malcolm Halsey ac Eileen Worthington am brawfddarllen.

Argraffwyd gan: Elanders Hindson, Newcastle upon Tyne.

Ffynonellau Clipart: CorelDRAW a VECTOR

ISBN 1 84146 700 6

Y Fersiwn Cymraeg hwn:
(ⓗ) ACCAC (Awdurdod Cymwysterau, Cwricwlwm ac Asesu Cymru), 2005.

Cyhoeddwyd gan y Ganolfan Astudiaethau Addysg (CAA), Prifysgol Cymru Aberystwyth, Yr Hen Goleg, Aberystwyth, SY23 2AX (http://www.caa.aber.ac.uk), gyda chymorth ariannol ACCAC.

Cyfieithydd: Howard Mitchell
Golygydd: Gwenda Lloyd Wallace
Ymgynghorydd: Lloyd Williams
Dylunwyr: Andrew Gaunt ac Enfys Beynon Jenkins
Argraffwyr: Gwasg Gomer

Diolch yn fawr i Siân Wyn Jones, Iwan Rowlands a Ken Richardson am eu cymorth a'u harweiniad gwerthfawr wrth brawfddarllen.

ISBN 1 85644 888 6

Y Jig-so Tectonig

Mae cramen y Ddaear wedi'i gwneud o blatiau anferth sy'n arnofio. Mae hyn yn anodd ei gredu ond mae'n wir, a bydd angen i chi ei ddeall os ydych chi'n mynd i ddeall tectoneg.

Mae Cramen y Ddaear wedi'i rhannu'n gyfres o Blatiau

1) Mae platiau yn 'arnofio' neu'n symud yn araf iawn (ychydig filimetrau y flwyddyn) ar ddefnydd tawdd y fantell (yr hylif y tu mewn i'r Ddaear). Ceryntau darfudiad sy'n achosi'r symudiad hwn yn y fantell.
2) Mae platiau'n cyfarfod ar hyd ffiniau neu ymylon plât.

Ceir Tri math o Ymyl Plât:

1) Ymylon adeiladol lle mae platiau'n dargyfeirio: e.e. Cefnen Canol yr Iwerydd

> Dau blât yn symud i ffwrdd oddi wrth ei gilydd. Magma'n codi o'r fantell.
> Cramen newydd yn cael ei ffurfio.

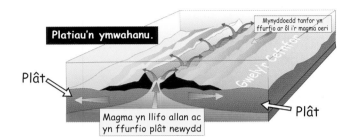

Platiau'n ymwahanu.

Mynyddoedd tanfor yn ffurfio ar ôl i'r magma oeri

Plât

Plât

Magma yn llifo allan ac yn ffurfio plât newydd

2) Ymylon distrywiol lle mae platiau'n cydgyfeirio: e.e. arfordir gorllewinol De America

> Dau blât yn symud tuag at ei gilydd.
> Cramen yn cael ei dinistrio.
> Mynyddoedd plyg, daeargrynfeydd a llosgfynyddoedd yn gyffredin.

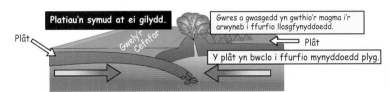

Platiau'n symud at ei gilydd.

Gwres a gwasgedd yn gwthio'r magma i'r arwyneb i ffurfio llosgfynyddoedd.

Plât

Gwely'r Cefnfor

Plât

Y plât yn bwclo i ffurfio mynyddoedd plyg.

3) Ymylon cadwrol lle mae platiau'n trawsffurfio: e.e. Ffawt San Andreas (arfordir gorllewinol Gogledd America)

> Platiau'n symud wysg eu hochr yn erbyn ei gilydd. Dim defnydd yn cael ei ennill na'i golli.
> Llosgfynyddoedd yn anghyffredin ond daeargrynfeydd yn digwydd yn aml.

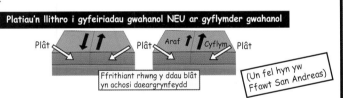

Platiau'n llithro i gyfeiriadau gwahanol NEU ar gyflymder gwahanol

Plât   Plât   Araf   Cyflym   Plât

Ffrithiant rhwng y ddau blât yn achosi daeargrynfeydd

(Un fel hyn yw Ffawt San Andreas)

Mae Llosgfynyddoedd a Daeargrynfeydd yn Agos at Ymylon Platiau

Mae'r ddau fap isod yn dangos ffiniau'r platiau a lleoliad llosgfynyddoedd, daeargrynfeydd a mynyddoedd plyg. Sylwch sut maent yn cydweddu — mae platiau'n bwysig ar gyfer gweithgareddau tectonig!

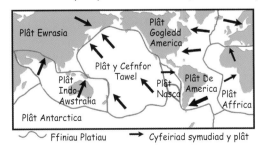

Plât Ewrasia

Plât Gogledd America

Plât y Cefnfor Tawel

Plât Indo-Awstralia

Plât Nasca

Plât De America

Plât Affrica

Plât Antarctica

Ffiniau Platiau   Cyfeiriad symudiad y plât

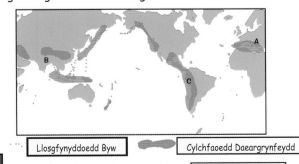

A

B

C

Llosgfynyddoedd Byw   Cylchfaoedd Daeargrynfeydd

A: Yr Alpau B: Himalaya C: Andes   Mynyddoedd Plyg

Mae dros 600 o losgfynyddoedd byw yn y byd heddiw — gyda'r mwyafrif ohonynt o gwmpas y Cefnfor Tawel yn y 'Cylch Tân'.

Symudiad platiau — testun cyffrous i gychwyn ...

Dyma dudalen ddigon hawdd i ddechrau. Ond rhaid i chi ddeall platiau er mwyn deall llosgfynyddoedd, daeargrynfeydd a mynyddoedd plyg — felly ewch ati i ddysgu. Medrwch wneud argraff dda ar arholwyr drwy ddangos eich bod yn gwybod beth yw'r 'Cylch Tân', felly ewch ati i'w ddysgu er mwyn eu plesio.

Daeargrynfeydd

Mae platiau'n arnofio'n araf o gwmpas y lle yn swnio'n dda. Ond pan fyddant yn dod at ei gilydd mae daeargrynfeydd yn digwydd — ac nid yw hynny mor ddymunol ...

Ceir Daeargrynfeydd ar hyd Ymylon Plât Cydgyfeiriol neu Drawsffurfiol

1) Wrth i ddau blât symud tuag at ei gilydd, gall un gael ei wthio o dan y llall ac i mewn i'r fantell. Os aiff y plât hwn yn sownd mae'n achosi llawer o straen yn y creigiau oddi amgylch. Gall platiau sy'n symud wysg eu hochr fynd yn sownd hefyd.

2) Pan gaiff y straen yn y cregiau ei ryddhau yn y diwedd, mae'n cynhyrchu siocdonnau cryf o'r enw tonnau seismig. Gelwir hyn yn ddaeargryn.

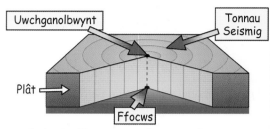

3) Mae'r siocdonnau yn ymledu o'r ffocws — sef man cychwyn y daeargryn. Mae'r tonnau'n gryfach ger y ffocws ac yn achosi mwy o ddifrod.

4) Yr uwchganolbwynt yw'r man ar arwyneb y Ddaear sy'n union uwchben y ffocws.

Daeargrynfeydd mawr diweddar

Lleoliad	Blwyddyn	Marwolaethau	Maint
Seattle	2001	0	7.2
India	2001	20,000	7.7
Twrci	1999	10,000	6.7
Kobe-Japan	1995	5,000	7.2

Mae'r Raddfa Richter yn mesur Daeargrynfeydd

1) Defnyddir seismomedr, peiriant sydd â seismograff ar ddrwm tro, i fesur maint daeargryn. Cofnodir dirgryniadau'r daeargryn gan fraich sensitif ag ysgrifbin ar y pen sy'n symud i fyny ac i lawr.

2) Cofnodir y mesuriadau hyn ar y Raddfa Richter, graddfa benagored a ddefnyddir i gofnodi'r egni sy'n cael ei ryddhau.

3) Graddfa logarithmig yw hon — sy'n golygu bod daeargryn â sgôr o 5 yn ddeg gwaith mwy grymus nag un â sgôr o 4.

4) Mae'r rhan fwyaf o ddaeargrynfeydd difrifol o fewn yr amrediad 5 i 9. Daeargryn gradd 8.6 San Francisco yn 1906 oedd yr un mwyaf grymus yn ddiweddar.

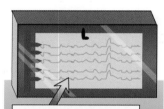

Mae seismograff yn cofnodi symudiadau yn y ddaear.

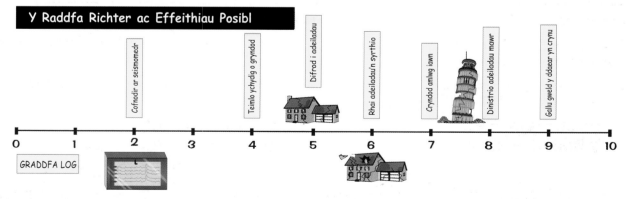

Y Raddfa Richter ac Effeithiau Posibl

GRADDFA LOG

Daeargrynfeydd — testun ysgytwol ...

Nid yw'r wybodaeth dechnegol hon yn rhy anodd os ewch chi ati i'w dysgu'n iawn. Gwnewch yn siŵr eich bod yn deall y gwahaniaeth rhwng ffocws ac uwchganolbwynt. Peidiwch ag anghofio nad oes terfyn ar y Raddfa Richter, ond ni chofnodwyd daeargryn mwy na gradd 9 erioed. Cofiwch hefyd nad darlleniad y Raddfa Richter yn unig sy'n bwysig yn nhermau'r difrod a achosir gan ddaeargryn — mae llawer yn dibynnu ar leoliad y daeargryn, a pha mor gryf neu wan yw'r adeiladau. Ysgrifennwch baragraff ar sut a pham mae daeargrynfeydd yn digwydd.

Llosgfynyddoedd

Fel arfer, mae llosgfynyddoedd ar ffurf côn (ond nid bob tro). Maent yn cael eu ffurfio wrth i ddefnydd o'r fantell gael ei wthio trwy agoriad yng nghramen y Ddaear, yr agorfa.

Mae llosgfynyddoedd yn Farw, yn Gwsg neu'n Fyw

1) MARW – ni fydd yn echdorri byth eto, e.e. Devil's Tower, Wyoming.

2) CWSG – Nid yw wedi echdorri am o leiaf 2000 o flynyddoedd, e.e. Santorini, Groeg.

3) BYW – Mae wedi echdorri'n ddiweddar, ac mae'n debygol o echdorri eto, e.e. Mynydd Etna, Sicilia.

Prif Losgfynyddoedd Byw	
LLEOLIAD	ECHDORIAD DIWETHAF
Mynydd Etna, Sicilia	2001
Montserrat	1997
Pinatubo, Y Pilipinas	1991
Mynydd St Helens, UDA	1980

Mae Llosgfynydd Cyfansawdd yn cynnwys Lafa a Lludw

1) Gall pedwar sylwedd gwahanol gael eu bwrw allan o'r agorfa:
   1) lludw
   2) nwy
   3) darnau o graig a elwir yn fomiau folcanig
   4) craig dawdd — o'r enw magma pan fydd yn y ddaear a lafa pan fydd wedi cyrraedd yr arwyneb.

2) Unwaith y caiff y defnydd hwn ei daflu allan i'r arwyneb, mae'n oeri ac yn caledu, gan ffurfio mynydd y llosgfynydd o'r cymysgedd o ludw a lafa.

3) Mae Mynydd Etna yn Sicilia yn esiampl enwog o losgfynydd cyfansawdd.

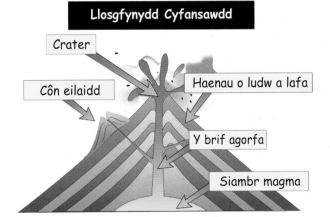

Llosgfynydd Cyfansawdd

Crater

Côn eilaidd

Haenau o ludw a lafa

Y brif agorfa

Siambr magma

Mae Llosgfynyddoedd Tarian a Llosgfynyddoedd Cromen wedi'u gwneud o Lafa yn unig

Ceir dau fath o losgfynydd sydd wedi'u gwneud o lafa wedi caledu yn unig:

1) Llosgfynydd tarian: lle ceir lafa basig (alcalïaidd) sy'n llifo. Mae'n llifo'n gyflym ac yn rhwydd dros arwynebedd sylweddol o dir gan ffurfio arweddion llydan, gwastad — e.e. Mauna Loa (Ynysoedd Hawaii).

2) Llosgfynydd cromen: mae'r lafa yn asid ac yn fwy trwchus. Mae'n llifo'n fwy araf ac yn caledu'n gyflym i ffurfio arweddion serthochrog — e.e. Mynydd St Helens (UDA).

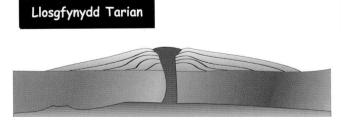

Llosgfynydd Tarian

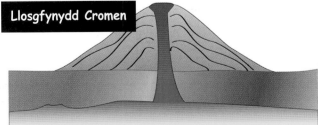

Llosgfynydd Cromen

Llosgfynyddoedd — y pethau tanllyd yna eto ...

Ni ddylech gael gormod o drafferth wrth ddysgu amdanynt — dim ond i chi gofio am y tri math. Lluniwch draethawd byr i esbonio sut y caiff llosgfynyddoedd cyfansawdd, tarian a chromen eu ffurfio.

Goroesi Peryglon Tectonig

Yn ogystal â deall sut mae daeargrynfeydd ac echdoriadau folcanig ('peryglon tectonig') yn digwydd, rhaid i chi wybod sut mae'r peryglon yn effeithio ar bobl, a sut mae pobl yn ceisio ymgodymu â'r peryglon.

Mae Pobl yn Byw mewn Cylchfaoedd Daeargryn a Chylchfaoedd Folcanig

1) Mae priddoedd ffrwythlon yn datblygu o lafa a lludw folcanig, felly mae pobl yn byw yn agos at losgfynyddoedd ac yn ffermio'r tir.

2) Ceir mwynau gwerthfawr a thanwyddau ffosil mewn cylchfaoedd folcanig.

3) Mae tir yn rhad mewn cylchfaoedd folcanig a chylchfaoedd daeargryn, ac mae pobl yn teimlo'n fwy diogel o ganlyniad i ddatblygiadau technolegol, e.e. tai sy'n gallu gwrthsefyll daeargryn.

4) Mae astudiaethau gwyddonol diweddar wedi dangos bod miliynau ar filiynau o bobl yn byw mewn cylchfaoedd daeargryn; byddai'n hunllef ceisio eu hailgartrefu i gyd, ac nid yw llawer ohonynt yn dymuno symud beth bynnag.

Rhagfynegi Peryglon Ymlaen Llaw

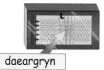

daeargryn

1) Mae gwyddonwyr yn monitro arwyddion cynnar echdoriad folcanig — llawer iawn o fân ddaeargrynfeydd, magma'n codi, nwy yn dianc, cynnydd yn nhymheredd y magma, a newidiadau yng ngogwydd ochrau'r llosgfynydd.

2) Mae rhagfynegi daeargrynfeydd yn fwy anodd, ond ceir ambell gliw — newidiadau yn lefel dŵr ffynhonnau, nwyon yn dianc, craciau yn ymddangos mewn creigiau, ac ymddygiad rhyfedd anifeiliaid a welwyd gan wyddonwyr yn China yn 1974.

3) Defnyddir cyfrifiaduron i ddadansoddi data o'r gorffennol er mwyn rhagfynegi echdoriadau a daeargrynfeydd yn y dyfodol. OND — gall llosgfynyddoedd cwsg echdorri'n sydyn a gall daeargrynfeydd ddigwydd yn ddirybudd.

Gall Cynllunio Da Leihau Effeithiau Perygl

1) MONITRO: Mae monitro yn helpu i ragfynegi peryglon fel bod modd rhybuddio pobl.

2) TEULUOEDD: Gall teuluoedd drefnu bod ganddynt gyflenwad o fwyd a dŵr, mygydau llwch, dillad sbâr, anghenion meddygol sylfaenol, llochesau, tortshis, batris, ffonau symudol ac unrhyw bethau eraill defnyddiol.

3) GWASANAETHAU ARGYFWNG LLEOL: Sicrhau bod y gwasanaethau argyfwng lleol, fel yr heddlu, y frigâd dân a'r gwasanaeth ambiwlans, wedi paratoi'n ddigonol i ddelio ag unrhyw berygl.

4) CYNLLUNIO AR GYFER TRYCHINEB: Mae modd i awdurdodau lleol a llywodraethau lunio ac ymarfer eu hymateb i drychineb er mwyn cynorthwyo i leihau'r difrod a nifer y marwolaethau a'r anafiadau (e.e. sut i symud llawer o bobl oddi wrth losgfynydd yn gyflym iawn).

5) GWYBODAETH: Gellir hysbysu'r cyhoedd am y dulliau gweithredu brys — e.e. yn yr ysgolion, mewn cyfarfodydd i'r cyhoedd, mewn pamffledi a hysbysebion papur newydd ac ati. Gall cysgodi o dan fwrdd neu beidio â sefyll ger waliau achub bywydau.

Daeargrynfeydd
- Byddwch yn Ddiogel!
Ewch o dan fwrdd | Peidiwch â sefyll ger waliau

6) CYFLENWADAU ARGYFWNG: Gellir trefnu cyflenwadau argyfwng o ddŵr a phŵer ymlaen llaw.

7) CYNLLUNIO ADEILADAU A FFYRDD: Mae modd cynllunio adeiladau a ffyrdd ar gyfer symudiadau daear fel nad ydynt yn cwympo dan y straen, e.e. gall nendyrau newydd mewn cylchfaoedd daeargryn gael eu hadeiladu â gwrthbwysyn dan reolaeth cyfrifiadur, trawstiau croes a seiliau arbennig er mwyn lleihau effaith daeargrynfeydd.

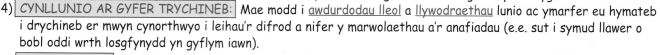

Gwrthbwysyn mawr dan reolaeth cyfrifiadur yn symud yn groes i'r daeargryn

Trawstiau croes yn caniatáu mwy o hyblygrwydd

Siocladdwyr rwber yn y seiliau

8) CRYFHAU FFYRDD A RHEILFFYRDD: Gall cryfhau ffyrdd a rheilffyrdd leihau'r difrod. Ond weithiau nid yw hyn yn gweithio, e.e. yn Kobe, Japan yn 1995 plygodd cledrau'r Shinkansen ('Y Trên Bwled') yn annisgwyl.

Goroesi Peryglon — codi'r darnau ...

Tudalen o ffeithiau diddorol iawn am beryglon tectonig yn aros i'w dysgu. Onid yw hi'n rhyfedd sut mae pobl yn ymdopi â byw yng nghysgod llosgfynyddoedd a daeargrynfeydd? Gwnewch restr o'r pethau y gellir eu gwneud er mwyn paratoi ar gyfer perygl tectonig. Yna, lluniwch baragraff byr ar resymau pobl dros fyw mewn cylchfaoedd peryglus.

Peryglon Tectonig mewn GLIEDd a GMEDd

Mae daeargrynfeydd a llosgfynyddoedd yn hunllef yn unrhyw le, ond maent yn achosi mwy o broblemau yn y GLIEDd.

Mae Tri Ffactor yn effeithio ar ddifrifoldeb trychineb:

1) ARDALOEDD GWLEDIG/TREFOL: Mae llai o bobl ac adeiladau mewn ardaloedd gwledig ac felly mae maint y drychineb yn llai.

2) DWYSEDD POBLOGAETH: Digon amlwg a dweud y gwir — mwy o bobl = mwy o farwolaethau, e.e. digwyddodd y daeargryn yn India yn 2001 mewn ardal boblog iawn. O ganlyniad lladdwyd 20,000 o bobl.

3) PA MOR BAROD YW GWLEDYDD: Mae hyn yn dibynnu ar ba mor ddatblygedig yw'r gwledydd. Mae gan y GLIEDd lai o amser, arian ac arbenigedd i baratoi ar gyfer peryglon. Mae'r GMEDd wedi paratoi'n well, ond ni allant rwystro trychinebau rhag digwydd. Gallant gyfyngu ar y difrod yn unig.

Gall GMEDd Weithredu Cynlluniau Brys

1) Mae arbenigwyr yr awdurdod lleol yn asesu difrifoldeb y sefyllfa a'r difrod.

2) Dylid rhoi gwybodaeth i'r bobl leol am y sefyllfa — mae angen tawelu eu meddyliau a dweud wrthynt beth i'w wneud nesaf.

3) Rhaid delio ag achosion brys ar unwaith. Rhaid mynd â phobl sydd wedi'u hanafu i'r ysbyty a rhaid diffodd tanau — mae tanau'n broblem fawr os yw pibellau nwy wedi cael eu difrodi.

4) Rhaid adfer gwasanaethau cyhoeddus fel pŵer, y cyflenwad dŵr a gwaredu carthion cyn gynted â phosibl er mwyn osgoi clefydau.

5) Efallai y bydd rhwydweithiau cyfathrebu fel ffyrdd, pontydd, rheilffyrdd a ffonau wedi cael eu difrodi, ac felly rhaid mynd ati ar unwaith i'w hatgyweirio er mwyn i help o'r tu allan i'r ardal fedru cyrraedd.

6) Rhaid cydlynu ymdrechion unigolion, y llywodraeth, a mudiadau fel Oxfam a Cafod.

7) Unwaith y bydd popeth yn ddiogel, a dim perygl arall yn debygol o daro, yna gall bywyd fynd yn ôl i'r arferol unwaith eto.

Nid yw GLIEDd wedi Paratoi Cystal …

1) Ceir llawer o bobl yng nghylchfaoedd peryglus y GLIEDd nad ydynt wedi derbyn unrhyw wybodaeth ynglŷn â beth i'w wneud os digwydd trychineb.

2) Nid yw rhai GLIEDd yn paratoi cynlluniau — mae gan y llywodraeth ddigon o broblemau'n barod.

3) Mae eu rhwydweithiau cyfathrebu yn wael — mae llawer o bobl yn byw mewn trefi sianti, heb ffyrdd da i'w cyrraedd ac mewn tai gwael sy'n syrthio'n hawdd, gan achosi mwy o anafiadau.

… ac mae Mynd yn ôl i'r Arferol yn cymryd Rhagor o Amser

1) Ychydig iawn o arbenigwyr sydd ar gael i asesu'r sefyllfa.

2) Heb gynlluniau, bydd diffodd tanau a thrin anafiadau yn cymryd rhagor o amser.

3) Gall tai sydd wedi'u hadeiladu'n wael achosi rhagor o ddifrod a chaniatáu i danau a chlefydau ymledu'n gyflym.

4) Mae'r rhwydweithiau cyfathrebu cyfyngedig yn golygu nad yw pobl yn gwybod beth sy'n digwydd. Ychydig iawn o ambiwlansys ac injans tân sydd ar gael hefyd.

5) Mae'r cyflenwadau dŵr a phŵer yn wael ar y gorau, ac mae eu trwsio yn anodd.

6) Mae'r un peth yn wir am y ffyrdd a'r systemau cludo, felly mae'n anodd dod â chyflenwad o fwyd, moddion, dillad, llochesau ac ati i'r ardal, hyd yn oed os ydynt ar gael.

7) Mae diffyg arian yn eu gorfodi i ddibynnu ar gymorth tramor sy'n araf iawn yn eu cyrraedd.

8) Prin yw'r cyfleusterau meddygol, felly mae llawer o bobl yn marw o ganlyniad i anafiadau neu glefydau yn gysylltiedig â chyflenwad dŵr budr/brwnt ac amodau byw gwael.

Byddwch yn barod!

Mae'r dudalen hon yn gallu codi gwallt eich pen — ond rhaid i chi ei dysgu. Cofiwch mai dim ond drwy gynllunio gofalus — rhagfynegi a lleoli trychinebau a delio â hwy — y mae modd wynebu peryglon tectonig. Gwnewch yn siŵr eich bod yn gallu disgrifio'r gwahaniaethau rhwng y ffordd y bydd GLIEDd a GMEDd yn delio â pheryglon.

Crynodeb Adolygu ar gyfer Adran 1

Dyma adran go anodd — yn llawn termau a syniadau ffansi i'w cofio. Ewch ati i brofi'ch hun arni YN AWR — os gadewch hi tan y diwedd byddwch wedi syrffedu. Bydd y cwestiynau hyn yn dangos pa mor dda rydych wedi deall y gwaith. Gwnewch eich gorau — ac yna ewch yn ôl i wirio'r gwaith oedd yn anodd i chi. Peidiwch â phoeni os nad yw popeth yn berffaith gywir y tro cyntaf. Ewch yn ôl dros y gwaith dro ar ôl tro nes bod popeth ar flaen eich bysedd ... yna, cewch fwyta!

1) Mae cramen y Ddaear wedi'i rhannu'n blatiau. Beth yw enwau'r mannau lle maent yn cyfarfod?

2) Beth sy'n achosi i'r platiau symud?

3) Pa mor gyflym mae platiau'n symud? Dewiswch yr ateb cywir:

    a) ychydig fetrau y flwyddyn   b) ychydig filimetrau y flwyddyn.

4) Pa fath o ymyl plât a achosir gan blatiau'n dargyfeirio ? Rhowch esiampl.

5) Tynnwch ddiagram wedi'i labelu o ymyl plât â phlatiau'n dargyfeirio, ac esboniwch beth sy'n digwydd.

6) Pa fath o ymyl plât a achosir gan blatiau'n cydgyfeirio? Rhowch esiampl.

7) Tynnwch ddiagram wedi'i labelu o ymyl plât â phlatiau'n cydgyfeirio, ac esboniwch beth sy'n digwydd.

8) Pa fath o blatiau sy'n achosi ymylon cadwrol? Rhowch esiampl.

9) Tynnwch ddiagram wedi'i labelu o ymyl plât cadwrol, ac esboniwch beth sy'n digwydd.

10) Tynnwch ddiagram cyflawn o'r byd ar sffêr a wnaethoch o blu eira. Anwybyddwch y cwestiwn yna, ond byddwch ddiolchgar — dyna'r math o gwestiynau daearyddiaeth oedd yn cael eu gosod ar un adeg.

11) Beth yw mynyddoedd plyg? Sut maent yn cael eu ffurfio?

12) Enwch ddau blât a dwy gadwyn o fynyddoedd plyg.

13) Ble mae prif gylchfa folcanig y byd, a beth yw ei henw? (Cliw: Cylch sy'n llosgi)

14) Pa ran o gramen y Ddaear sy'n profi'r rhan fwyaf o ddaeargrynfeydd, a pham?

15) Wrth astudio daeargrynfeydd beth yw: y ffocws, yr uwchganolbwynt, tonnau seismig?

16) Faint yn fwy, ar y Raddfa Richter, yw daeargryn gradd 6 na daeargryn gradd 5? Pam?

17) Beth yw llosgfynydd? (Defnyddiwch y termau technegol cywir yn eich ateb.)

18) Beth yw llosgfynydd marw, llosgfynydd cwsg a llosgfynydd byw? Rhowch un esiampl o bob un.

19) O beth mae llosgfynydd cyfansawdd wedi'i wneud? Enwch esiampl.

20) Beth yw enwau'r darnau craig sy'n cael eu taflu allan o losgfynydd sy'n echdorri?

21) Beth yw'r gwahaniaeth rhwng lafa a magma?

22) Tynnwch ddiagram o losgfynydd cyfansawdd. Labelwch yr agorfa, y crater, y magma, y lludw a'r lafa.

23) Mae llosgfynyddoedd tarian a llosgfynyddoedd cromen wedi'u gwneud o lafa. Pa wahaniaethau sydd rhyngddynt o ran siâp a chyfansoddiad? Enwch enghraifft o'r ddau fath.

24) Nodwch bedwar rheswm pam mae pobl yn byw ger llosgfynyddoedd neu ddaeargrynfeydd.

25) Beth fydd gwyddonwyr yn chwilio amdano wrth geisio penderfynu a yw llosgfynydd ar fin echdorri?

26) Beth fydd gwyddonwyr yn chwilio amdano er mwyn rhagfynegi daeargryn?

27) Pa declyn gwyddonol a ddefnyddir i gofnodi symudiadau yn y ddaear?

28) Esboniwch wyth dull o leihau'r perygl o ddifrod mewn cylchfa daeargryn.

29) Pa dri phrif ffactor sy'n effeithio ar ddifrifoldeb perygl tectonig?

30) Beth yw ystyr GMEDd a GLIEDd?

31) Esboniwch yn fyr sut mae GMEDd yn delio â thrychineb.

32) Ysgrifennwch draethawd byr yn disgrifio problemau'r GLIEDd yn wyneb trychineb dectonig.

Mathau o Greigiau

Caiff creigiau eu dosbarthu'n greigiau igneaidd, creigiau gwaddod, neu greigiau metamorffig, yn ôl fel y cawsant eu ffurfio.

Ffurfir Creigiau Igneaidd o Fagma

1) Ffurfir creigiau igneaidd **ALLWTHIOL** pan fydd magma yn tywallt allan ar yr arwyneb ac yn oeri yno (e.e. creigiau folcanig). Mae ganddynt wead mân (e.e. basalt).

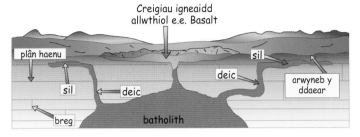

Pan fydd y magma'n oeri'n araf iawn, ffurfir colofnau hecsagonol mawr — e.e. Giants Causeway yng Ngogledd Iwerddon

2) Ffurfir creigiau igneaidd **MEWNWTHIOL** fel gwenithfaen pan fydd magma'n oeri'n araf iawn cyn iddo gyrraedd yr arwyneb. Mae eu gwead yn fras, ac maent yn ffurfio arweddion fel batholithau a thyrrau. Os bydd magma'n llifo ar hyd agoriadau yn y graig cyn iddo oeri bydd yn ffurfio siliau a deiciau sydd wedi'u gwneud o graig igneaidd arall — dolerit.

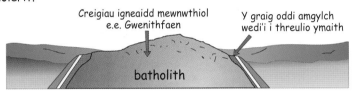

Adeiladweithiau gwenithfaen wedi'u treulio nes gadael blociau mawr sgwâr yw tyrrau — e.e. y tyrrau ar Dartmoor.

Ffurfir Creigiau Gwaddod o Ronynnau

1) Ffurfir tywodfaen, siâl a chlai o ronynnau mân iawn o dywod neu glai wedi'u herydu o dirweddau'r gorffennol gan wynt neu ddŵr a'u dyddodi mewn haenau, e.e. yn y môr. Yn ddiweddarach, cânt eu hymgodi i safle yn uwch na lefel y môr, mewn haenau neu strata — gyda phlanau haenu yn eu gwahanu.

2) Ffurfir calchfaen carbonifferaidd a sialc o weddillion cregyn mân iawn a microsgerbydau. Maent wedi'u gwneud o galsiwm carbonad ac maent yn adweithio ag asid hydroclorig gwanedig.

3) Daw glo o weddillion carbonaidd (cyfoethog mewn carbon) planhigion trofannol.

Ffurfir Creigiau Metamorffig gan Wres neu Wasgedd

Yn syml, ystyr 'metamorffig' yw 'ffurf a newidiwyd'. Gall creigiau igneaidd neu greigiau gwaddod gael eu trawsffurfio yn ystod gweithgaredd folcanig neu symudiadau daear. Mae'r cyfansoddiad cemegol yn aros yr un fath, ond mae'r creigiau newydd yn galetach, ac yn fwy cryno a chrisialog.

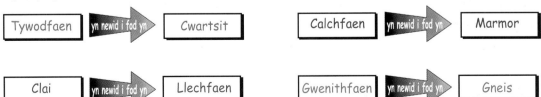

Yn sownd rhwng craig ac arholiad anodd ...

Mae cymysgu'r gwahanol fathau o greigiau yn hawdd. Ond peidiwch â throi'r dudalen nes bod hyn wedi'i serio ar eich meddwl. Wnewch chi ddim ei anghofio'n hawdd wedyn. EWCH ATI I DDYSGU!

Hindreuliad

Creigiau'n cael eu <u>malu</u> gan brosesau ffisegol, cemegol neu fiolegol yw <u>hindreuliad</u>. Mae'n digwydd yn y fan a'r lle, felly <u>nid oes unrhyw symudiad</u> yn digwydd.

Mae Hindreuliad Ffisegol yn Malu Arwyneb Creigiau

1) Gwaith Rhewi-Dadmer mewn Hinsoddau Tymherus

1) Ar nosweithiau o aeaf, mae tymereddau'r Ynysoedd Prydeinig yn aml o gwmpas 0°C.

2) Caiff <u>dŵr</u> ei <u>ddal</u> mewn craciau yn y graig. Wrth iddo rewi mae'n <u>ehangu</u>, ac mae hyn yn gwasgu ar ochrau'r crac.

3) Bydd yr iâ yn <u>ymdoddi</u> ac yn <u>cyfangu</u> yn ystod y dydd, gan leihau'r gwasgedd ar y craciau.

4) Mae <u>ehangu</u> a <u>chyfangu</u> bob yn ail fel hyn yn gwanhau'r graig nes bod darnau ohoni'n <u>torri'n rhydd</u>. RHEWFRIWIO yw enw'r broses hon.

5) Mae hyn yn cynhyrchu <u>sgri</u> wrth droed llethrau serth a <u>chludeiriau</u> ar lethrau graddol.

 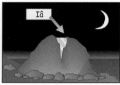 

Dŵr glaw yn casglu mewn crac | Iâ | Darn yn torri'n rhydd

2) Diblisgiad mewn Hinsoddau Diffeithdir Poeth

1) Mae gan ardaloedd diffeithdir poeth <u>amrediad mawr yn eu tymheredd dyddiol</u> (35°C yn ystod y dydd a 10°C yn ystod y nos).

2) Bob dydd, bydd <u>haenau arwyneb</u> y graig yn <u>poethi</u> ac <u>ehangu</u>. Yn ystod y nos byddant yn <u>oeri</u> a <u>chyfangu</u> — bydd hyn yn achosi i haenau tenau o'r graig <u>bilio i ffwrdd</u>.

 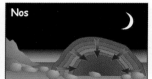 

Dydd | Nos | ... Yn ddiweddarach

Mae Angen Gwreiddiau Planhigion neu Bydredd i Achosi Hindreuliad Biolegol

Gall <u>gwreiddiau planhigion dyfu ar i lawr</u> drwy graciau mewn arwyneb craig a'u hagor, gan <u>ryddhau</u> darnau ohoni. Mae <u>planhigion sy'n pydru</u> a <u>gweddillion anifeiliaid</u> yn cynhyrchu <u>asidau</u> sy'n <u>tyllu</u> i'r creigiau islaw.

Adweithiau ar y Graig sy'n arwain at Hindreuliad Cemegol

1) Caiff <u>ardaloedd o galchfaen</u> eu hindreulio pan fydd calchfaen yn <u>adweithio</u> â <u>dŵr glaw</u> (<u>asid carbonig</u> gwan). Pan fydd yn bwrw glaw caiff y graig ei <u>hydoddi</u> ar hyd gwendidau fel bregion a phlanau haenu i ffurfio <u>arweddion hydoddiant</u> fel ogofâu, llyncdyllau, a'r clintiau a'r greiciau a welir ar galchbalmentydd. Bydd diferion dŵr yn gadael y <u>graig doddedig</u> ar ôl ar doeon a lloriau ogofâu i ffurfio <u>stalactidau</u> a <u>stalagmidau</u>, e.e. ardal Malham yng Ngogledd Swydd Efrog.

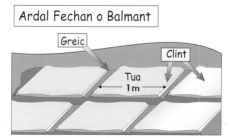

Ardal Fechan o Balmant
Greic
Clint
Tua 1 m

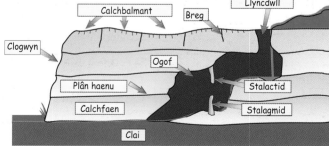

Calchbalmant | Breg | Llyncdwll
Clogwyn | Ogof | Plân haenu | Stalactid | Calchfaen | Stalagmid | Clai

2) Bydd <u>ardaloedd gwenithfaen</u> yn adweithio'n gemegol, gan <u>bydru</u> i ffurfio <u>caolin</u> neu <u>glai China</u>, e.e. Cernyw.

Dysgwch am Hindreuliad — ond peidiwch â thorri i lawr ...

Mae'r holl wybodaeth hon yn swnio'n gymhleth ac yn dechnegol — ond rhaid i chi ei dysgu. Cofiwch, cewch farciau da am ddangos eich bod yn deall y mathau gwahanol o hindreuliad a sut maent yn effeithio ar greigiau. Nodwch y tri math o hindreuliad a'u dysgu. Gwnewch yn siŵr eich bod yn deall yr holl brosesau.

Creigiau, Tirweddau a Phobl

Mae'r tirwedd — ei arweddion a'i briddoedd, yn dibynnu ar y math o graig a'r math o hindreuliad. Y tirwedd sy'n rheoli'r defnydd tir, ac mae gwahanol fathau o ddefnydd tir yn achosi gwrthdaro. O wenithfaen i wylofain mewn tri cham syml …

Mae Mathau Gwahanol o Greigiau yn creu Tirweddau Gwahanol

1) Gwenithfaen — Tirwedd a Defnydd Tir e.e. Dartmoor

Chwarel gwenithfaen yn rhoi defnydd adeiladu.

Mae'r arweddion dramatig yn denu twristiaid.

1) Mae gwenithfaen yn gallu gwrthsefyll erydiad a chreu tirffurfiau nodedig fel tyrrau a brigiadau creigiog.

2) Mae gwenithfaen yn anathraidd — sy'n golygu nad yw'n gadael i ddŵr ymdreiddio trwyddo. Mae hyn yn arwain at ddatblygiad llynnoedd, afonydd a llawer o ardaloedd corsiog.

3) Mae gwenithfaen yn hindreulio i gynhyrchu pridd asidig, gwael.

Tirwedd delfrydol ar gyfer cronfeydd dŵr.

Pridd anaddas i ffermio, ond yn dda ar gyfer saethu grugieir a hyfforddi'r fyddin.

2) Calchfaen Carbonifferaidd — Tirwedd a Defnydd Tir e.e. ar hyd ymyl ddeheuol Bannau Brycheiniog

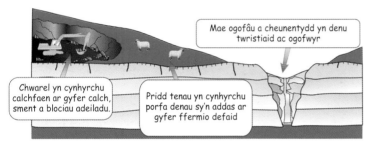

Mae ogofâu a cheunentydd yn denu twristiaid ac ogofwyr

Chwarel yn cynhyrchu calchfaen ar gyfer calch, sment a blociau adeiladu.

Pridd tenau yn cynhyrchu porfa denau sy'n addas ar gyfer ffermio defaid

1) Enw'r tirwedd a gynhyrchir gan galchfaen yw carst.

2) Mae calchfaen yn ffurfio gweundiroedd â chopaon gwastad ac ochrau serth, gyda cheunentydd serthochrog yn torri ar eu traws.

3) Ni all dŵr ymdreiddio i galchfaen ond mae'n gallu llifo ar hyd craciau a bregion arwyneb gan adael dim ond ychydig o nentydd arwyneb.

4) Lleolir aneddiadau wrth droed bryniau, lle mae dŵr yn tarddu o'r ddaear.

3) Sialc — Tirwedd a Defnydd Tir e.e. Downs y De

1) Mae sialc yn ffurfio sgarpiau — gyda llethrau sgarp (serth) a golethrau (graddol).

2) Mae sialc yn fandyllog (llawn tyllau mân), felly mae dŵr glaw yn ymdreiddio iddo gan adael dim ond ychydig o nentydd arwyneb.

3) Mae nentydd yn ymdreiddio i'r sialc ar ben sgarp sialc ac yn ailymddangos fel tarddellau yn y gwaelod.

4) Gellir defnyddio'r dŵr sy'n cael ei storio mewn llechwedd sialc fel cronfa naturiol.

Sialc yn cael ei gloddio ar gyfer sment a chalch

Pridd addas ar gyfer ffermio defaid a grawnfwydydd fel gwenith a haidd

golethr

llethr sgarp

sialc

clai

Tueddir i leoli aneddiadau yn agos at y darddlin ar waelod y sgarp

Dŵr yn aros yn y sialc

Mae Cloddio yn achosi Gwrthdaro mewn Defnydd Tir

Mae gwenithfaen, calchfaen a sialc i gyd yn cael eu cloddio, ac mae hyn yn achosi gwrthdaro rhwng y cwmnïau chwareli, y bobl leol a'r diwydiant twristiaeth. Dysgwch am ddwy ochr y ddadl — mae arholwyr yn hoffi'r busnes gwrthdaro 'ma.

PETHAU DA AM CHWARELI	PETHAU DRWG AM CHWARELI
Daw defnyddiau adeiladu, sment a chalch (a ddefnyddir mewn gwrteithiau) o chwareli.	Maent yn hyll, yn swnllyd ac yn llychlyd, gan wneud y lle yn llai atyniadol.
Maent yn creu gwaith yn y chwarel ac mewn busnesau cysylltiol fel adeiladu ffyrdd, cludo, arlwyo ac ati.	Maent yn cynyddu trafnidiaeth (loriau mawr, araf sy'n arogli).
Ar ôl i chwareli gau, mae modd eu troi'n llynnoedd ar gyfer gwarchodfeydd natur a chwaraeon.	Ar ôl i chwareli gau, cânt eu defnyddio'n aml fel claddfeydd sbwriel, sy'n gallu niweidio'r amgylchedd.

Mae'n anodd iawn cael caniatâd i ddechrau neu ehangu chwarel y dyddiau hyn, yn arbennig mewn ardal dwristaidd.

Cloddio — ydych chi'n ei deall hi?

Gwnewch yn siŵr eich bod yn gallu disgrifio tirwedd gwenithfaen, calchfaen a sialc, nodi'r defnydd tir, ac enwi esiampl o bob un. Cofiwch hefyd am y gwrthdaro sy'n gallu codi wrth gloddio, fel y gallwch ei ddefnyddio yn yr arholiad.

Crynodeb Adolygu ar gyfer Adran 2

'Dim ond tair tudalen?' Digon gwir, ond os yw'r creigiau'n galed, yna mae'r cwestiynau'n anodd. (Peidiwch â defnyddio 'caled' am 'difficult'.) Atebwch bob cwestiwn yn llawn, ac wedi i chi orffen ewch yn ôl i ailedrych a llenwi unrhyw fylchau yn eich gwaith. Ar ôl seibiant, gwnewch y cwbl eto. Wedi i chi ateb pob cwestiwn yn gywir, cewch neidio dros y cerrig i Adran 3.

1) Beth yw'r tri phrif ddosbarth o greigiau?

2) O beth y ffurfir creigiau igneaidd?

3) Sut y ffurfir creigiau igneaidd allwthiol?

4) Rhowch esiampl o graig igneaidd allwthiol.

5) Sut y ffurfir creigiau igneaidd mewnwthiol?

6) Rhowch esiampl o graig igneaidd mewnwthiol.

7) Pa ddwy arwedd a ffurfir pan fydd magma'n llifo ar hyd llinellau gwendid mewn creigiau cyn iddo oeri?

8) Ble caiff creigiau gwaddod eu ffurfio?

9) O beth y ffurfir tywodfaen, siâl a sialc?

10) Beth yw strata a phlanau haenu?

11) O beth y ffurfir calchfaen carbonifferaidd a sialc?

12) Beth yw cyfansoddiad cemegol calchfaen carbonifferaidd a sialc?

13) Sut y ffurfir creigiau metamorffig?

14) Enwch bedair craig metamorffig a dywedwch pa fathau o greigiau oeddynt yn wreiddiol.

15) Disgrifiwch y ddau fath o hindreuliad ffisegol.

16) Beth yw hindreuliad biolegol?

17) Disgrifiwch sut mae hindreuliad cemegol yn effeithio ar ardal calchfaen.

18) Tynnwch ddiagram o ardal calchfaen. Nodwch y clintiau, y greiciau, yr ogofâu a'r llyncdyllau.

19) Beth yw stalactidau a stalagmidau?

20) O beth y ffurfir caolin?

21) a) Tynnwch a labelwch ddiagram o dirwedd gwenithfaen.

   b) Disgrifiwch y defnydd tir mewn tirwedd gwenithfaen.

   c) Enwch esiampl o dirwedd gwenithfaen.

22) a) Tynnwch a labelwch ddiagram o dirwedd calchfaen carbonifferaidd.

   b) Disgrifiwch y defnydd tir mewn tirwedd calchfaen carbonifferaidd.

   c) Enwch esiampl o dirwedd calchfaen carbonifferaidd.

23) a) Tynnwch a labelwch ddiagram o dirwedd sialc.

   b) Disgrifiwch y defnydd tir mewn tirwedd sialc.

   c) Enwch esiampl o dirwedd sialc.

24) Ysgrifennwch draethawd byr i ddisgrifio'r dadleuon dros ac yn erbyn agor chwarel newydd ar Dartmoor.

Y Gylchred Hydrolegol

Y Gylchred Hydrolegol yw symudiad swm cyson o ddŵr rhwng y MÔR, y TIR a'r ATMOSFFER. Mae'n gylchred barhaus, heb na dechrau na diwedd iddi.

Dŵr Môr yn Anweddu sy'n ffurfio Cymylau

Mae'r cymylau hyn yn chwythu tuag at y tir, lle maent yn codi, gan achosi i ddyodiad ar ffurf glaw, eira neu gesair (cenllysg) ddisgyn ar y ddaear islaw.

Mae Dŵr Glaw yn Suddo i'r Ddaear — Trosglwyddiad Fertigol

1) Mae dail planhigion yn rhyng-gipio dŵr, sydd wedyn yn diferu i ffwrdd neu'n llifo ar hyd y coesyn i'r pridd.
2) Yna, gall y dŵr hidlo trwy wagleoedd yn haenau arwyneb y pridd — ymdreiddiad.
3) Gall y dŵr hefyd symud trwy dir dirlawn sydd o dan y lefel trwythiad — tryddiferiad.

Cyn Hir, Bydd y Dŵr Hwn yn Symud yn ôl i'r Môr — Trosglwyddiad Llorweddol

1) DŴR FFO ARWYNEB — pan fydd dŵr yn llifo ar hyd arwyneb y tir i afonydd, llynnoedd neu'r môr.
2) LLIF SIANEL — sef y llif dŵr mewn nant, afon neu lyn.
3) LLIF TRWODD — pan fydd dŵr ymdreiddiedig yn symud trwy bridd i afon.
4) LLIF DŴR DAEAR — pan fydd dŵr sy'n tryddiferu yn symud o dan y lefel trwythiad i afon.

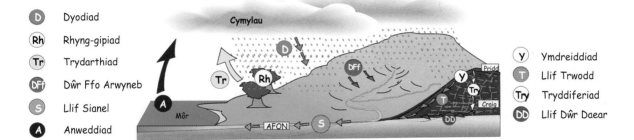

D — Dyodiad
Rh — Rhyng-gipiad
Tr — Trydarthiad
DFf — Dŵr Ffo Arwyneb
S — Llif Sianel
A — Anweddiad

Y — Ymdreiddiad
T — Llif Trwodd
Try — Tryddiferiad
DD — Llif Dŵr Daear

Hefyd, Caiff Rhywfaint o Ddŵr ei Storio ar yr Arwyneb

1) STORFA SIANEL — mae hyn yn digwydd mewn afonydd a llynnoedd ac mae'n hanfodol i'n cyflenwadau dŵr.
2) STORFA DŴR DAEAR — mae hyn yn digwydd mewn creigiau tanddaearol mandyllog — sy'n golygu bod dŵr yn casglu yn y mandyllau rhwng eu gronynnau. Y Lefel Trwythiad yw arwyneb uchaf creigiau dirlawn mewn ardal. Gelwir craig sy'n dal dŵr yn ddyfr-haen — e.e. Sialc.
3) STORFA LLEITHDER PRIDD — pan fydd dŵr yn cael ei storio yn y pridd a'i ddefnyddio gan blanhigion.
4) STORFA TYMOR BYR — mae hyn yn digwydd pan fydd dŵr yn cael ei ddal ar ddail, blodau ac ati trwy ryng-gipiad.

Mae Dŵr, yn y Diwedd, yn Dychwelyd i'r Atmosffer

1) Mae Anweddiad yn digwydd pan gaiff dŵr y môr neu ddŵr mewn llynnoedd ac afonydd ei gynhesu gan yr haul. Bydd yr anwedd dŵr yn codi, yn oeri, ac yna'n cyddwyso i ffurfio cymylau.
2) Trydarthiad yw pan fydd planhigion yn colli lleithder.
3) Anwedd-trydarthiad yw 1) a 2) gyda'i gilydd. (... a llond ceg o air)

Y gylchred ddŵr — yn eich trochi mewn gwybodaeth ddefnyddiol ...

Dyma ryfeddodau'r gylchred ddŵr — yn disgwyl i chi eu dysgu. Mae hon yn dudalen bwysig iawn — bydd rhaid i chi ei dysgu cyn mynd at weddill yr adran hon a sawl adran arall yn y llyfr. Cofiwch — dim ond dull ffansi o gyfeirio at ddŵr yw'r gair hydrolegol. Y tro nesaf y byddwch yn cael diod o ddŵr, cofiwch o ble y daeth — ac i ble y bydd yn mynd nesaf.

Basnau Draenio

Basn Draenio yw Darn o Dir sy'n cael ei Ddraenio gan Afon

1) Y tir sy'n rhoi'r ffynhonnell ddŵr ar gyfer y brif afon a'i llednentydd.

2) Mae maint y basn draenio yn dibynnu ar faint yr afon — e.e. mae basn draenio yr Amazonas yn ymestyn dros y rhan fwyaf o Brasil.

3) Mae Dalgylch a Basn Draenio yn gyfystyr — dyma'r darn tir o ble mae afon a'i llednentydd yn casglu'r dŵr glaw sy'n pasio o'r pridd a'r graig.

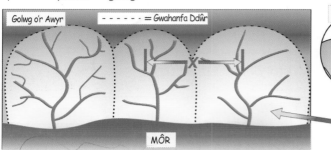

Mae'r holl dir o fewn gwahanfa ddŵr yn ffurfio un basn draenio

4) Gwahanfa Ddŵr yw tir uchel sy'n gwahanu dau fasn draenio cyfagos. Ar y naill ochr iddi mae'r dŵr yn draenio i un cyfeiriad, ac ar yr ochr arall iddi mae'n draenio i'r cyfeiriad arall.

Mae Basn Draenio yn gweithredu fel System

1) Mae dŵr yn cyrraedd y basn draenio fel dyodiad. Mae'n mynd trwy gyfres o lifoedd a storfeydd cyn cyrraedd y môr fel dŵr ffo afon.
Mae'r cyfnod rhwng glaw a dŵr ffo afon yn amrywio yn ôl nodweddion y basn — e.e. siâp a maint, math o graig, llystyfiant.

2) Daw egni i'r system yn sgil serthrwydd y bryniau/dyffryn a grym disgyrchiant.

MEWNBYNNAU	LLIFOEDD	STORFEYDD	ALLBYNNAU
Dyodiad	Dŵr Ffo Arwyneb	Storfa Sianel	Dŵr Ffo Afon
	Llif Sianel	Storfa Dŵr Daear	Anweddiad
	Ymdreiddiad	Storfa Tymor Byr	Trydarthiad
	Llif Trwodd	Storfa Lleithder Pridd	
	Tryddiferiad	Storfa Llystyfiant	
	Llif Dŵr Daear		

3) Mae dŵr yn symud darnau o graig a phridd trwy'r system basn draenio. Cânt eu codi pan fydd gan y dŵr lawer o egni, a'u dyddodi ar adegau o egni isel.

Mae gan Fasn Afon Lawer o Nodweddion Pwysig

1) Tarddiad yw man cychwyn afon, sydd, fel arfer, ar uwchdir.

2) Llednant yw nant sy'n ymuno â'r brif afon.

3) Cydlifiad yw'r man lle mae dwy afon yn ymuno â'i gilydd.

4) Aber yr afon yw'r man lle mae hi'n cyrraedd y môr.

5) Moryd yw aber afon sy'n ddigon isel i adael i ddŵr y môr lifo i mewn adeg penllanw — mae hyn yn achosi dyddodiad, sy'n ffurfio banciau tywod a llaid y mae'r afon yn llifo rhyngddynt.

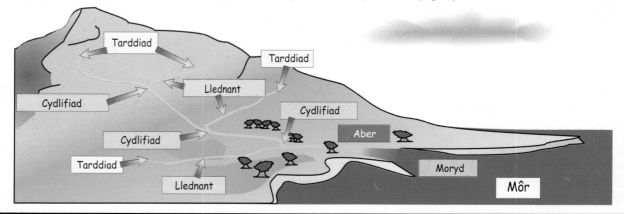

Afonydd a Dyffrynnoedd

Mae Afonydd yn llifo mewn Arweddion Llinol a elwir yn Ddyffrynnoedd

1) Mae afon yn llifo o darddiad ar uwchdir i aber lle mae'n ymuno â'r môr.

2) Mae sianel yr afon yn ymledu wrth iddi lifo tuag at y môr, ac mae swm y dŵr y mae'n ei gario — yr arllwysiad — yn cynyddu wrth i nentydd ac afonydd eraill ymuno â hi.

3) Mae cysylltiad rhwng egni afon a'i chyflymder — sef cyflymder y llif i un cyfeiriad. Mae cyflymder uchel yn mynd law yn llaw ag egni uchel — e.e. yn ystod llifogydd neu pan fydd graddiant yr afon yn serth.

4) Mae afonydd sydd â llawer o egni yn treulio glannau'r sianel sy'n cynhyrchu'r llwyth — tywod, cerrig.

5) Pan nad oes llawer o egni gan afon, caiff y llwyth ei ddyddodi ar y gwely a'r glannau.

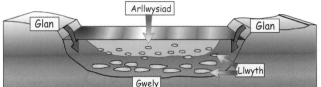

Mae Tair Rhan i Drawsbroffil Dyffryn

1) UCHAF: ger tarddiad yr afon; mae gan y dyffryn lawr cul ac ochrau serth, h.y. siâp V.

2) CANOL: yn is i lawr yr afon; mae'r llawr yn lletach, a'r ochrau'n llai serth.

3) ISAF: yn agos at y môr; mae'r llawr yn llydan a'r ochrau'n codi'n raddol.

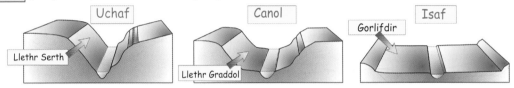

Wrth Fynd i Lawr yr Afon mae'r Hydbroffil yn Amrywio

1) Yn y rhan uchaf mae'r graddiant yn eithaf serth.

2) Yn y rhan ganol mae'n fwy graddol.

3) Yn y rhan isaf mae'n raddol iawn a bron yn wastad.

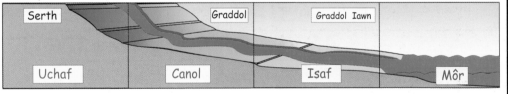

Erydu yw'r Hyn mae Afon yn ei wneud Pan fydd hi'n Treulio Tir

Mae afonydd yn erydu mewn pedair prif ffordd, a elwir yn brosesau erydu:

1) Cyrathiad neu Sgrafelliad — pan fydd darnau mawr o'r llwyth gwely yn treulio'r gwely a'r glannau, e.e. yn ystod llifogydd. Os bydd y darnau'n casglu mewn pant, byddant yn chwyrlïo o gwmpas nes ffurfio ceubwll.

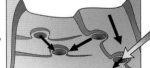

Dŵr chwyrlïog a cherigos yn disgyn i bant bychan ac yn ei droi'n dwll silindrog a elwir yn geubwll.

→ = Llif y dŵr

2) Athreuliad — sef bod y darnau sy'n cael eu trawsgludo yn cael eu herydu. Mae'r gronynnau o waddod yn taro yn erbyn y gwely neu yn erbyn ei gilydd, ac yn torri'n ddarnau llai a mwy crwn.

3) Gweithred hydrolig — pan fydd grym y dŵr yn treulio creigiau meddalach, e.e. clai. Mae hefyd yn gallu gwanhau creigiau ar hyd planau haenu a bregion.

4) Hydoddiant neu Gyrydiad yw pan fydd sialc a chalchfaen yn ymdoddi mewn dŵr.

Peidiwch â mynd gyda'r llif — dysgwch hyn yn awr...

Erydiad yw'r broses gyntaf o dair proses ffisegol a gyflawnir gan afon — erydiad, trawsgludiad a dyddodiad. Dysgwch y pedwar math o erydiad ar y cof. Caewch y llyfr a nodwch hwy ar ddarn o bapur. Yna, gorchuddiwch y papur ac adroddwch yr enwau o'ch cof, gan nodi'r hyn mae pob un yn ei wneud i'r afon. Daliwch ati i ymarfer fel hyn. Treuliwch beth amser yn tynnu'r diagramau ar y dudalen hon — a dysgwch hwy nes eich bod yn gallu eu tynnu o'ch cof.

Erydiad, Trawsgludiad a Dyddodiad

Gall Afon Erydu i Fyny'r Sianel, yn Fertigol neu yn Ochrol

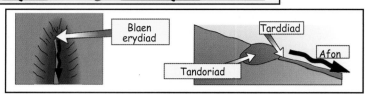

Blaen erydiad

Tarddiad

Afon

Tandoriad

1) **Blaen Erydiad** — pan fydd pwynt uchaf yr afon — blaen y dyffryn, yn cael ei dreulio gan lawred, tandoriad neu ymgripiad pridd. (Ymgripiad pridd yw symudiad araf pridd, dros gyfnod o amser, i lawr llethr.)

2) **Erydiad Fertigol** — mae'n dyfnhau'r dyffryn wrth i rym y dŵr gynyddu — mae'n gyffredin yn rhan uchaf dyffrynnoedd, lle mae'r graddiant yn serth.

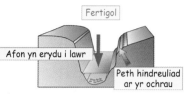

Fertigol

Afon yn erydu i lawr

Peth hindreuliad ar yr ochrau

3) **Erydiad Ochrol** — ar y cyd â hindreuliad, mae'n lledu'r dyffryn — mae'n gyffredin yn rhannau canol ac isaf dyffrynnoedd.

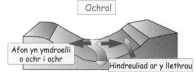

Ochrol

Afon yn ymdroelli o ochr i ochr

Hindreuliad ar y llethrau

Trawsgludiad — Symudiad Defnydd Erydog

Mae pedwar prif fath o drawsgludiad afon:

1) **CROGIANT** — pan fydd silt a chlai yn cael eu cario yn y dŵr ei hun.
2) **NEIDIANT** — pan fydd gronynnau bach maint tywod mân yn neidio ar hyd gwely'r afon.
3) **TYNIANT** — pan fydd darnau mwy fel cerigos neu glogfeini yn cael eu llusgo ar hyd y gwely.
4) **HYDODDIANT** — pan fydd defnydd erydog sydd wedi hydoddi yn y dŵr yn cael ei gludo i ffwrdd.

DAUANT (handwritten next to 1)
ROLIANT (handwritten next to 3)

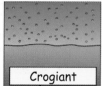 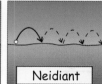 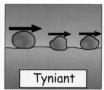 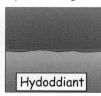

Crogiant · Neidiant · Tyniant · Hydoddiant

Dyddodiad — Afon yn Gwaredu ei Llwyth

Caiff defnyddiau eu dyddodi lle mae'r afon yn llifo'n arafach

1) Gall ddigwydd pan fydd yr afon yn llifo'n arafach nag arfer ac yn methu symud cymaint o ddefnydd.
2) Gall ddigwydd hefyd pan fydd llwyth afon yn cynyddu — e.e. ar ôl tirlithriad.
3) Gall dyddodiad greu deltâu pan fydd afonydd yn cyrraedd y môr neu lyn.

Ceir Pedwar Cam i Ddyddodiad

1) Dyddodi defnydd bras sydd ger yr afon yn rhannau uchaf yr afon.
2) Cludo graean, tywod a silt fel llwyth gwely neu lwyth crog, a'u gosod i lawr yn rhannau isaf yr afon.
3) Gosod gronynnau mân o silt a thywod crog mewn morydau a deltâu.
4) Nid yw'r llwyth toddedig yn cael ei ddyddodi ond yn hytrach ei gludo allan i'r môr, lle mae'n aros fel hydoddiant.

FELLY, YN GRYNO...

Tuedda llwyth y rhannau uchaf i fod yn fawr a'r darnau yn onglog. Erbyn iddo gyrraedd y rhannau isaf mae erydiad wedi lleihau'r llwyth yn ddarnau llai a mwy crwn. Gwaddod yw'r enw ar yr holl ddefnydd mae afon yn ei drawsgludo a'i ddyddodi.

Erydiad, trawsgludiad a dyddodiad — mynd i ysbryd y darn ...

Wel, dyna i chi lwyth o bethau i'w dysgu am waith afon — erydu darnau o'r glannau, eu trawsgludo i lawr yr afon, ac yna eu dympio wedi cyrraedd yno. Y peth pwysicaf un yw dysgu sut mae pob un ohonynt yn gweithredu. Dechreuwch drwy ysgrifennu paragraff manwl ar bob un o'r tair proses afonydd — erydu, trawsgludo a dyddodi.

Arweddion Rhan Uchaf Afon

Mae Sbardunau Pleth yn cael eu hachosi gan Erydiad

1) Yn ei <u>rhan uchaf</u> mae'r afon yn <u>erydu'n fertigol</u> yn hytrach nag yn <u>ochrol</u>.

2) <u>Cefnennau</u> yw <u>sbardunau pleth</u>, sy'n cael eu ffurfio gan afon yn ei rhan uchaf pan fydd yn <u>troi</u> a <u>throelli</u> o gwmpas darnau o <u>graig galed</u> ar ei llwybr i lawr.

3) Mae'r sbardunau hyn yn <u>cyd-gloi</u> fel dannedd sip.

Dyffryn siâp V gyda sbardunau pleth

Ceir Rhaeadrau lle mae Gwely'r Afon yn Serth

1) <u>Nid</u> yw afon yn gallu erydu creigiau caled yn hawdd iawn, felly, pan fydd afon yn ei chyrraedd, bydd unrhyw graig feddal <u>islaw</u> craig galed yn cael ei <u>herydu'n gyflymach</u>.

2) Gydag amser, bydd <u>gwely'r</u> afon yn mynd yn <u>fwy serth</u> lle mae'n croesi'r creigiau caled, a bydd <u>rhaeadr</u> yn ffurfio.

3) Gall <u>rhaeadrau</u> ffurfio pan fo'r <u>graig galed</u> yn <u>llorweddol</u>, yn <u>fertigol</u> neu'n <u>goleddu i fyny'r afon</u> (mae craig yn goleddu ar i lawr wrth i chi fynd i fyny'r afon).

4) Drwy <u>erydu</u>'r graig feddalach wrth <u>droed</u> y rhaeadr, mae'r dŵr yn ffurfio <u>plymbwll</u>.

5) Wrth i'r rhaeadr <u>encilio i fyny'r afon</u>, caiff <u>ceunant</u> enciliol ei ffurfio.

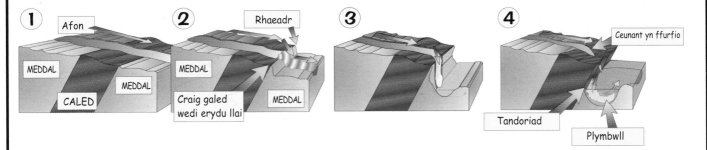

Cyfres o Raeadrau Bach yw Geirw

1) Maent yn ffurfio lle ceir <u>craig galed</u> a <u>chraig feddal</u> yn dilyn ei gilydd <u>bob yn ail</u>:

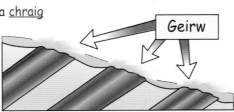

2) Maent hefyd yn ffurfio lle mae <u>gwely o graig galed</u> yn <u>goleddu</u> i lawr yr afon:

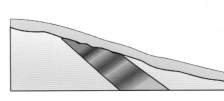 

Golwg eto ar raeadrau a sbardunau ...

Ffeithiau braidd yn ddiflas — ond rhaid i chi eu dysgu. Cofiwch mai <u>sbardunau pleth</u>, <u>rhaeadrau</u> a <u>geirw</u> yw arweddion allweddol afon yn ei <u>rhan uchaf</u>. Heb edrych ar y dudalen, lluniwch restr fanwl o'r ffyrdd y caiff pob arwedd ei <u>ffurfio</u>.

Arweddion Rhannau Canol ac Isaf Afon

Mae Ystumiau yn nodweddu Rhannau Canol ac Isaf Afonydd

1) Erbyn hyn mae gan yr afon <u>arllwysiad uchel</u> a <u>graddiant graddol</u>, ac mae'n <u>erydu'n ochrol</u>.

2) Mae'n dilyn llwybr mwy troellog gyda <u>dolennau mawr</u> a elwir yn <u>YSTUMIAU</u>.

3) Mae'r afon yn ymdroelli fel neidr — dros gyfnod o amser mae llwybr yr ystum yn mudo <u>i lawr yr afon</u>.

4) Mae'r <u>cerrynt cryfaf</u> ar <u>ochr allanol</u> yr ystum gan fod sianel yr afon yn <u>ddyfnach</u> yma — mae'r sianel yn <u>fas</u> ar yr <u>ochr fewnol</u> ac felly mae'r <u>cerrynt</u> yn <u>arafach</u>.

5) Ceir <u>clogwyni afon</u> ar <u>ochr allanol</u> yr ystum lle mae'r afon yn achosi mwy o erydiad.

6) Ceir <u>barrau pwynt</u> ar <u>ochr fewnol</u> ystum lle mae'r <u>cerrynt arafach</u> yn <u>dyddodi</u> defnydd tywodlyd. Mae'r barrau hyn yn <u>lethrau slip</u> pan fyddant uwchben lefel yr afon.

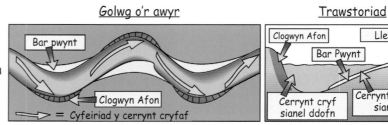

Golwg o'r awyr — Bar pwynt — Clogwyn Afon — = Cyfeiriad y cerrynt cryfaf

Trawstoriad — Clogwyn Afon — Llethr Slip — Bar Pwynt — Cerrynt cryf sianel ddofn — Cerrynt gwannach sianel fas

Mae Ystumllynnoedd yn Datblygu o Ddolennau Ystum Llydan

1) Gall <u>dolennau ystum</u> fod mor <u>droellog</u> nes bod yr afon yn dilyn y llwybr hawsaf <u>yn syth ar draws</u>, gan dorri trwy'r <u>gwddf</u> cul <u>o dir</u> sydd yn y canol.

2) Gadewir <u>rhan allanol</u> yr ystum <u>ar ôl</u> fel <u>ystumllyn</u>.

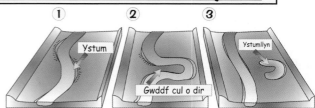

① ② ③ — Ystum — Gwddf cul o dir — Ystumllyn

Ceir Llawer o Arweddion Pwysig yn Rhan Isaf Afon

Bellach, mae gan yr afon ei harllwysiad a'i chyflymder mwyaf — mae ganddi arwynebedd trawstoriadol mawr iawn.

1) LLIFWADDOD yw'r term am yr <u>holl ddefnydd</u> mae afon yn ei ddyddodi. Fel arfer, mae'n <u>ffrwythlon</u> iawn.

2) Y GORLIFDIR yw <u>llawr llydan y dyffryn</u> mae'r afon yn <u>gorlifo</u> drosto yn aml. Mae'n <u>wastad</u> ac wedi'i orchuddio â llifwaddod, gan ei wneud yn <u>dir da ar gyfer ffermio</u>.

3) LLIFGLODDIAU yw <u>glannau afon</u> sydd wedi eu codi'n uwch na llawr y dyffryn. Maent yn cael eu ffurfio gan lwyth bras yr afon, sy'n cael ei ddyddodi yn ystod <u>llifogydd</u>.

4) MORYDAU yw <u>aberoedd afonydd sydd ar siâp twndis/twmffat</u>. Ffurfir y rhan fwyaf ohonynt ar ôl <u>i lefel y môr</u> godi a boddi rhannau isaf afon oedd mewn bod.

5) Ffurfir DELTÂU pan fydd afon yn dyddodi silt yn <u>rhy gyflym</u> i'r môr ei symud i ffwrdd — oherwydd bod y môr yn <u>ddilanw</u>, e.e. afon Nîl (y Môr Canoldir), neu oherwydd bod y <u>llwyth</u> yn <u>rhy fawr</u>, e.e afon Ganga (Bae Bengal). Mae <u>tri</u> phrif fath ar gael:

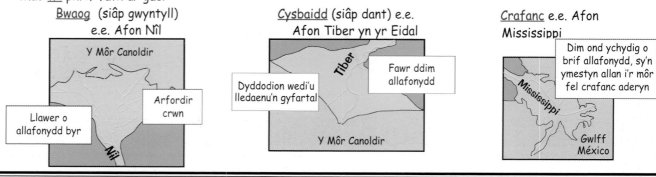

<u>Bwaog</u> (siâp gwyntyll) e.e. Afon Nîl — Y Môr Canoldir — Arfordir crwn — Llawer o allafonydd byr — Nîl

<u>Cysbaidd</u> (siâp dant) e.e. Afon Tiber yn yr Eidal — Tiber — Fawr ddim allafonydd — Dyddodion wedi'u lledaenu'n gyfartal — Y Môr Canoldir

<u>Crafanc</u> e.e. Afon Mississippi — Mississippi — Gwlff México — Dim ond ychydig o brif allafonydd, sy'n ymestyn allan i'r môr fel crafanc aderyn

Rhagor o arweddion afon — ond nid oes amser i chi ymdroi yma ...

Dyma ragor a arweddion cyfareddol — ond o leiaf mae yna ddigon o ddiagramau hyfryd i chi eu dysgu. Mae'n bwysig eich bod yn cofio pa arweddion sy'n nodweddu <u>gwahanol rannau afon</u> — neu byddwch yn 'erydu' llawer o farciau hawdd yn ddiangen.

Basnau Draenio a Phobl

Mae afonydd yn hanfodol i bobl. Felly, yn ogystal â dysgu am yr afonydd eu hunain, mae angen i chi ddeall eu heffeithiau ar bobl, a sut mae pobl yn eu defnyddio.

Mae gan Fasnau Draenio Sawl Defnydd

1) **FFERMIO:** Mae dyffrynnoedd afonydd mewn iseldiroedd yn dda ar gyfer ffermio — mae'r pridd yn ffrwythlon iawn ohewydd bod llifwaddod yn cael ei olchi i lawr adeg llifogydd, ac ar yr ucheldiroedd y dyffrynnoedd hyn yw'r unig dir gwastad.

2) **DEFNYDD DŴR:** Gellir defnyddio'r dŵr yn y cartref ac mewn diwydiant a ffermio — gall y rhannau uchaf fod yn gronfeydd storio dŵr, ac mae argaeau'n gallu cynhyrchu Pŵer Trydan Dŵr (PTD).

Dŵr Yfed   Defnydd yn y Cartref   Defnydd Diwydiannol   Defnydd Amaethyddol   Gwaredu Gwastraff

3) **CLUDO:** Mae modd defnyddio'r rhan fwyaf o'r prif afonydd i gludo nwyddau a/neu bobl, e.e. afonydd Rhein, Tafwys, ac ati.

4) **ANHEDDIAD:** Oherwydd rhesymau hanesyddol, e.e. cyflenwad dŵr lleol a chludiant, mae'r mwyafrif o drefi wedi'u hadeiladu ar lan afon. Nid yw hyn yn wir am Los Angeles, ac mae sicrhau cyflenwad digonol o ddŵr i bawb yno yn broblem fawr a chostus.

5) **ADLONIANT:** Defnyddir afonydd fwyfwy i ddibenion gweithgareddau adloniant fel hwylio neu bysgota.

6) **CADWRAETH:** Mae pobl yn poeni y dyddiau hyn am fywyd gwyllt ac yn dymuno diogelu cynefinoedd afon.

7) **COEDWIGAETH:** Caiff llawer o lethrau dyffrynnoedd yn yr ucheldiroedd eu plannu â choed er mwyn cyflenwi'r galw cynyddol am bren a phapur.

Yr Awdurdodau Dŵr sy'n Rheoli Basnau Draenio

1) Mae ffiniau Awdurdodau Dŵr y D.U. yn seiliedig ar ffiniau'r prif fasnau draenio, ac maent yn ceisio sicrhau cydbwysedd yn y defnydd pwysig o adnoddau'r basn a'r effeithiau y gall hyn ei gael ar yr amgylchedd.

2) Mae anghenion grwpiau gwahanol o bobl yn amrywio, ac maent i gyd yn meddwl mai hwy sy'n iawn. Ond mae unrhyw newid i'r afon yn effeithio ar bawb a gall arwain at effeithiau llesol neu niweidiol ar adnoddau basn yr afon.

ESIAMPLAU	LLESOL	NIWEIDIOL
1) Coedwigaeth	rhagor o bren; llai o erydiad pridd; llai o lifogydd	lefelau afon is; rhagor o ddyddodiad oherwydd llai o gyflymder
2) Gwaredu gwastraff	mae defnyddio afonydd yn lleihau costau trin gwastraff	llygru dŵr i lawr yr afon; tymheredd y dŵr yn cynyddu ac yn effeithio ar yr ecoleg leol
3) Dyfrhau	cnydau'n tyfu'n dda ar dir sy'n cael ei ddyfrhau	llai o ddŵr i lawr yr afon
4) Adeiladu argaeau	yn rheoli llif y dŵr a llifogydd yn is i lawr yr afon	rhyddhau dŵr heb waddod ynddo — deltâu'n crebachu — dim silt ffrwythlon yn is i lawr yr afon
5) Trefoli	tai newydd ac ati ar gael	mwy o arwynebau gwneud yn cynyddu/cyflymu dŵr ffo arwyneb ac efallai fflachlifoedd

Asiantaeth yr Amgylchedd sy'n Monitro'r Awdurdodau Dŵr

Caiff yr Awdurdodau Dŵr eu rheoleiddio gan Asiantaeth yr Amgylchedd yn Lloegr a Chymru, a chan Asiantaeth Amddiffyn Amgylchedd yr Alban yn y wlad honno.

Mae Asiantaeth yr Amgylchedd yn sicrhau bod Awdurdodau Dŵr yn gwneud popeth mewn modd diogel a chynaliadwy.

Adolygu basnau draenio — fe ddaw'r cyfan i'r golau ...

Dysgwch am saith defnydd basn draenio — cofiwch fod saith ohonynt pan fyddwch yn sefyll yr arholiad. Ysgrifennwch nodiadau ar beth mae'r Awdurdodau Dŵr ac Asiantaeth yr Amgylchedd yn ei wneud. Yr Awdurdod Afonydd Cenedlaethol oedd Asiantaeth yr Amgylchedd erstalwm, ond mae hynny'n hen beth bellach ac ni ddylech sôn amdano.

Llifogydd — yr Hydrograff Storm

Mae afonydd yn hanfodol ar gyfer llawer iawn o weithgareddau dynol ond gallant fod yn beryglus iawn hefyd ...

Defnyddio'r Hydrograff Storm

Mae'r graff yn dangos y newid yn arllwysiad afon (cyfaint llif y dŵr bob eiliad) dros gyfnod byr o amser yn dilyn storm. Caiff ei ddefnyddio i ddyfalu pryd y gallai'r afon orlifo.

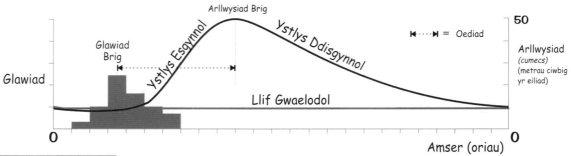

1) **Y LLIF GWAELODOL** yw arllwysiad arferol yr afon.
2) **YR YSTLYS ESGYNNOL** sy'n cynrychioli'r cynnydd yn yr arllwysiad yn dilyn storm.
3) **YR YSTLYS DDISGYNNOL** (neu'r **YSTLYS ENCILIOL**) sy'n cynrychioli'r lleihad yn yr arllwysiad.
4) **YR OEDIAD** yw hyd y cyfnod rhwng y glawiad brig a'r arllwysiad brig.

Mae'r afon yn debygol o orlifo pan fydd y graff yn serth. Y rheswm am hyn yw'r cynnydd sydyn yn yr arllwysiad dros gyfnod byr o amser ac ni all system yr afon drawsgludo'r holl ddŵr i ffwrdd.

Mae sawl ffactor yn effeithio ar Serthrwydd y Graff

Po fwyaf serth y graff, mwyaf tebygol yw'r afon o orlifo:

FFACTOR	MWY SERTH		LLAI SERTH	
1) Cyfanswm y Glawiad	Uchel		Isel	
2) Arddwysedd y Glaw	Uchel	(llifo i ffwrdd)	Isel	(ymdreiddio i'r tir)
3) Gwlypter y Tir	Dirlawn	(llifo i ffwrdd)	Sych	(ymdreiddio i'r tir)
4) Math o Graig	Anathraidd	(llifo i ffwrdd)	Mandyllog	(ymdreiddio i'r tir)
5) Gorchudd Tir	Pridd Noeth	(llifo i ffwrdd)	Gorchudd o lystyfiant	(ymdreiddio i'r tir)
6) Ongl y Llethr	Serth	(llifo'n gyflym)	Graddol	(llifo'n araf)

Gall Llifogydd achosi Difrod Sylweddol

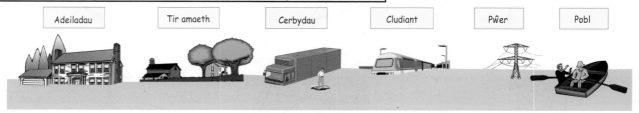

Adeiladau   Tir amaeth   Cerbydau   Cludiant   Pŵer   Pobl

Llifogydd — rhagor o wybodaeth yn gorlifo ...

Mae hwn yn eithaf technegol ond gwnewch yn siŵr ei fod yn glir yn eich meddwl erbyn yr arholiad. Bydd angen i chi ddeall y geiriau technegol ar gyfer yr hydrograff storm a sut y caiff ei ddefnyddio i ragfynegi llifogydd. Yna, gwnewch restr fer o effeithiau llifogydd.

Llifogydd mewn GMEDd a GLIEDd

Ni all llifogydd fyth fod yn newyddion da, ond mae eu heffeithiau yn <u>waeth</u> mewn <u>GLIEDd</u>. Ond nid yw bywyd yn fêl i gyd yn y GMEDd chwaith, fel y gwelwch yn yr esiampl gyntaf. (GMEDd a GLIEDd yn ddirgelwch i chi? Edrychwch y tu mewn i'r clawr blaen)

Esiampl o lifogydd mewn GMEDd — Lynmouth, Dyfnaint 1952

Devon. *yma*

1) <u>Nid</u> oedd unrhyw <u>system rhybudd cynnar</u> yn bodoli, er gwaethaf gwybodaeth am <u>frig uchel yr arllwysiadau</u>:

 1.75 cm yr awr!

Dŵr ffo cyflym

Dirlawn

Lefel trwythiad uchel

*Dŵr ffo cyflym
Oediad byr*

2) Achosodd y llifogydd anafiadau i bobl, a difrod i eiddo:

 Lladd **34** o bobl

1000 yn ddigartref

Dinistrio **90** adeilad

Colli **150** o geir/fadau

Canlyniadau eraill y llifogydd

1) Oherwydd <u>pontydd tagedig</u>, cafodd <u>argaeau dros dro</u> eu creu; <u>torrodd</u> y rhain yn ddiweddarach gan <u>ffurfio ton 12 m o uchder</u> a lifodd i lawr y dyffryn ar gyflymder o 30 km yr awr, gan achosi llawer o ddifrod.

2) Cafodd <u>clogfeini</u> a oedd yn pwyso cymaint â 7 tunnell eu <u>cludo i lawr</u> yr afon gan y llif cryf.

3) Wrth ei haber, roedd yr afon wedi cael ei <u>sianelu</u> i <u>geuffos</u> yn y dref, gan greu <u>allanfa</u> gul i'r môr. <u>Nid</u> oedd y sianel wneud hon yn <u>gallu delio</u> â'r holl <u>ddŵr ychwanegol</u>, felly <u>newidiodd</u> ei <u>chyfeiriad</u> a ffurfio ei sianel ei hun i'r môr — gan achosi rhagor o ddifrod.

> **Cofiwch — Mae arholwyr yn hoffi gweld esiamplau go iawn am eu bod yn dangos eich bod wedi deall sut mae'r damcaniaethau hyn yn effeithio ar y byd go iawn.**

Gall pethau fod hyd yn oed yn waeth mewn GLIEDd

1) Mae rhai <u>GLIEDd</u> yn defnyddio llifogydd afon i orchuddio tir amaeth â <u>llifwaddod ffrwythlon</u>, a hefyd i ddarparu dŵr ar gyfer <u>sianelau dyfrhau</u> — e.e. dyffryn a delta'r Ganga yn Bangladesh.

2) Gall <u>llifogydd difrifol</u> ddinistrio cyflenwadau bwyd, cartrefi, ac ati. Oherwydd prinder <u>gwasanaethau argyfwng</u> ac <u>arian</u> yn y GLIEDd, mae dod â phopeth yn ôl i drefn eto yn <u>fwy anodd</u>.

3) Yn 1988 profodd <u>Bangladesh</u> ei llifogydd gwaethaf o fewn cof. Dinistriwyd 7 miliwn o dai, a <u>lladdwyd</u> dros 2,000 o bobl. *Dhaka - slums*

4) Mae llifogydd yn aml yn hollol <u>annisgwyl</u>. Maent fel arfer yn digwydd mewn dyffrynnoedd <u>mwy gwastad</u> ac <u>is</u>, sydd yn aml yn <u>llawn tai</u> a <u>phobl</u>.

5) Mae effeithiau trychinebau fel llifogydd yn waeth mewn GLIEDd o'u cymharu â'r GMEDd oherwydd diffygion yn y ffyrdd maent yn <u>paratoi</u> ar eu cyfer, yn <u>amddiffyn</u> eu hunain rhagddynt ac yn <u>adfer</u> y sefyllfa ar ôl y llifogydd.

Da fyddai cael arch Noa yma ...

Mae GLIEDd a GMEDd yn gorfod wynebu'r broblem fod canran uchel o aneddiadau wedi'u hadeiladu ar ac o amgylch dyfrffyrdd. Mae hyn yn golygu bod llifogydd yn <u>broblem fawr</u> yn y GMEDd a'r GLIEDd fel ei gilydd. Y gwahaniaeth yw fod gan y GMEDd <u>well cyfleusterau</u> ar gyfer rheoli llifogydd, cyhoeddi rhybuddion a delio â'r ôl-effeithiau.

Rheoli Llifogydd — Peirianneg Galed

Pan fyddwch yn meddwl am reoli llifogydd, mae'n debyg mai peirianneg galed fydd yn dod i'ch meddwl. Ystyr hyn yw codi adeiladweithiau mawr fel argaeau a chamlesi i reoli'r system afon.

Gall Argaeau Reoli Arllwysiad Dyffryn Cyfan

1) Mae argaeau a chronfeydd yn rhannau uchaf basn draenio yn effeithiol iawn ar gyfer rheoli'r arllwysiad yn is i lawr y dyffryn — lle mae'r bygythiad mwyaf o lifogydd.

2) Mae'r rhain yn ddrud iawn i'w codi, felly mae cynlluniau diweddar wedi bod yn rhai amlbwrpas sy'n cynnwys gorsafoedd Pŵer Trydan Dŵr a llynnoedd adloniant — e.e. Kielder yn Northumberland.

Lleihau/ rheoli arllwysiad yn is i lawr yr afon

Cynhyrchu PTD os bydd angen

Defnydd posibl i ddibenion adloniant a hamdden

3) Anfanteision cynlluniau fel hyn yw bod ardaloedd prydferth yn gallu cael eu difetha gan adeiladau hyll, a thir amaeth da yn gallu cael ei ddinistrio pan gaiff llawr dyffrynnoedd yr uwchdiroedd eu boddi.

4) Caiff holl waddod yr afon ei ddyddodi yn y gronfa yn hytrach nag ar y gorlifdir ymhellach i lawr yr afon. Felly, mae'r gorlifdir yn llai ffrwythlon, gan orfodi ffermwyr i ddefnyddio rhagor o wrtaith. Mae traethau a deltâu hefyd yn colli eu gwaddod.

5) Nid oes llawer o waddod yn y dŵr sy'n cael ei ryddhau gan yr argae, gan arwain at gynnydd yn yr erydiad yn is i lawr yr afon; mae hyn yn lledu sianel yr afon gan achosi problemau i bontydd ac adeiladau ger yr afon.

Newid Siâp yr Afon er mwyn Rheoli Llifogydd

1) Mae cynyddu cynhwysedd y sianel yn golygu ei bod yn gallu dal rhagor o ddŵr adeg llifogydd.

Cyn   Ar ôl

llifgloddiau gwneud

Sianel yn dal rhagor o ddŵr

Cyn   Ar ôl NEU Ar ôl
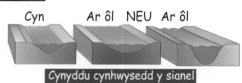
Cynyddu cynhwysedd y sianel

2) Mae ceuffosydd yn sythu a leinio sianel yr afon er mwyn cynyddu cyflymder y dŵr a symud gormodedd dŵr yn gyflymach tuag at y môr.

CYN

AR ÔL   CEUFFOS goncrit

Cyflymder wedi cynyddu

3) Gall adeiladu sianelau canghennog oddi ar y brif afon symud y gormodedd dŵr.
   a) Trosglwyddo'r dŵr i fasn cyfagos gyda thoriad trwodd.
   b) Dargyfeirio dŵr dros ben i ardaloedd storio ar y gorlifdir.
   c) Agor sianelau lliniaru o gwmpas trefi er mwyn dal y gormodedd dŵr.

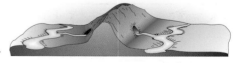

Problemau:

1) Mae angen carthu sianelau'n rheolaidd er mwyn symud dyddodion a rhwystro maint y sianel rhag lleihau.
2) Mae cynnydd yng nghyflymder y sianel yn achosi rhagor o lifogydd a phroblemau erydiad yn is i lawr yr afon.
3) Mae gwaith peirianegol yn aml yn edrych yn hyll, ac yn effeithio ar ecosystemau naturiol yr afon.
4) Gallai trychineb FAWR a SYDYN ddigwydd pe byddai argae, llifglawdd neu doriad trwodd yn torri.

Astudio rheoli llifogydd — hyd at eich clustiau ...

Dysgwch sut y defnyddir peirianneg galed i geisio rheoli llifogydd — ond gwnewch yn hollol siŵr eich bod yn dysgu am yr anfanteision, oherwydd bydd y cwestiwn arholiad yn debygol o ofyn pam na ddefnyddir llawer ar beirianneg galed bellach. Yna, byddant yn gofyn beth a ddefnyddir yn lle peirianneg galed, sy'n dod â ni at y dudalen nesaf...

Rheoli Llifogydd — Peirianneg Feddal

Er mwyn osgoi anfanteision peirianneg galed, mae Awdurdodau Dŵr yn troi at ddulliau mwy cynaliadwy o reoli llifogydd sy'n defnyddio 'peirianneg feddal'. Yn lle ceisio rheoli afonydd, mae peirianneg feddal yn defnyddio prosesau naturiol y basn draenio i leihau llifogydd.

Rhagfynegi — Adnabod Problemau cyn eu bod yn Digwydd

Mae peirianneg feddal yn dibynnu ar ymchwil manwl i systemau basnau draenio er mwyn deall sut mae datrys un broblem heb achosi rhai newydd.

1) Rhaid astudio'r basn draenio cyfan er mwyn gweld a oes perygl o lifogydd i un rhan ohono.
2) Rhaid asesu nodweddion y ddaeareg, y pridd, y draeniad a'r dyodiad.
3) Rhaid hefyd ystyried effeithiau pobl yn ffermio a chyfanheddu.
4) Mae modd dadansoddi data llifogydd blaenorol er mwyn rhagfynegi llifogydd yn y dyfodol.

Gall Newid yn y Defnydd Tir Leihau Llifogydd

Un o'r dulliau 'peirianneg feddal' gorau o osgoi problemau llifogydd yw peidio â chodi tai ar dir lle ceir llifogydd. Ond ... mae llawer o bobl eisoes yn byw mewn cylchfaoedd llifogydd, ac nid ydynt am symud, felly mae angen strategaethau gwahanol.

1) Mae plannu coed ar lethrau noeth yn y rhannau uchaf yn lleihau dŵr ffo gan fod coed yn rhyng-gipio glaw. Mae hyn yn ymestyn yr oediad — gan arwain at lai o ddŵr ffo ac arllwysiad afon.
2) Mae gadael tir i fyny'r afon yn dir pori yn golygu bod gorchudd llystyfiant parhaus yno. Mae hyn yn well na phlannu cnydau âr, sy'n gadael y pridd yn noeth yn ystod y gaeaf.
3) Mae arwynebau gwneud fel concrit yn caniatáu dŵr ffo cyflym iawn. Gellir defnyddio planhigion ac ardaloedd o laswellt yn eu lle er mwyn lleihau llifogydd mewn trefi.
4) Mae draeniau gwneud traddodiadol yn defnyddio peipiau sy'n symud y dŵr yn gyflym ac yn uniongyrchol i gyrsiau dŵr, gan achosi iddynt orlifo. Mae systemau draenio cynaliadwy mewn trefi (Sustainable Urban Drainage Systems: SUDS) yn lleihau llif a swm y dŵr trwy gyfeirio dŵr glaw i'r pridd, i sianelau sy'n draenio'n araf neu i byllau.
5) Mae'r GLIEDd ar ei hôl hi, oherwydd nid oes ganddynt ddigon o arian ar gyfer cynlluniau rhagfynegi, atal na rheoli llifogydd.

Peirianneg Feddal

Plannu coed

Tir pori

Planhigion ac ardaloedd o laswellt mewn trefi

Systemau draenio cynaliadwy mewn trefi

Nid yw pethau'n gwella

Mae gwyddonwyr o'r farn fod llifogydd difrifol y blynyddoedd diwethaf (gweler yr enghreifftiau isod) yn ganlyniad i gynhesu byd-eang. Os yw hyn yn wir, bydd rheoli llifogydd yn bwysicach fyth yn y dyfodol.

1995

Llifogydd difrifol ar dir mawr Ewrop

2000

Y DU wedi stopio'n stond oherwydd llifogydd

2000

81,000 YN DDIGARTREF YN MOÇAMBIQUE

2001

NEWYDDION

NEWID YN YR HINSAWDD YN NODWEDDU'R 21 GANRIF

Caled neu feddal?

Cofiwch y gwahaniaeth rhwng y ddau fath o beirianneg — mae hyn yn beth newydd a byddwch yn siŵr o gael cwestiwn arno. Gwnewch yn siŵr eich bod yn gwybod bod peirianneg feddal yn ceisio gweithio gyda phrosesau afon yn hytrach nag yn eu herbyn. Wedyn, dim ond dysgu'r dudalen hon fydd raid i chi!

Dŵr — Galw a Chyflenwad

Mae'r Galw am Ddŵr yn Cynyddu Drwy'r Amser

1) Tan yn ddiweddar, mae pobl y D.U. wedi cymryd cyflenwad digonol o ddŵr glân yn ganiataol.

2) Mae cynnydd yn y galw yn achosi prinder, sy'n gorfodi pobl i fod yn fwy ymwybodol o'u defnydd ohono.

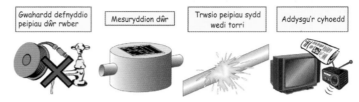

| Gwahardd defnyddio peipiau dŵr rwber | Mesuryddion dŵr | Trwsio peipiau sydd wedi torri | Addysgu'r cyhoedd |

3) Problem gwledydd Prydain yw bod y glaw trymaf yn y Gogledd a'r Gorllewin ond bod mwy o bobl a diwydiant yn y De a'r Dwyrain, sy'n sychach.

4) Nid yw'r cyflenwad yn ateb y galw — ceir y glaw trymaf yn y gaeaf ond y galw mwyaf yn yr haf.

5) Mae storio a symud dŵr yn bwysig ond yn ddrud, a rhaid rheoli ansawdd y dŵr.

Mae gan lawer o'r GLlEDd Broblemau Cyflenwi Dŵr Difrifol

1) Yn 1995, nid oedd gan 2.5 biliwn o bobl — 40% o boblogaeth y byd — gyflenwad o ddŵr glân.

2) Dyma berygl iechyd mawr — mae'n achosi 80% o afiechydon y GLlEDd.

3) Mae galw y gwledydd hyn am ddŵr yn cynyddu hefyd wrth iddynt ddatblygu ac wrth i'w poblogaethau gynyddu.

4) 40% yn unig o boblogaeth y byd sydd â iechydaeth — mae'r gweddill yn gwneud hebddo!

5) Mae glawiad yn y GLlEDd, yn enwedig y gwledydd poeth, yn aml yn gyfyngedig ac anwadal. Yn yr achosion gwaethaf, gall sychderau ddinistrio cnydau a gadael miloedd o bobl heb ddigon o ddŵr glân, e.e. D.Ddn. Ethiopia yn 2000.

6) Mae'r Cenhedloedd Unedig yn amcangyfrif y bydd dwy ran o dair o boblogaeth y byd heb gyflenwad dibynadwy o ddŵr glân erbyn 2025.

Gall y GLlEDd Wella'r Sefyllfa

1) Gall ffermwyr ddefnyddio chwistrelli neu beiriannau diferu dŵr i ddyfrhau eu cnydau fel nad yw'r dŵr yn cael ei wastraffu.

2) Gall cynlluniau hunangymorth alluogi pobl i adeiladu ffynhonnau syml fel ffynhonnau tiwb.

3) Gall leinio ffynhonnau â choncrit leihau colli dŵr drwy anweddiad a thryddiferiad.

4) Mae addysgu pobl am ddŵr glân ac iechydaeth hefyd yn bwysig.

Y Sefyllfa Ddŵr yn Yr Aifft — Astudiaeth Achos Go Iawn

Mae sôn am esiampl go iawn yn un ffordd o wneud argraff dda ar arholwyr: Y Nîl — cafodd Argae Aswân ei hadeiladu yn rhannau uchaf yr afon yn yr 1960au er mwyn ceisio datrys rhai o broblemau dŵr yr Aifft.

MANTEISION	ANFANTEISION
1) Lefelau cyson o ddŵr	1) Rhagor o falwod Bilharzia
2) Rheoli llifogydd yn bosibl	2) Llai o waddod yn cael ei olchi dros y gorlifdiroedd — angen mwy o wrtaith
3) Cynnyrch cnydau uwch	3) Yr argae yn ddrud i'w godi
4) Modd hwylio'r afon drwy'r flwyddyn	4) Gwlad boeth — colli llawer o ddŵr oherwydd cyfraddau anweddu uchel
5) Cynlluniau PTD yn cynhyrchu pŵer i helpu datblygiad economaidd	5) Bydd y gwaddod yn llenwi'r gronfa yn y diwedd

Cairo
Afon Nîl
YR AIFFT
Argae Aswân

Dŵr, dŵr, dŵr — ond mae'n bwysig

Mae cyflenwi dŵr yn fater difrifol heddiw, yma yng ngwledydd Prydain a thramor, ond cyn i chi fynd ati i ddatrys problemau dŵr y byd, bydd raid i chi basio TGAU Daearyddiaeth. Gwnewch restrau ar gyfer pob adran ar y dudalen, yna dysgwch y rhestrau ac ymarfer eu troi'n atebion traethawd byr ... a chofiwch gau'r tap.

Arweddion Afonydd ar Fapiau

Gellwch wybod y ffeithiau i gyd am afonydd ond, os na fyddwch chi'n gallu <u>gweld</u> y pethau hyn ar <u>fapiau</u>, cewch broblemau mawr gyda'r cwestiynau map yn yr arholiad.

Mae Cyfuchliniau yn Dangos Cyfeiriad Llif Afon

Mae'r cyfuchliniau ar fap yn dangos <u>uchder</u> a <u>graddiant</u> y tir. Mae'n swnio'n amlwg, ond <u>ni all</u> afonydd lifo i fyny llethrau — maent yn llifo o gyfuchliniau <u>uwch</u> i gyfuchliniau <u>is</u>.

Edrychwch ar y map hwn sy'n dangos Cawfell Beck, afon fechan yng ngogledd Lloegr.
1) Mae gwerth y cyfuchliniau'n <u>lleihau</u> tua'r <u>gorllewin</u> (chwith).
2) Mae hyn yn golygu bod y gorllewin <u>ar oriwaered</u>.
3) Mae Cawfell Beck yn llifo o'r <u>dwyrain</u> i'r <u>gorllewin</u> (o'r dde i'r chwith).

CYNGOR: Mae'r cyfuchliniau'n croesi afonydd ar ffurf llythyren V. Mae'r V bob amser yn pwyntio tuag at y tarddiad.

Mae cwestiynau arholiad yn gofyn i chi ddod o hyd i rannau uchaf ac isaf afonydd

Nid yw'r wybodaeth hon yn anodd — ewch ati i'w dysgu er mwyn ennill marciau hawdd yn yr arholiad. Dyma'r math o gwestiwn sy'n codi: *'Edrychwch ar y map. Ai afon yn ei rhan uchaf neu isaf yw hon? Esboniwch pam.'*

Tystiolaeth map sy'n dangos afon yn ei rhan UCHAF

Mae afonydd yn eu rhan uchaf yn <u>gul</u> ac yn llifo mewn <u>dyffrynnoedd serthochrog</u> gyda <u>graddiant serth</u>. Chwiliwch am y canlynol:

1) Mae'r afon yn <u>gul</u> — dim ond llinell las denau.
2) Mae <u>cyfuchliniau'n agos iawn at ei gilydd</u>, sy'n golygu bod yr afon yn llifo mewn dyffryn serth.
3) Mae'r afon yn croesi llawer o gyfuchliniau o fewn <u>pellter byr</u>, sy'n golygu ei bod yn serth.
4) Mae <u>rhaeadrau</u> sydd wedi'u nodi ar y map yn dangos bod y graddiant yn serth iawn.
5) <u>Uwchdir</u> neu <u>ucheldir</u> yw'r tir (712 m).

Tystiolaeth map sy'n dangos afon yn ei rhan ISAF

Mae afonydd yn eu rhan isaf yn <u>llydan</u> gydag <u>ystumiau</u>. Mae ganddynt <u>ddyffrynnoedd graddol</u> gyda <u>gorlifdir</u>. Chwiliwch am y canlynol:

1) Mae'r afon yn llydan — llinell las <u>drwchus</u>.
2) Dim ond <u>un</u> gyfuchlin mae'n ei groesi, felly mae'r llethr yn raddol iawn.
3) Mae <u>troeon mawr</u> — ystumiau — ar hyd yr afon.
4) Mae'n ystumio ar draws darn mawr, gwastad o dir (<u>dim cyfuchliniau</u>) — dyma'r gorlifdir.
5) Cliw mawr arall yw gweld yr afon yn <u>cyrraedd y môr</u> neu lyn mawr.
6) <u>Iseldir</u> sydd yma — mae'r cyfuchliniau yn dangos gwerthoedd uchder <u>isel</u>.

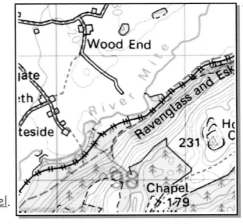

Wedi darllen unrhyw fapiau da yn ddiweddar?

Mae cynnwys y dudalen hon yn eithaf hawdd. Cofiwch fod cyfuchliniau <u>bob amser</u> yn pwyntio i fyny tuag at darddiad afon. Gwnewch yn siŵr eich bod yn gallu adnabod rhannau uchaf ac isaf afon ar fapiau a dysgwch y pwyntiau wedi'u rhifo fel y gellwch roi <u>tystiolaeth map</u> ar gyfer afon.

Crynodeb Adolygu ar gyfer Adran 3

Wel, dyna i chi glamp o adran, gyda llawer i'w gofio. Cofiwch fod 'Tri chynnig i Gymro — a Chymraes', felly ewch dros y gwaith hwn fesul darn — pum cwestiwn ar y tro efallai, ac yna edrychwch yn ôl i weld a yw eich atebion yn gywir. Wedi i chi fynd trwy'r cyfan fel hyn, ewch â'r byji neu rywbeth am dro, ac yna dewch yn ôl ac ateb y cwestiynau i gyd ar unwaith. Mae'n waith caled ond yn baratoad gwych ar gyfer yr arholiad.

1) Beth yw'r tri math o drosglwyddiad fertigol o fewn y gylchred hydrolegol? Rhowch ddisgrifiad byr o bob un ohonynt.
2) Beth yw'r pedwar math o drosglwyddiad llorweddol?
3) Sut y gellir storio dŵr   a) ar wyneb y ddaear?   b) o dan y ddaear?
4) Sut mae dŵr yn dychwelyd i'r atmosffer? (Enwch ddwy ffordd. Beth yw'r gair hir sy'n disgrifio'r ddwy ffordd gyda'i gilydd?)
5) Tynnwch ddiagram wedi'i labelu o'r gylchred ddŵr. (Gyda llaw, mae 10 proses i'w labelu.)
6) Beth yw ystyr: Basn Draenio; Dalgylch; Gwahanfa Ddŵr?
7) Tynnwch ddiagram o'r basn afon fel system. Nodwch arno yr 1 mewnbwn, y 6 llif a'r 3 allbwn.
8) O ble daw'r egni mewn system afon?
9) Enwch yr arweddion canlynol: a) lle mae afon yn cychwyn   b) cangen o brif afon   c) lle mae afon yn llifo i mewn i'r môr (mae 2 ateb posibl. Sut maent yn wahanol i'w gilydd?)   ch) y man lle mae dwy afon yn ymuno â'i gilydd.
10) Beth yw ystyr y termau canlynol yng nghyd-destun afonydd?
Llwyth; arllwysiad; gwely; cyflymder; glannau; sianel.
11) Tynnwch drawsbroffiliau a hydbroffiliau ar gyfer rhannau uchaf, canol ac isaf afon. Labelwch hwy er mwyn dangos y gwahaniaethau rhyngddynt.
12) Beth yw'r pedwar math o erydiad afon? Disgrifiwch bob un yn fyr.
13) Beth yw ystyr erydiad ochrol, blaen erydiad, ac erydiad fertigol?
14) Enwch a disgrifiwch y pedair ffordd mae afon yn trawsgludo ei llwyth.
15) Pryd mae afon yn dyddodi ei llwyth?
16) Beth yw sbardunau pleth? Ym mha ran o afon maent i'w cael?
17) Tynnwch ddiagramau i ddangos sut mae rhaeadr yn ffurfio.
18) Sut mae geirw yn ffurfio?
19) Tynnwch drawstoriad o ystum afon. Ychwanegwch y labeli hyn: clogwyn afon, bar pwynt, cerrynt cryf, cerrynt gwannach, sianel ddofn, sianel fas.
20) Beth yw ystumllyn? Sut mae'n ffurfio? Tynnwch ddiagram i ddangos hyn.
21) Beth yw llifwaddodion, gorlifdiroedd a llifgloddiau?
22) Beth yw delta? Disgrifiwch, gyda chymorth diagramau, y tri phrif fath.
23) Rhestrwch bum math o ddefnydd tir mewn basn draenio.
24) Pwy sy'n rheoli basnau draenio, a phwy sy'n eu rheoleiddio?
25) Tynnwch hydrograff storm. Ychwanegwch y labeli hyn: y llif gwaelodol, yr ystlys esgynnol, yr ystlys ddisgynnol, y glawiad a'r oediad.
26) Rhestrwch saith ffactor sy'n effeithio ar duedd afon i orlifo.
27) Enwch esiampl o lifogydd mewn GMEDd.
28) Enwch esiampl o lifogydd mewn GLIEDd, ac esboniwch pam mae llifogydd yn y gwledydd hyn yn aml yn fwy o broblem.
29) Enwch bedwar dull o reoli llifogydd sy'n defnyddio peirianneg galed.
30) Disgrifiwch anfanteision y dulliau hyn.
31) Disgrifiwch bum dull o reoli llifogydd sy'n defnyddio peirianneg feddal.
32) Ysgrifennwch adroddiad byr i esbonio pam roedd effeithiau llifogydd Lynmouth cynddrwg.
33) Enwch bedwar dull o gyfyngu ar ein defnydd dŵr yn y D.U.
34) Disgrifiwch y problemau cyflenwi dŵr yn y GLIEDd.
35) Beth allai'r GLIEDd ei wneud i wella'r sefyllfa?
36) Ysgrifennwch adroddiad byr ar Reoli Basn Draenio Dyffryn y Nîl.
37) Sut mae map yn gallu dangos cyfeiriad llif afon?
38) Sut mae map yn dangos afon: a) yn ei rhan uchaf   b) yn ei rhan isaf?

Gwaith Iâ

Cafodd Llawer o Dirweddau eu Siapio gan Iâ

☐ Lledaeniad rhewlifiant dros Brydain

1) <u>Oerodd</u> yr hinsawdd sawl gwaith yn ystod hanes daearegol Prydain.
2) Effeithiodd <u>rhewlifau</u> yn amlwg iawn ar y tirwedd yn ystod yr <u>oesoedd iâ</u> hyn.
3) Dechreuodd yr Oes Iâ ddiwethaf tua 100,000 o flynyddoedd yn ôl, gan orffen tua 10,000 o flynyddoedd yn ôl.
4) Yn ystod y cyfnod hwnnw, roedd gan <u>Dde</u> a <u>Dwyrain</u> Ynysoedd Prydain hinsawdd tebyg i'r <u>Twndra heddiw</u>.
5) Roedd iâ yn gorchuddio yr <u>Alban i gyd</u>, <u>Gogledd Lloegr</u> a'r <u>rhan fwyaf o Gymru</u>. Cafodd rhewlifau eu ffurfio ac roedd y rhain yn symud i lawr dyffrynnoedd â <u>phŵer erydu</u> mawr, fel teirw dur anferth, gan gerfio <u>arweddion newydd</u>.

Newidiwyd y Tirwedd gan Dri Math o Waith Iâ

1) GWAITH RHEWI-DADMER: (trowch at dudalen 8) — dyma fath o <u>hindreuliad</u> lle mae dŵr yn aros mewn craciau yn arwyneb y graig, yn rhewi ac <u>ehangu</u>, gan gynyddu'r gwasgedd ar y graig oddi amgylch. Yna, mae'n dadmer a <u>chyfangu</u>, gan ryddhau'r gwasgedd. Wrth i hyn ddigwydd dro ar ôl tro mae'n <u>rhyddhau</u> haen arwyneb y graig.

2) SGRAFELLIAD: lle mae darnau craig yn yr iâ yn crafu yn erbyn y graig mae'n symud drosti — fel papur tywod garw — nes <u>treulio'r</u> tir.

3) PLICIAD (CHWARELA): pan fydd dŵr tawdd ar waelod rhewlif yn <u>rhewi</u> ar arwyneb y graig. Wrth i'r rhewlif symud ymlaen mae'n <u>tynnu</u> darnau o arwyneb y graig i ffwrdd.

> Gall rhewlifau symud llwythi solet — mae'r llwyth un ai wedi'i rewi yn y rhewlif, yn cael ei gario ar ei arwyneb, neu ei wthio o'i flaen, ac mae'n cael ei ddyddodi wrth i'r iâ ymdoddi ar ddiwedd cyfnod rhewlifol.

(Cofiwch mai'r llwyth yw unrhyw beth sy'n cael ei gario gan afon/rewlif.)

Mae Rhewlifau'n Debyg i Afonydd

1) Mae'r ddau yn cychwyn yn yr <u>ucheldiroedd</u> — mae rhewlifau'n dechrau ffurfio pan fydd yr hinsawdd mor oer fel nad yw eira ac iâ'r gaeaf yn ymdoddi yn yr haf! Mae iâ yn dechrau casglu mewn pantiau yn agos at gopaon mynyddoedd — ar y llethrau oerach sy'n wynebu'r gogledd.
2) Mae'r ddau yn llifo <u>i lawr rhiw</u>, er bod rhewlif yn arafach — rhwng 3 m a 300 m y flwyddyn.
3) Mae afon yn llifo i'r <u>môr</u>, tra bod rhewlif yn gorffen ar ffurf <u>swch</u> ('iâ marw'), neu yn <u>y môr</u>.
4) Mae gan y ddau <u>drawsbroffiliau</u> a <u>hydbroffiliau</u> nodedig.
5) Yn y ddau achos, mae gan <u>uwchdiroedd</u> arweddion erydol, ac <u>iseldiroedd</u> arweddion dyddodol.

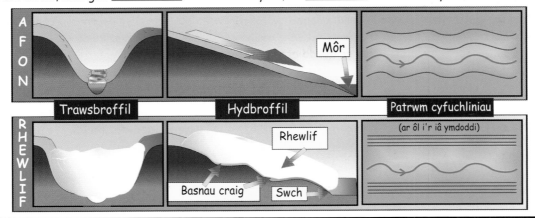

Rhewlifiant — yr eisin ar y gacen ...

Er nad yw'r dudalen hon yn gyffrous iawn, mae angen i chi ddysgu'r ffeithiau sylfaenol am rewlifiant. Cofiwch fod y prosesau hyn wedi bod yn gweithredu am filoedd o flynyddoedd. Dysgwch amdanynt yn awr, fel na fydd angen i chi ddal i droi'n ôl at y dudalen hon pan fyddwch yn dysgu gweddill yr adran. Gwnewch nodyn o'r tri phrif fath o waith iâ, a dysgwch am y <u>tebygrwydd</u> rhwng rhewlifau ac afonydd.

Erydiad Rhewlifol

Erydiad Rhewlifol fu'n gyfrifol am Greu Arweddion Uwchdiroedd

1) Roedd iâ mewn pantiau yn achosi pliciad a gwaith rhewi-dadmer, gan wneud waliau'r cefn a'r ochr yn fwy serth.

2) Dechreuodd yr iâ symud mewn cylchdro, a elwir yn gylchlithriad, nes dyfnhau'r pant a'i newid yn siâp powlen, sef peiran — gan ffurfio min ym mhen y dyffryn.

3) Unwaith roedd y peiran yn llawn iâ, llifodd dros y min ac i lawr y dyffryn fel rhewlif. Yn y fan lle roedd yr iâ yn tynnu i ffwrdd o'r wal gefn ffurfiwyd crefas mawr — y Bergschrund (gair Almaeneg).

4) Pan ymdoddodd yr iâ fe adawodd beirannau ar ei ôl — pantiau serthochrog, ar ffurf cadeiriau breichiau, yn aml gyda llyn peiran ar y gwaelod, e.e. Glaslyn neu Lyn Idwal yn Eryri.

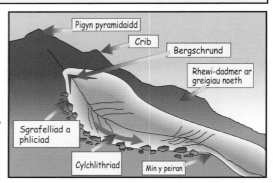

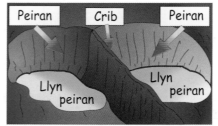

5) Cafodd crib (arête) ei ffurfio wrth i ddau beiran cyfagos erydu eu ffordd yn ôl nes bod eu waliau cefn yn cyfarfod â'i gilydd ar hyd cefnen fain a serthochrog, e.e. Crib Goch ger yr Wyddfa.

6) Mae sawl peiran a chrib o gwmpas copa mynydd yn ffurfio pigyn pyramidaidd, e.e. Yr Wyddfa

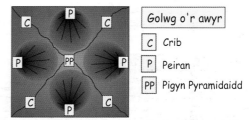

Golwg o'r awyr

C — Crib
P — Peiran
PP — Pigyn Pyramidaidd

Cafodd yr Hen Ddyffryn ei Newid gan y Rhewlif

1) Cafodd trawsbroffil y dyffryn ei newid o ffurf V i ffurf U wrth i'r rhewlif symud i lawr yn rymus iawn, gan erydu'r llethrau.

2) Gan nad oedd yr iâ'n gallu troi corneli'n hawdd, cafodd y dyffryn ei sythu wrth i'r iâ dorri drwy sbardunau, gan adael ymylon serth i ochrau'r dyffryn — sbardunau blaendor — e.e. Nant Ffrancon yn Eryri.

3) Mae dyffrynnoedd llednentydd gwreiddiol bellach yn uwch na'r prif ddyffryn gan na chawsant eu herydu gymaint gan y rhewlif. Mae llednentydd yn cyrraedd y dyffryn ar ffurf rhaeadrau o grognentydd.

4) Pan fyddai rhewlif llai yn ymuno â'r prif rewlif, byddai hyn yn cynyddu gallu'r prif rewlif i gerfio pant. Yn aml, mae hyn yn golygu bod afon yn llifo ar hyd llawr y dyffryn, ac weithiau ceir llyn hirgul tenau yno a gafodd ei ffurfio yn y creicafn a grëwyd gan y rhewlif, e.e. Llyn Ogwen.

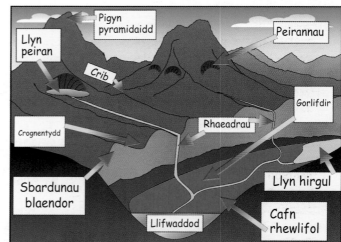

Tirwedd nodweddiadol o'r Ucheldir

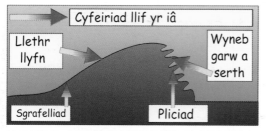

5) Ceir creigiau myllt ar lawr cafnau rhewlifol hefyd. Brigiadau o graig wydn yw'r rhain. Wrth i'r rhewlif symud, roedd yn llyfnhau'r llethr yn wynebu i fyny'r dyffryn drwy sgrafelliad. Cafodd y llethr serthach yn wynebu i lawr y dyffryn ei ffurfio drwy waith pliciad ar hyd bregion a phlanau haenu.

Dyddodion Rhewlifol

Caiff gwahanol ddefnyddiau eu dyddodi pan fydd iâ yn ymdoddi — naill ai gan y rhewlif ei hun, neu gan nentydd dŵr tawdd grymus. Mae yna lawer i'w ddysgu yma, ond meddyliwch am yr hwyl ... wel, o'r gorau, meddyliwch am yr arholiad — bydd hynny'n eich dychryn.

Ffurfiwyd Marianau, Drymlinau a Meini Dyfod gan Rewlifau

1) **MARIANAU:** sef defnydd craig wedi'i osod i lawr gan rewlif enciliol. Ceir tri math gwahanol, yn ôl eu lleoliad:
   - Terfynol — pen pellaf y rhewlif.
   - Ochrol — ar hyd yr ochrau.
   - Canol — lle mae dau rewlif yn cyfarfod

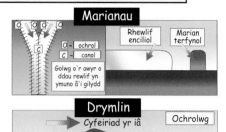

2) **DRYMLINAU:** dyddodion rhewlifol sydd wedi'u casglu'n fryniau hirgul — tua 1 km o hyd, 500 m o led a 150 m o uchder. Fel arfer ceir sawl un yn agos at ei gilydd — gelwir y tirwedd hwn yn dirwedd 'basged wyau' oherwydd eu siâp. Mae'r drymlinau fel arfer yn grwn ac aflem ar yr ochr i fyny'r afon, ac yn daprog a phigfain yn y pen arall.

3) **MEINI DYFOD:** darnau 'estron' o graig o ardaloedd oedd gynt yn rhewlifol, h.y. cawsant eu symud gan rewlif, a hynny sawl milltir yn aml, e.e cafwyd hyd i greigiau o'r Alban yng Nghymru.

4) **MARIANAU LLUSG (TIL):** pentyrrau di-drefn o glogfeini, cerrig a chlai a gafodd eu dyddodi wrth i rewlif ymdoddi — maent yn ddi-siâp.
   Mae dyddodion rhewlifol yn onglog ac yn gymysg — yn wahanol i ddyddodion afon.

Gadawyd Dyddodion gan Nentydd Dŵr Tawdd

Daeth y dyddodion dŵr tawdd o nentydd oedd yn yr iâ, arno ac oddi tano. Wrth i'r iâ ymdoddi ar raddfa fawr, cynyddodd arllwysiad y nentydd hyn. Roedd ganddynt lwyth trwm hefyd, ac wrth i hwn gael ei ddyddodi cafodd arweddion newydd eu ffurfio. Mae'r arweddion hyn i gyd mewn dyddodion trefnedig, haenog.

1) SANDURAU: ardaloedd mawr o dywod a graen, a gafodd eu gosod i lawr ar dir isel gan nentydd dŵr tawdd yn llifo o len iâ, wedi eu trefnu'n haenau sy'n cynnwys gronynnau o faint nodedig.

2) ESGEIRIAU: cefnennau hir a throellog (sawl km o hyd) sydd wedi'u ffurfio o ddyddodion a gasglodd yn sianelau nentydd yn yr iâ ac oddi tano.

3) CNYCIAU GRO: twmpathau bychain o ddyddodion a gafodd eu ffurfio wrth i nentydd dŵr tawdd lifo dros swch y rhewlif i dir is ymhellach i lawr y dyffryn.

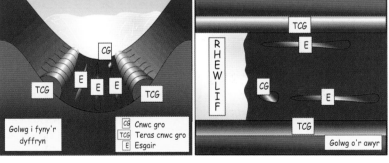

4) TERASAU CNWC GRO: arweddion llinol ar hyd ochrau dyffrynnoedd lle roedd nentydd dŵr tawdd wedi dyddodi eu llwyth rhwng ochr y dyffryn ac ymyl y rhewlif.

5) PYLLAU TEGELL: cafodd y rhain eu ffurfio lle roedd blociau o iâ wedi torri i ffwrdd o'r rhewlif wrth iddo encilio ac wedi cael eu claddu mewn dyddodion solet. Pan ymdoddodd yr iâ, cwympodd y defnydd uwch ei ben i ffurfio pant — pwll tegell.

Eich ymennydd wedi rhewi'n gorn?

Gwnewch yn siŵr eich bod yn gwybod y gwahaniaeth rhwng erydiad a dyddodiad rhewlifol. Cofiwch mai erydu yw treulio rhywbeth, a dyddodi yw dympio rhywbeth. Digon syml. Bydd raid i chi ddysgu am yr holl arweddion sy'n cael eu creu gan y prosesau hyn. Gwnewch restr o arweddion sy'n ganlyniad i erydiad rhewlifol. Yna lluniwch restr o ddyddodion rhewlifol ac un arall ar gyfer dyddodion dŵr tawdd. Peidiwch â'u cymysgu.

Tirweddau Rhewlifol a Phobl

Defnyddir ardaloedd rhewlifol gan bobl mewn amryw o ffyrdd, yn cynnwys y canlynol:

Defnyddir Ucheldiroedd Rhewlifol ar gyfer Ffermio Defaid

1) Nid yw'n bosibl aredig tir serth yr ucheldiroedd mynyddig, ac mae hyn, ynghyd â'r tywydd oer, gwlyb a gwyntog, yn golygu bod ffermio âr yn amhosibl.

2) Dim ond llystyfiant gwael sy'n tyfu ar y llethrau, felly ffermio defaid yw'r unig fath o fagu anifeiliaid sy'n bosibl.

3) Mae modd cynhyrchu llaeth a thyfu rhai cnydau, e.e. tatws a maip/erfin, ar lawr gwastad y dyffrynnoedd, lle ceir tir cleiog, trwm.

4) Mae incwm ffermwyr defaid yn isel, felly mae nifer wedi arallgyfeirio — h.y. ceisio ennill arian mewn ffyrdd eraill, e.e. siopau fferm, teithiau ysgol, beiciau pedair olwyn, gwely a brecwast, ac ati.

> **Gall iseldiroedd rhewlifol fod yn dda ar gyfer ffermio — ceir nifer helaeth o ardaloedd til yn East Anglia sy'n werthfawr iawn i ffermwyr.**

Mae Twristiaid yn Hoff Iawn o'r Ucheldiroedd Rhewlifol

1) Mae Eryri yn Barc Cenedlaethol — dyma un o'r ardaloedd mae'r Llywodraeth wedi penderfynu eu cadw fel rhan hanfodol o'n Hetifeddiaeth Naturiol.

2) Mae'r golygfeydd yn brydferth iawn, gyda llawer o lynnoedd a mynyddoedd y gall pobl eu defnyddio ar gyfer hwylio, gwersylla, dringo a cherdded.

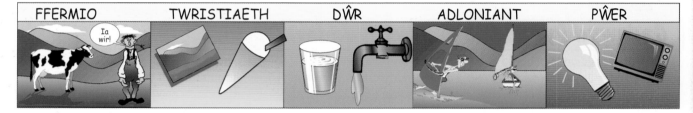

| FFERMIO | TWRISTIAETH | DŴR | ADLONIANT | PŴER |

Defnyddir Ucheldiroedd Rhewlifol ar gyfer Pŵer Trydan Dŵr hefyd

Mae'r ardaloedd hyn gyda'r gwlypaf yn y wlad, ac mae eu dyffrynnoedd dwfn yn ddelfrydol ar gyfer adeiladu argaeau i gynhyrchu Pŵer Trydan Dŵr (e.e. Eryri), a chronfeydd ar gyfer casglu a storio dŵr y gellir ei beipio i ardaloedd sychach yn y de.

Mae Llawer o Alwadau yn golygu Llawer o Wrthdaro

1) Mae CWMNÏAU DŴR yn gwrthdaro yn erbyn ffermwyr ynghylch boddi dyffrynnoedd, yn erbyn cadwraethwyr sy'n ceisio gwarchod cefn gwlad, ac yn erbyn twristiaid sydd am ddefnyddio'r dŵr i ddibenion hamdden.

2) Mae FFERMWYR yn ymladd yn erbyn colli tir amaethyddol ar gyfer adeiladu ffyrdd a meysydd parcio, ac yn erbyn ymwelwyr sy'n gollwng sbwriel, yn gadael llidiardau ar agor ac yn difrodi waliau sychion drwy ddringo drostynt.

3) Mae CADWRAETHWYR yn ymladd yn erbyn datblygiadau twristaidd sy'n difetha golygfeydd wrth ddenu gormod o bobl; mae arweddion naturiol yn cael eu difrodi wrth i lwybrau gael eu herydu a lletyau eu codi i ymwelwyr, a.a.y.b.

Rhaid i Awdurdodau'r Parciau Cenedlaethol sicrhau cydbwysedd rhwng y gwahanol ffyrdd o ddefnyddio'r tir heb ddinistrio natur y lle, sy'n denu'r ymwelwyr yn y lle cyntaf.

Ucheldiroedd rhewlifol — rhywle i ymlacio

Dyma dudalen hawdd ar ôl yr holl arweddion a phrosesau rhewlifol cymhleth cyn hyn. Mae modd defnyddio'r ardaloedd hyn mewn sawl ffordd wahanol, a gall hyn achosi anghytundebau yn aml. Cofiwch mai'r gwrthdrawiadau hyn yw'r ffactorau allweddol i'w dysgu, a rhaid i chi gofio'r dadleuon o blaid ac yn erbyn pob defnydd gwahanol er mwyn ennill marc da yn yr arholiad. Gwnewch yn siŵr fod y ffeithiau hyn ar flaenau'ch bysedd erbyn yr arholiad — dechreuwch trwy ysgrifennu traethawd byr ar y gofynion a'r gwrthdrawiadau mewn perthynas â defnydd tir.

Arweddion Rhewlifol ar Fapiau

Mathau penodol o siapiau bryniau a mynyddoedd yw arweddion rhewlifol, felly gallai fod yn anodd eu gweld ar fapiau. Mae angen talu sylw felly!

Gweld Pigynnau Pyramidaidd, Peirannau a Chribau ar Fap

Mae pigynnau pyramidaidd, cribau a pheirannau yn ddigon hawdd eu gweld mewn gwerslyfr, ond nid mor hawdd ar fap.

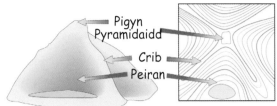

Pigyn Pyramidaidd
Crib
Peiran

> Dyma'r mathau o bethau rydych yn chwilio amdanynt ar fap. Ond nid ydynt mor amlwg ar fap go iawn.

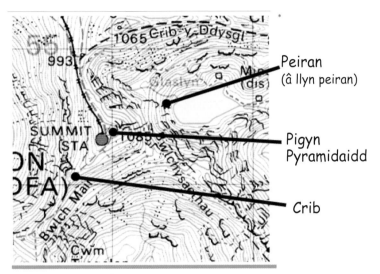

Peiran
(â llyn peiran)

Pigyn Pyramidaidd

Crib

1) Chwiliwch am gyfuchliniau yn agos at ei gilydd sy'n crymu tuag allan o ganolbwynt. Y canolbwynt hwn yw'r pigyn pyramidaidd. Os dewch chi o hyd i hwn, fe welwch chi'r cribau a'r peirannau o'i gwmpas.

2) Nid oes pedwar peiran o gwmpas pigyn pyramidaidd bob tro. Mae'r map yn dangos mai tri sydd o gwmpas copa'r Wyddfa.

3) Mae'n eithaf anodd gweld cribau. Chwiliwch am gefnen gul gyda pheirannau neu lynnoedd peiran wrth ei hochr. Yn aml, ceir llwybrau yn dilyn cribau, ac mae enwau fel Crib y Ddysgl arnynt.

4) Mae'r cyfuchliniau'n chwyrlïo o gwmpas peirannau sydd o bobtu'r grib — ac fe geir llyn mewn sawl peiran.

Mae Cafnau Rhewlifol yn fwy amlwg na dyffrynnoedd eraill

Mae'r map hwn yn dangos cafn rhewlifol Nant Ffrancon.

1. Gallwch weld bod Nant Ffrancon yn gafn rhewlifol am fod ganddo lawr gwastad ac ochrau serth iawn lle mae'r iâ wedi erydu'r ymylon wrth symud.

2. Peidiwch â gwneud y camgymeriad o feddwl mai gorlifdir sydd yma. Edrychwch am ddyffryn syth iawn gydag ochrau serth mewn ardal fynyddig, ac afon sy'n ymddangos yn rhy fechan o'i chymharu â maint y dyffryn.

3. Ceir llynnoedd hirgul neu gronfeydd mewn llawer o gafnau rhewlifol. Edrychwch am yr un nodweddion yn union o amgylch llyn hir a syth (gweler Llyn Ogwen yng nghornel D.Ddn. y map).

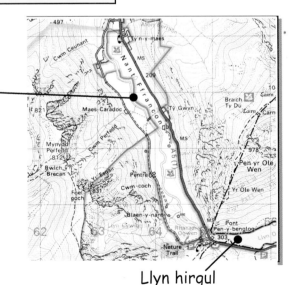

Llyn hirgul

Rydym wedi cyrraedd copa — i lawr rhiw yw hi o hyn ymlaen ...

Mae angen llygad barcud arnoch i weld rhai arweddion rhewlifol ar fapiau. Y gyfrinach yw dod o hyd i'r peirannau yn gyntaf — sef cyfuchliniau'n agos iawn at ei gilydd ar ffurf U. Wedyn bydd yn haws gweld y pigynnau pyramidaidd a'r cribau. Cofiwch hefyd am y gwahaniaeth rhwng peiran a llyn peiran.

Crynodeb Adolygu ar gyfer Adran 4

Mae rhewlifau yn gweithredu fel afonydd — ond maent yn llawer iawn mwy. Pe bai afon yn feic, byddai rhewlif yn danc. Mae tirffurfiau rhewlifol i'w gweld mewn sawl ardal yng Nghymru, felly mae'n bwysig eich bod yn dysgu'r gwaith hwn er mwyn i chi fedru deall yr hyn rydych yn ei weld ar eich teithiau o gwmpas y wlad, neu pan fyddwch ar daith sgïo i'r cyfandir efallai.

1. Pryd y dechreuodd yr Oes Iâ ddiwethaf, a phryd y daeth hi i ben?

2. Beth oedd y tri math o waith iâ gan rewlifau a newidiodd y tirwedd cyn-rewlifol?

3. Beth yw llwyth rhewlif? Ym mha dair ffordd mae rhewlif yn symud ei lwyth?

4. Pryd mae rhewlif yn dyddodi ei lwyth?

5. Ym mha dair ffordd mae afonydd a rhewlifau'n debyg i'w gilydd?

6. Disgrifiwch, gyda chymorth diagram, ffurfiant a golwg peiran heddiw. Soniwch am y prosesau fu'n gyfrifol am ei ffurf, a labelwch eich diagram.

7. Beth yw: a) cribau b) pigynnau pyramidaidd? Sut y cânt eu ffurfio? Rhowch esiampl o bob un.

8. Tynnwch ddiagram o gafn rhewlifol. Labelwch y canlynol arno: crognant, sbardun blaendor, rhaeadr, llyn hirgul, pigyn pyramidaidd, crib, peiran, llyn peiran.

9. Tynnwch ddiagram o graig follt, a disgrifiwch sut y cafodd ei ffurfio.

10. Enwch dri math o farian a dywedwch ble y gellir dod o hyd i bob un.

11. Disgrifiwch a) drymlinau b) meini dyfod c) marianau llusg (til).

12. Disgrifiwch ffurfiant a golwg y canlynol heddiw: a) sandurau b) esgeiriau c) cnyciau gro ch) terasau cnwc gro d) pyllau tegell.

13. Disgrifiwch sut mae pedwar grŵp o bobl yn defnyddio ardaloedd rhewlifol.

14. Disgrifiwch dri math o wrthdaro a allai fodoli rhwng grwpiau gwahanol o bobl mewn ardal rewlifol fel Eryri.

Ymarfer Cwestiynau Arholiad

1. Edrychwch ar y map ar y dde a labelwch yr arweddion canlynol:
   a) pigyn pyramidaidd
   b) peiran
   c) crib

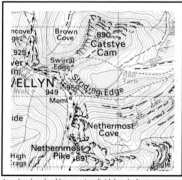

Atgynhyrchwyd o ddata mapiau digidol yr Arolwg Ordnans ⓗHawlfraint y Goron 2001

2. Disgrifiwch sut y ffurfiwyd un o'r arweddion hyn

Arwedd: [ ]

_____

_____

_____

_____

_____

Pŵer y Môr

Symudiadau egni trwy ddŵr, sy'n cael eu hachosi gan y gwynt, yw tonnau
- dyma sut mae'r môr yn gallu erydu, trawsgludo a dyddodi defnyddiau.

Egni a Symudiad Ton

Mae'r egni sydd mewn ton yn dibynnu ar ei huchder (y pellter rhwng ei chafn a'i brig) a'i hyd (y pellter rhwng dwy grib).

1) Mae uchder a hyd tonnau yn amrywio yn ôl eu cyflymder, hyd y cyfnod ers eu ffurfio, a'u cyrch — y pellter o fôr agored mae'r gwynt wedi bod yn chwythu drosto.

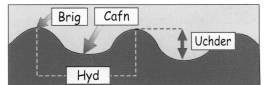

2) Wrth gyrraedd dŵr bas yr arfordir mae tonnau'n arafu, gan achosi iddynt 'dorri' ac ansefydlogi. Torddwr yw'r enw ar ddŵr yn symud i fyny'r traeth, a'r tynddwr yw'r dŵr sy'n symud yn ôl i'r môr.

Gall tonnau fod yn Adeiladol neu'n Ddinistriol

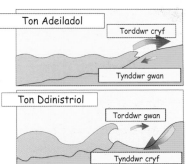

1) **TONNAU ADEILADOL:** mae'r rhain yn gweithredu mewn tywydd llonydd, ac maent tua 1 m o uchder. Mae'r torddwr yn gryf ac nid oes llawer o erydu ar waith. Y tonnau hyn sy'n trawsgludo a dyddodi defnyddiau gan greu tirffurfiau (trowch at dudalen 33).

2) **TONNAU DINISTRIOL:** mae'r rhain yn gweithredu mewn tywydd garw — tonnau storm, ac maent tua 5 neu 6 m o uchder. Mae'r tynddwr yn gryf ac mae llawer o erydu ar waith (trowch at dudalen 32).

Mae'r Môr yn Erydu'r Tir mewn Pum Ffordd

1) GWEITHRED HYDROLIG — mae llawer o ddŵr yn bwrw yn erbyn y tir, ac mae aer a dŵr yn cael eu dal a'u cywasgu mewn craciau yn arwyneb y graig. Wrth i'r môr symud yn ei ôl eto, mae'r aer yn ehangu fel ffrwydrad, gan wanhau'r graig, ehangu'r craciau a thorri darnau i ffwrdd.

2) CYRATHIAD — proses effeithiol iawn sy'n cael ei hachosi gan ddarnau o graig sydd wedi dod yn rhydd yn dyrnu'r tir, y clogwyni ac ati, gan achosi i ddarnau eraill o graig dorri i ffwrdd.

3) ATHREULIAD — mae hyn yn digwydd pan fydd darnau o graig yn cael eu bwrw yn erbyn ei gilydd gan y torddwr neu'r tynddwr nes eu malu a'u troi'n gerigos, yna'n raean, ac yn y diwedd, yn dywod, sy'n cael ei ddyddodi fel traethau, ac ati.

4) CYRYDIAD yw effaith gemegol y môr ar graig. Os yw'r graig yn galchfaen, mae'n ymdoddi yn nŵr y môr — hefyd, gall rhai mathau o halen môr adweithio â rhai creigiau penodol ac achosi iddynt bydru.

5) TONBWNIO — effaith 'pen hwrdd' pwysau'r tonnau yn erbyn y graig.

Gall Tonnau Symud Defnyddiau ar hyd yr Arfordir

1) Mae drifft y glannau'n digwydd pan fydd tonnau'n torri ar ongl arosgo i'r lan (nid ar ongl sgwâr) am eu bod yn cael eu gyrru gan y prifwynt.

2) Felly, mae pob ton yn gwthio defnyddiau fymryn ymhellach ar hyd y traeth.

3) Gall y broses hon ffurfio arweddion newydd (trowch at dudalen 33).

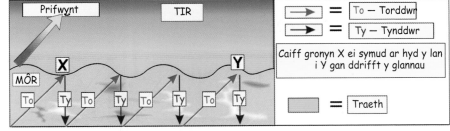

Pŵer y môr ac egni tonnau — profiad ysgytwol ...

Efallai bod hyn yn edrych yn anodd, ond mae angen i chi ei ddysgu. Erydu a dyddodi sydd ar waith yma hefyd, ond effaith egni'r tonnau yw'r gwahaniaeth. Nodwch ddau fath o don, a phum math o erydu gan y môr.

Tirffurfiau Arfordirol o ganlyniad i Erydiad

Dros gyfnodau hir o amser mae erydiad gan donnau yn ffurfio llawer o arweddion arfordirol.

Mae Erydu Craig yn Ffurfio Clogwyni

1) Mae tonnau'n erydu creigiau ar hyd y draethlin trwy gyfrwng gweithred hydrolig, cyrydiad, cyrathiad a thonbwnio.
2) Caiff rhic ei ffurfio'n araf wrth y marc penllanw, a gall hwn ddatblygu'n ogof gydag amser.
3) Gan nad oes dim yn ei chynnal, aiff y graig uwchben y rhic yn ansefydlog, ac mae'n cwympo.
4) Dros gyfnod o flynyddoedd, gall y morlin encilio wrth i'r erydu barhau, nes ffurfio llyfndir tonnau, e.e. Bae Robin Hood (Swydd Efrog), rhwng Aberystwyth a Chlarach, ger Southerndown yn Ne Cymru, a Chlogwyni Gwyn Dover.
5) Bydd union faint ac ongl y clogwyn yn dibynnu ar y graig leol a'i chaledwch, ac yn y blaen.

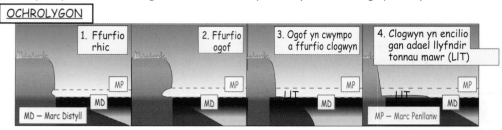

OCHROLYGON

1. Ffurfio rhic
2. Ffurfio ogof
3. Ogof yn cwympo a ffurfio clogwyn
4. Clogwyn yn encilio gan adael llyfndir tonnau mawr (LlT)

MD — Marc Distyll   MP — Marc Penllanw

Mae Creigiau Caled a Chreigiau Meddal wedi'u Herydu yn ffurfio Pentiroedd

1) Os oes bandiau o graig galed a chraig feddalach bob yn ail ar hyd yr arfordir, mae'n cymryd mwy o amser i erydu'r creigiau caled na'r creigiau meddal — gan nad oes gan y môr gymaint o effaith arnynt.
2) Gydag amser bydd y creigiau caled yn sefyll allan i ffurfio un neu ragor o bentiroedd — gyda chlogwyni fel arfer.
3) Caiff y creigiau meddalach eu herydu i ffurfio baeau — oherwydd y gwaith erydu, bydd y rhain yn goleddu'n fwy graddol tua'r lan, gan greu lle i draethau ffurfio (trowch at y dudalen nesaf).
4) Bydd union siâp a maint yr arweddion a gaiff eu ffurfio yn dibynnu ar y ddaeareg leol.

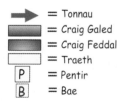

= Tonnau
= Craig Galed
= Craig Feddal
= Traeth
P = Pentir
B = Bae

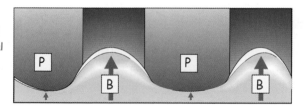

Gall Ogofâu, Bwâu a Staciau gael eu Ffurfio hefyd

1) Gall crac neu wendid yng nghraig pentir gael ei erydu — mae'r tonnau'n gryf yno fel arfer gan fod y pentir yn sefyll allan. Mae hyn yn ffurfio un neu ragor o ogofâu, e.e. Fingal's Cave ar Ynys Staffa yn yr Alban.
2) Weithiau, mae gwasgedd aer, sy'n cael ei gywasgu yn yr ogofâu gan y tonnau, yn gwanhau to'r ogof ar hyd prif freg, ac mae'r to'n syrthio i ffurfio mordwll, fel Llam yr Heliwr (Huntsman's Leap) yn Ne Penfro. Mae erydu pellach yn ehangu'r ogof ac mae'n torri trwy'r pentir i ffurfio bwa, e.e. Durdle Door, Dorset.
3) Mae to'r bwa yn aml yn ansefydlog, a chydag amser bydd yn cwympo, gan gadael stac neu gyfres o staciau, e.e. Y Needles ger Ynys Wyth neu, os ydych chi wedi bod yng Ngwersyll yr Urdd yn Llangrannog, ydych chi'n cofio gweld Carreg Bica?
4) Mae'r math hwn o erydiad yn gyffredin mewn ardaloedd calchfaen neu sialc.

Mordwll | Ochrolwg | Môr
Craig wedi syrthio yn y gorffennol
Craciau yn y graig
Ogof fechan wedi ffurfio
Bwa wedi ffurfio
Stac wedi ffurfio
Bwa
Staciau
Ogof
Golwg o'r awyr o bentir sialc
MP
TIR

Diflanna craig feddal gydag amser — nid yw'n para o gwbl ...

Mae'r dudalen hon yn ymddangos yn galetach (wps) — yn anos nag yw hi. Mewn gwirionedd, dim ond dilyn y pwyntiau'n ofalus sydd ei angen. Dysgwch enwau prif arweddion erydiad y môr, a sut mae pob un yn cael ei ffurfio. Maent yn ffurfio mewn trefn benodol; dysgwch hyn yn drwyadl.

Tirffurfiau Arfordirol o ganlyniad i Ddyddodiad

Ffurfir Traethau gan Ddyddodiad

Ceir traethau ar hyd arfordiroedd lle mae defnydd sydd wedi'i erydu gan y môr yn cael ei ddyddodi — e.e. mewn baeau rhwng pentiroedd (edrychwch ar dudalen 32). Maent yn amrywio yn eu maint o gilfachau bach tywodlyd i draethau eang fel traeth y Borth yng Ngheredigion. Mae maint y dyddodion ar y traeth yn dibynnu ar natur y creigiau lleol ac egni'r tonnau, e.e tywod mân yn Rhosili, Bro Gŵyr, a cherigos yn bennaf ar draethau Aberystwyth.

Cefnennau o glogfeini wrth gefn traethau yw stormdraethau, sy'n cael eu ffurfio pan fydd tonnau cryf yn pentyrru defnydd wrth y marc penllanw.

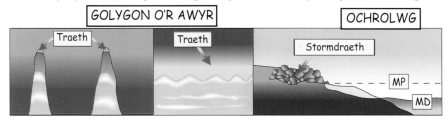

Traethau Hir a Ffurfir gan Ddrifft y Glannau yw Tafodau

1) Traethau o dywod neu gerigos sy'n ymwthio allan i'r môr yw tafodau, ond sy'n sownd i'r tir yn un pen — proses drifft y glannau sy'n tueddu i'w ffurfio (trowch at dudalen 31).
2) Mae tafodau yn ffurfio: ar draws aberoedd; lle mae'r arfordir yn newid cyfeiriad yn sydyn; lle mae'r llanw yn cyrraedd dŵr mwy llonydd mewn bae neu gilfach, ac yn y blaen.
3) Fel arfer, oherwydd effaith gwyntoedd cryf achlysurol o gyfeiriad arall, mae pen y tafod wedi'i blygu ar ffurf bach neu atroad.
4) Nid yw tonnau'n gallu cyrraedd dŵr y môr y tu ôl i'r tafod, felly mae fflatiau llaid a morfeydd heli yn ffurfio yma yn aml.
5) Esiamplau enwog yw Tafod y Ro-wen wrth aber afon Mawddach, ac Orford Ness yn Suffolk.

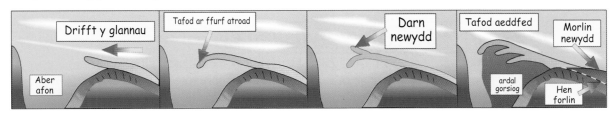

Mae GRAEANDIR (TOMBOLO) i'w gael lle mae ynys yn cael ei huno â'r tir mawr gan gefnen o ddefnydd wedi'i ddyddodi, e.e. Traeth Chesil, 18 km o hyd, yn Dorset, sy'n uno Ynys Portland â'r tir mawr.

Mae BARDRAETHAU'n ffurfio lle mae tafod yn ymestyn ar draws bae bas, e.e. Slapton Sands yn Ne Dyfnaint — mae'r dŵr y tu ôl iddo yn graddol droi'n lagŵn, sy'n gallu datblygu'n araf i fod yn halwyndir.

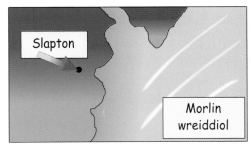
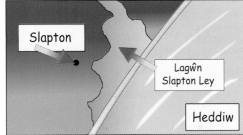

Dyddodiad y môr — diferyn yn y cefnfor ...

Wel, dyna bedair o'r prif arweddion dyddodol i chi eu dysgu, ac, yn anffodus, mae enwau hurt arnynt hefyd! Cofiwch mai dyddodiad sy'n ffurfio traethau a drifft y glannau sy'n ffurfio tafodau. Copïwch y diagramau, ac yna ysgrifennwch ddisgrifiad byr o bob arwedd. Mae'n bwysig nad ydych chi'n cymysgu'r ffeithiau hyn.

Rheoli Llifogydd ac Erydiad

Defnyddiwn <u>ddau</u> ddull i <u>amddiffyn</u> rhag erydiad a llifogydd ar hyd yr arfordir — peirianneg <u>galed</u> a pheirianneg <u>feddal</u>.

Ceir Pum Prif Amddiffynfa Peirianneg Galed

1) GRWYNAU yw rhwystrau pren sy'n cael eu codi'n sgwaronglog i'r arfordir lle mae drifft y glannau'n digwydd. Maent yn <u>lleihau</u> symudiad defnydd ar hyd yr arfordir, ac yn <u>cadw</u>'r traeth yn ei le — gan <u>amddiffyn</u> y clogwyn rhag cael ei erydu ymhellach mewn rhai mannau. Bydd y traeth wedyn yn <u>amddiffyn</u> ardaloedd isel rhag <u>llifogydd</u>.

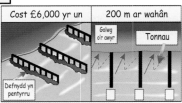

2) MORGLODDIAU Mae morgloddiau yn lleihau erydiad — ond dim ond gwyro'r tonnau (ac nid eu hamsugno) y maent. Gall y tonnau <u>olchi</u>'r traeth amddiffynnol <u>i ffwrdd</u>, yn ogystal ag <u>erydu</u>'r wal ei hun. Mae morgloddiau'n <u>amddiffyn</u> tir arfordirol isel rhag cael ei <u>foddi</u>, ond weithiau gall y môr olchi drostynt fel yn Nhywyn, Gogledd-ddwyrain Cymru ym mis Chwefror 1990.

3) GWRTHGLODDIAU Mae gwrthgloddiau (rhwystrau delltog) yn cael eu codi lle byddai codi morglawdd yn <u>rhy ddrud</u>, e.e. y tu allan i drefi. Maent yn <u>torri</u> grym y tonnau, gan ddal dyddodion y tu ôl iddynt ac <u>amddiffyn</u> gwaelod y clogwyni. Maent yn <u>fwy effeithiol</u> na morgloddiau ond yn hyll, ac <u>nid ydynt</u> yn llwyr amddiffyn y tir.

4) CAERGEWYLL yw clogfeini mawr wedi'u dal at ei gilydd mewn cewyll rhwyddur. Mae'r cerrig mawr yn <u>amsugno</u> peth o egni'r tonnau ac yn <u>lleihau</u> erydiad — maent yn rhad ond yn hyll.

5) BLOCIAU CALED Weithiau caiff clogfeini mawr eu pentyrru ar draethau lle mae erydiad yn debygol. Maent yn rhad ond yn hyll, a gall y <u>tonnau</u> eu <u>tanseilio</u> a'u <u>symud</u>.

Yn y tymor hir, <u>nid</u> yw'r amddiffynfeydd <u>peirianneg galed</u> hyn yn <u>gynaliadwy</u>. Maent yn hynod o <u>ddrud</u> ac yn <u>hyll</u>, ac mae angen gwaith cynnal a chadw <u>cyson</u> arnynt. Yn aml, dim ond symud <u>problemau</u> yn nes i lawr yr arfordir y maent.

Peirianneg Feddal — Dull Mwy Cynaliadwy

Yr ateb symlaf yw gadael i'r môr wneud ei waith. Ond heb geisio ffrwyno'r môr, byddai <u>llifogydd</u> ac <u>erydiad</u> yn <u>dinistrio</u> llawer iawn o dir. Mae peirianneg feddal yn ceisio cydweithredu â phrosesau arfordirol <u>naturiol</u> a <u>gwarchod cynefinoedd</u>.

1) Bwydo traethau — <u>Term ffansi</u> iawn am osod rhagor o laid neu dywod ar y traeth. Mae traeth yn amddiffynfa naturiol ragorol rhag llifogydd, felly drwy sicrhau bod digon o ddefnydd ar y traeth, mae modd osgoi'r perygl o lifogydd. Ond y broblem yw sut i ddod o hyd i ddigon o waddod heb achosi <u>difrod i'r amgylchedd</u> yn rhywle arall. Mae hefyd yn <u>ddrud</u> iawn, a rhaid ail-wneud y gwaith dro ar ôl tro ar ôl tro.

2) Plannu ar hyd y draethlin — Mae plannu <u>corsennau</u>, er enghraifft, ar hyd y draethlin yn <u>rhwymo</u> gwaddod y traeth at ei gilydd, gan arafu erydiad. Mae hyn hefyd yn hybu datblygiad <u>cynefinoedd</u> y draethlin.

3) Sefydlogi twyni — Mae twyni tywod yn amddiffynfa ragorol yn erbyn <u>llifogydd adeg storm</u>. Drwy reoli llwybrau a phlannu <u>moresg</u>, mae gwaddod yn cael ei ychwanegu ac erydiad yn <u>lleihau</u>. Mae hyn yn cynnal ecosystem y twyni.

4) Encilio dan reolaeth — Yn lle <u>brwydro</u> yn erbyn yr <u>elfennau</u> o hyd ac o hyd, mae modd ceisio arafu erydiad arfordirol <u>heb</u> geisio ei rwystro'n gyfan gwbl. Yn y diwedd, bydd rhaid symud adeiladau neu eu colli i'r môr, ond gall hyn fod yn <u>rhatach</u> na buddsoddi'n gyson i reoli'r arfordir.

5) Gosod yn ôl Term gorffansi arall am godi tai ychydig ymhellach yn ôl o ymyl yr arfordir.

Amddiffyn rhag difrod y môr — hwylio ymlaen ...

Am wahanol resymau, mae tir ger y môr yn bwysig i bawb, ac mae ei amddiffyn yn hanfodol. Cofiwch am y ddau brif ddull o wneud hyn — peirianneg galed a pheirianneg feddal. Lluniwch baragraff o'r <u>pethau ymarferol</u> y gellir eu gwneud i warchod morlinau. Soniwch am y ddau fath o beirianneg, gan nodi eu manteision a'u hanfanteision.

Yr Arfordir a Phobl

Mae erydiad, llifogydd a defnydd tir ar hyd yr arfordir yn achosi llawer iawn o wrthdaro.

Mae Amddiffyn yr Arfordir yn Flaenoriaeth Bwysig

1) Rhaid sicrhau bod ardaloedd arfordirol yn cael eu rheoli'n ofalus, naill ai gan gyrff cenedlaethol fel Awdurdodau'r Parciau Cenedlaethol a'r Ymddiriedolaeth Genedlaethol, neu gan awdurdodau lleol.

> Mae llawer o arfordiroedd yn brydferth, ac felly mae llawer o bobl yn ymweld â hwy — ond maent yn fregus, a gall pobl eu difrodi wrth sathru arnynt. Mae rhai yn ardaloedd cadwraeth naturiol gyda chynefinoedd prin sy'n hawdd eu dinistrio.

2) Mae mynediad i'r mannau hyn yn bosibl heb darfu arnynt na'u difrodi yn ormodol — e.e. meysydd parcio a safleoedd picnic swyddogol, llwybrau wedi'u marcio'n glir, a thaflenni gwybodaeth am erydiad.

3) Mae modd atgyfnerthu llwybrau a gwahardd y cyhoedd rhag mynd i'r mannau bregus drwy eu ffensio.

Mae Defnyddio'r Arfordir yn Achosi Llawer o Wrthdaro

1) Mae trigolion am gadw eu tai a'u bywoliaeth.
2) Mae ymwelwyr am gael mynediad di-rwystr i'r arfordir.
3) Mae cadwraethwyr am gadw cynefinoedd lleol a gwarchod bywyd gwyllt prin.
4) Rhaid i'r llywodraeth ystyried effaith gweithredu mewn un man ar fannau eraill gerllaw, yn ogystal â defnyddio arian y cyhoedd yn y ffordd orau bosibl, gan sicrhau budd y nifer mwyaf o bobl.
5) Rhaid i awdurdodau lleol ddiogelu buddiannau cymaint o bobl leol â phosibl, a hynny yn y modd mwyaf darbodus a boddhaol.
6) Mae amddiffyn yr arfordir yn ddrud iawn — ni allwn fforddio amddiffyn pob darn ohono.

Cynhesu Byd-Eang — Yr Effaith ar Arfordiroedd

Os bydd cynhesu byd-eang yn parhau, fel y rhagwelir gan lawer o wyddonwyr, bydd yr iâ ym Mhegwn y Gogledd a Phegwn y De yn ymdoddi, gan arwain at godiad yn lefel y môr ledled y byd. Dim problem os ydych chi'n byw ar ben mynydd, ond gallai fod yn broblem fawr os ydych chi'n byw ar yr arfordir — edrychwch ar y mapiau hyn.

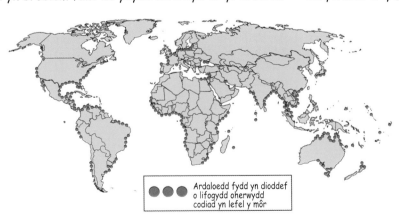

Ardaloedd fydd yn dioddef o lifogydd oherwydd codiad yn lefel y môr

Ardaloedd mewn perygl o lifogydd oherwydd codiad yn lefel y môr

Byddai llifogydd yn waeth yn y GLlEDd nag yn y GMEDd. Ni fydd cynlluniau amddiffyn yr arfordir yn cael fawr o effaith, ond bydd y GMEDd yn ymdopi'n well am fod arian ac adnoddau ganddynt. Nid yw'r GLlEDd mor ffodus. Bydd angen cymorth sylweddol iawn ar y gwledydd sy'n dioddef waethaf er mwyn eu helpu i ymdopi â'r llifogydd.

Cynhesu Byd-Eang — rasys nofio yn Stadiwm y Mileniwm?

Maent yn hoffi rhoi astudiaeth achos i chi yn yr arholiad ac yna eich holi am wrthdrawiadau defnydd tir. Dysgwch yr holl wrthdrawiadau ar y dudalen hon, ac yna gellwch eu nodi yn yr arholiad, gan ychwanegu esiamplau o'r astudiaeth achos a gewch. O, ac os ydych chi'n adolygu yn agos at y môr, cofiwch wisgo welintons.

Arweddion Arfordirol ar Fapiau

Mae adnabod arweddion arfordirol yn hen ffefryn mewn arholiadau. Dyma'r math o gwestiwn sy'n gyffredin:

'Ai erydiad neu ddyddodiad sy'n effeithio ar yr arfordir hwn? Rhowch dystiolaeth i gefnogi eich ateb.'

Arweddion erydiad — Bwâu, Ogofâu a Staciau

1) Ffurfiwyd Brook Bay ar Ynys Wyth pan gafodd y graig feddalach ei <u>herydu</u> gan y môr.

2) <u>Nid</u> oes modd gweld bwâu nac ogofâu ar fap oherwydd y creigiau uwch eu pennau, ond mae staciau'n ymddangos fel <u>smotiau</u> yn y môr.

3) Chwiliwch am <u>enwau ogofâu</u> ar y map, a nodwch eu henwau yn eich ateb fel tystiolaeth.

Arweddion erydiad — Clogwyni

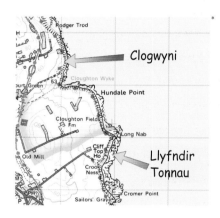

1) Mae clogwyni'n arwydd sicr o <u>erydiad</u> ar hyd yr arfordir.

2) Mae llyfndiroedd tonnau'n cael eu nodi ar fap fel ymylon anwastad i'r arfordir.

3) Mae llinellau bychain duon yn dynodi <u>llethr serth</u> — h.y. y clogwyn.

4) Mae enwau fel 'Cliff Top Hotel' yn rhoi <u>cliw</u> i chi hefyd.

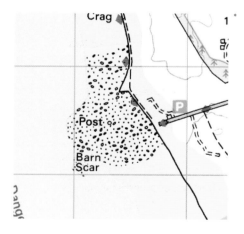

Arweddion dyddodol — Traethau

1) Mae traethau tywod mân yn felyn <u>golau</u> ar fapiau.

2) Mae lluniau o gerrig bach yn cael eu defnyddio i ddangos traethau caregog.

3) Gallant ofyn cwestiwn map i chi ar <u>ryngweithiadau dynol</u> ar draethau. Nid yw hyn yn anodd — ar y map hwn byddech yn sôn am y ffordd, y maes parcio a'r llwybr cerdded. Chwiliwch hefyd am bierau, dociau ac <u>amddiffynfeydd arfordirol</u> fel grwynau a morgloddiau.

Arweddion dyddodol — Tafodau

Mae Spurn Head yn <u>dafod</u> ar draws aber afon Humber.

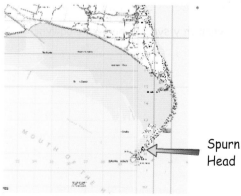

1) Mae'r tafod ar draws aber yr afon lle mae'r arfordir yn newid cyfeiriad yn sydyn.

2) Gellwch ddweud mai <u>tafod aeddfed</u> yw hwn am fod <u>llystyfiant</u> (mewn gwyrdd ar y map) yn tyfu ar y <u>llifwaddod</u> y tu ôl iddo.

Glan y môr — gwledd i'r llygad

Er nad yw'r gwaith hwn yn anodd, rhaid i chi beidio â <u>gwneud cawl</u> ohono. Chwiliwch am yr arweddion hyn ar fapiau eraill, a'r tro nesaf y byddwch ar y traeth, defnyddiwch eich llygaid i ddiben amgenach na syllu'n gegagored ar y rhyw arall.

Crynodeb Adolygu ar gyfer Adran 5

Mae pedair rhan i'r adran hon — prosesau arfordirol, arweddion arfordirol, rheoli'r arfordir, a mapiau. Mae'n haws rhannu'r gwaith fel hyn i'w ddysgu, ond bydd cwestiynau'r arholiad yn cymysgu popeth. Ar ôl edrych ar fap, bydd disgwyl i chi enwi'r arweddion, yna ddisgrifio sut y cawsant eu ffurfio, ac yna ddweud sut mae gweithgareddau dynol yn effeithio arnynt. Os gellwch ateb yr holl gwestiynau hyn heb help o weddill y llyfr, yna byddwch mewn sefyllfa dda i daclo'r papur arholiad.

1) Beth sy'n achosi tonnau? Dewiswch un o'r canlynol:
   a) y gwynt   b) y lleuad   c) cerigos mawr

2) Pa ddau ffactor sy'n effeithio ar egni ton?

3) Tynnwch ddiagram wedi'i labelu i ddangos crib, cafn, hyd ac uchder ton.

4) Beth yw ystyr y term 'cyrch ton'?

5) Esboniwch y gwahaniaeth rhwng tonnau adeiladol a thonnau dinistriol.

6) Beth yw torddwr a thynddwr?

7) Enwch y pum prif fath o erydiad arfordirol. Ysgrifennwch ddisgrifiad byr o bob un.

8) Gyda chymorth diagram, esboniwch ystyr y term drifft y glannau.

9) Tynnwch ddiagramau i ddangos sut mae clogwyni a llyfndir tonnau yn cael eu ffurfio.

10) Sut mae arfordir pentir a bae yn ffurfio?

11) Disgrifiwch sut y gall crac mewn pentir droi'n stac. Defnyddiwch ddiagramau i'ch helpu.

12) Enwch esiampl o: a) cyfres o staciau   b) bwa

13) Disgrifiwch ffurfiant   a) traethau   b) tafodau   c) bardraethau.
    Nodwch esiampl o bob un, a thynnwch ddiagramau wedi'u labelu i ddangos y ffurfiant a'r prif arweddion.

14) Beth yw graeandir (tombolo)? Nodwch esiampl.

15) Enwch bum dull peirianneg galed sy'n cael eu defnyddio i reoli erydiad arfordirol. Esboniwch bob un.

16) Nodwch bedair anfantais i dechnegau peirianneg galed.

17) Beth yw'r gwahaniaeth rhwng peirianneg feddal a pheirianneg galed?

18) Nodwch bum esiampl o ddulliau peirianneg feddal o reoli arfordir.

19) Disgrifiwch dri phrif wrthdrawiad posibl rhwng gwahanol grwpiau o bobl mewn ardaloedd arfordirol.

20) Beth fydd yn digwydd i lefel y môr os bydd cynhesu byd-eang yn para?

21) Tynnwch y symbol map am glogwyni.

22) Tynnwch fraslun i ddangos golwg tafod aeddfed ar fap.

Cylchfaoedd Hinsoddol y Byd

Mae Sawl Cylchfa Hinsoddol yn y Byd

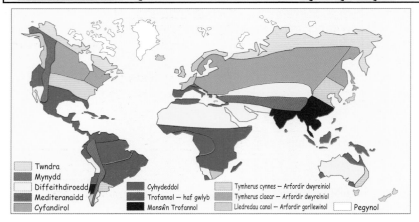

Twndra
Mynydd
Diffeithdiroedd
Mediteranaidd
Cyfandirol
Cyhydeddol
Trofannol — haf gwlyb
Monsŵn Trofannol
Tymherus cynnes — Arfordir dwyreiniol
Tymherus claear — Arfordir dwyreiniol
Lledredau canol — Arfordir gorllewinol
Pegynol

Seilir y dosbarthiad hwn ar uchafbwynt ac isafbwynt y tymheredd a'r amrediad tymheredd, yn ogystal â chyfanswm blynyddol a dosbarthiad tymhorol y dyodiad.

Gan fod cyn lleied o fathau o hinsawdd yn y byd, a chan fod modd gweld patrymau ar y map, rhaid bod ffactorau ar waith sy'n dylanwadu ar y patrwm.

Mae Pum Ffactor yn Dylanwadu ar Hinsawdd Gwlad

1) **LLEDRED:** Fel arfer, mae'r tymheredd cyffredinol yn gostwng a'r amrediad tymheredd yn cynyddu wrth fynd ymhellach oddi wrth y cyhydedd, am fod ongl yr haul yn is ger y pegynau.
2) **UCHDER:** Fel arfer, mae tymereddau'n gostwng gyda chynnydd mewn uchder uwchben lefel y môr, ac mae uwchdiroedd yn tueddu i fod yn wlypach hefyd oherwydd glaw tirwedd.
3) **CYFANDIROLEDD:** Mae amrediad tymheredd mannau sy'n agos at yr arfordir yn llai na mannau mewndirol. Mae hyn oherwydd bod y tir yn cynhesu ac yn oeri yn gyflymach na'r môr. Ceir llai o law mewn ardaloedd mewndirol am fod y gwyntoedd gwlyb o'r môr wedi colli'r rhan fwyaf o'u lleithder cyn cyrraedd yno.
4) **PRIFWYNTOEDD:** Os yw'r rhain yn gynnes (h.y. maent wedi chwythu o ranbarth poeth) byddant yn codi'r tymheredd. Os ydynt yn dod o ranbarthau oerach, byddant yn gostwng y tymheredd. Os ydynt yn dod o'r môr (gwyntoedd atraeth), neu o ranbarth gwlyb, byddant yn dod â glaw. Byddant yn wyntoedd sych os byddant yn wyntoedd alltraeth neu wedi chwythu dros ranbarth sych.
5) Mae gan y byd chwe phrif gylchfa gwynt, a bydd **LLEOLIAD** ardal mewn perthynas â'r rhain yn rheoli nodweddion ei dyodiad (glawiad). Mae'r cylchfaoedd hyn yn symud i'r gogledd ac i'r de, gyda'r haul uwchben yn achosi tymhorau sych a gwlyb mewn rhai ardaloedd wrth i'r gwyntoedd newid cyfeiriad yn ystod y flwyddyn.

Mae Modd Dangos Hinsawdd ar Graff

Mae graff hinsawdd yn cynnwys graff llinell sy'n dangos tymheredd, a graff bar sy'n dangos dyodiad am bob mis o'r flwyddyn. Fel arfer, mae'r data a ddefnyddir yn ddata cyfartalog am gyfnod o flynyddoedd er mwyn dileu cyflyrau anghyffredin. Mae modd adnabod mathau gwahanol o hinsawdd wrth edrych ar siapiau'r graffiau.

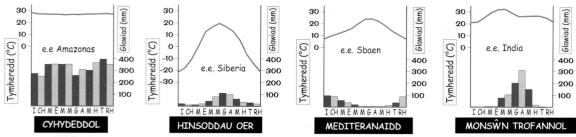

CYHYDEDDOL   HINSODDAU OER   MEDITERANAIDD   MONSŴN TROFANNOL

Cofiwch — os yw'r graff yn dangos rhywle i'r De o'r Cyhydedd, bydd y tymhorau i'r gwrthwyneb i dymhorau Hemisffer y Gogledd — felly mis Gorffennaf fydd y mis oeraf.

Gorffennaf yw'r mis mwyaf claear bob blwyddyn — mae gwyliau'r haf yn dechrau ...

Mae dysgu'r ffeithiau sylfaenol ar y dudalen hon yn bwysig er mwyn i chi fedru deall gweddill yr adran. Nodwch y pum ffactor sy'n creu hinsawdd gwlad, ac ysgrifennwch baragraff byr ar sut mae graff hinsawdd yn gweithio. Cofiwch, mae llawer o farciau hawdd eu hennill yn y cwestiynau hinsawdd yn yr arholiad — peidiwch â'u colli!

Mathau o Law

Gair ffansi am lawiad yw dyodiad — lleithder sy'n disgyn o gymylau, e.e. eira, cesair/cenllysg, glaw mân.

Dyodiad — pan fydd Dwr yn yr Atmosffer yn Claearu

1) Mae anwedd dŵr yn claearu nes bod yr aer yn ddirlawn, neu'n cyrraedd pwynt cyddwyso neu wlithbwynt.
2) Mae'r aer yn ddirlawn ar y gwlithbwynt a bydd anwedd dŵr yn cyddwyso i ffurfio'r mân ddiferion o ddŵr sy'n creu'r gwahanol fathau o gymylau.
3) O fewn cymylau, mae prosesau cymhleth ar waith sy'n gwneud y diferion mor fawr nes eu bod yn disgyn fel dyodiad.

Mae Tri Phrif Fath o Lawiad — Glawiad Tirwedd (Orograffig), Glawiad Darfudol a Glawiad Ffrynt

Mae Aer Llaith Uwchben Mynyddoedd yn Arwain at Lawiad Tirwedd

1) Os bydd gwyntoedd atraeth cynnes a gwlyb yn cyrraedd mynyddoedd, rhaid iddynt godi er mwyn eu croesi.
2) Mae'r aer yn claearu ac yn cyddwyso. Caiff cymylau eu ffurfio, ac mae dyodiad yn dechrau.
3) Ar ôl cyrraedd y copa, mae'r aer sychach yn dechrau disgyn.
4) Wrth iddo ddisgyn, mae'r aer yn cynhesu, ac mae unrhyw gymylau sydd ar ôl yn anweddu.
5) Glawsgodfa yw enw'r ardal sychach hon.

Mae Canolbarth Lloegr yng nglawsgodfa mynyddoedd Canolbarth Cymru, ac mae Swydd Efrog yng nglawsgodfa'r Pennines.

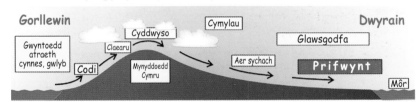

Glaw Darfudol — Mae'r Haul yn Cynhesu'r Ddaear

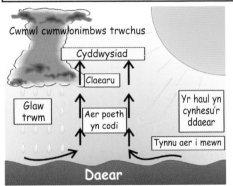

Mae glaw darfudol yn digwydd drwy'r flwyddyn mewn ardaloedd cyhydeddol — a gall ddigwydd mewn ardaloedd fel y D.U., gwledydd Ewropeaidd y Môr Canoldir, ac yng nghanol cyfandiroedd pan fydd y tymereddau'n uchel.

1) Mae'r haul yn cynhesu'r ddaear ac mae aer cynnes yn codi'n fertigol.
2) Wrth godi, mae'n claearu nes cyrraedd pwynt cyddwyso, pan fydd cymylau cwmwlonimbws trwchus yn cael eu ffurfio gan geryntau thermol cryf ar i fyny sy'n cynhyrchu gwasgedd isel.
3) Mae'r gwasgedd isel hwn yn tynnu aer i'r canol — mae glawiad yn drwm ac yn arddwys, ac weithiau bydd mellt a tharanau i'w cael yr un pryd oherwydd y cyflyrau trydanol ansefydlog.

Mae'r D.U. yn Profi'r Tri Math o Lawiad

1) Mae'r tri math o lawiad yn digwydd yn y D.U. — fel y gwyddom yn rhy dda!
2) I raddau helaeth, mae hyn yn ganlyniad i'r systemau gwasgedd isel — y diwasgeddau — sy'n croesi uwch ein pennau yn gyson.
3) Mae rhagor am ddiwasgeddau ar dudalen 42, felly dyma'r prif ffeithiau yn unig am y tro.
4) Mae diwasgedd yn cael ei ffurfio pan fydd aer cynnes yn cyfarfod ag aer oer, gan achosi cyddwysiad a glaw ffrynt.
5) Gall y glaw hwn amrywio o law mân i law trwm yn ôl ei leoliad yn y diwasgedd.

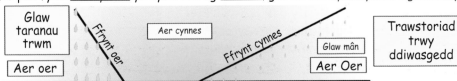

Glaw, glaw, a rhagor o law!

Mae hon yn dudalen ddiflas, ond rhaid i chi ddysgu am y tri math o ddyodiad yn anffodus. Dyma bwnc y gellwch gael marciau uchel amdano yn yr arholiad, dim ond i chi ei ddysgu'n ofalus. Felly, ysgrifennwch baragrafff yr un am y tri math o ddyodiad a sut maent yn cael eu ffurfio.

Siartiau Synoptig

Term arall am <u>fap tywydd</u> yw siart synoptig — yr un fath ag a welir ar ragolygon y tywydd ar y teledu.

Esiampl o Siart Synoptig

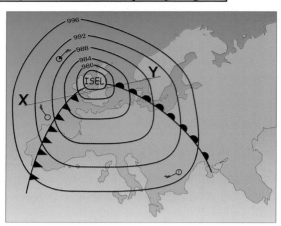

Symbolau Cwmwl		Symbolau Tywydd	
Symbol	Gorchudd Cwmwl	Symbol	Disgrifiad
⊗	awyr wedi'i gorchuddio	≡≡≡	Niwlen
○	awyr ddigwmwl	≡≡≡	Niwl
◍	1/8 gorchudd cwmwl	⦁	glaw mân
◑	2/8 gorchudd cwmwl	•	glaw
◕	3/8 gorchudd cwmwl	✳	eira
◑	4/8 gorchudd cwmwl	⚡	mellt a tharanau
◑	5/8 gorchudd cwmwl	⛆	cawod o law
◕	6/8 gorchudd cwmwl	⟐	cawod o
◗	7/8 gorchudd cwmwl		gesair/genllysg
●	gorchudd cyflawn	⛆	cawod o eira

Symbolau Buanedd Gwynt a'r Raddfa Beaufort

Buanedd (notiau)	Symbol	Disgrifiad	Rhif Beaufort
0	◎	gosteg	0
1 - 2	—○		
3 - 7	⌐○	chwa ysgafn	1
8 - 12	⌐○	awel ysgafn	2
13 - 17	⌐○	awel fwyn	3
18 - 22	⌐○	awel gymedrol	4
23 - 27	⌐○	awel ffres	5
28 - 32	⌐○	awel gref	6
33 - 37	⌐○	tymestl gymedrol	7
38 - 42	⌐○	tymestl ffres	8
43 - 47	⌐○	tymestl gref	9
48 - 52	◤○	tymestl gyflawn	10
53 - 57	◤○	storm	11
58 - 62	◤◤○	corwynt	12

Mae'r llinell o X i Y yn dangos trawstoriad o ddiwasgedd.
Trowch at dudalen 42 i weld sut dywydd fyddai yn yr ardal honno.

Mae Siartiau Synoptig yn Gymorth i Ragfynegi'r Tywydd

Ceir <u>gorsafoedd tywydd</u> ar hyd a lled y D.U. sy'n casglu data am dymheredd, gorchudd cwmwl, dyodiad, gwasgedd ac ati, a ddefnyddir wedyn i lunio mapiau neu siartiau. Yna, mae modd eu cymharu â sefyllfaoedd yn y gorffennol er mwyn <u>rhagfynegi</u> tywydd i ddod — gobeithio.

Mae'r allwedd uchod yn dangos sut mae symbolau cymylau a buanedd gwynt yn cael eu dangos ar siartiau synoptig. Mae'r ddau yn cael eu defnyddio ar y cyd i greu symbol gorsaf tywydd, gydag <u>ongl y gynffon</u> yn dangos <u>cyfeiriad y gwynt</u>. Mae arholwyr wrth eu boddau â'r pethau bach del hyn.

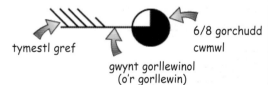

tymestl gref

gwynt gorllewinol (o'r gorllewin)

6/8 gorchudd cwmwl

Mae Siartiau Synoptig yn Dangos Cyflyrau Gwasgedd Atmosfferig

<u>Gwasgedd Atmosfferig</u> yw:
'grym' yr atmosffer wrth iddo <u>bwyso</u> uwchben <u>arwynebedd penodol</u> o <u>Arwyneb y Ddaear</u>.

1) Caiff ei fesur mewn <u>milibarrau</u> (mb) a'i ddangos ar fap tywydd neu siart synoptig fel <u>isobarrau</u> — <u>llinellau</u> sy'n uno pwyntiau <u>o'r un gwasgedd</u>. Gall y ffigurau amrywio o 890 mb mewn corwynt (t.43) i 1060 mb mewn antiseiclon (t. 42).

2) Fel rheol, caiff <u>tywydd gwledydd Prydain</u> ei reoli gan wasgedd <u>uchel</u> neu <u>isel</u> — bydd disgwyl i chi adnabod y ddau fath ar siart, yn ogystal â'r tywydd sy'n gysylltiedig â hwy.

3) Mae systemau <u>Gwasgedd Isel</u> a <u>Gwasgedd Uchel</u> yn cael eu dangos fel cyfres o <u>isobarrau</u> ar <u>siâp tebyg i gylch</u>. Mae <u>gwerth</u> yr isobarrau mewn system gwasgedd isel yn <u>lleihau</u> tuag at y canol, ond yn <u>cynyddu</u> mewn system gwasgedd uchel.

4) Bydd disgwyl i chi adnabod y symbolau ar gyfer <u>ffryntiau</u> sy'n gysylltiedig â systemau gwasgedd isel. Mae esboniad o'r rhain o dan y diagramau ar y dde.

5) Yn ogystal, mae gwybodaeth ar y siart synoptig sy'n dangos <u>cyfeiriad y gwynt</u>, y <u>gorchudd cwmwl</u>, y <u>tymheredd</u> a'r <u>tywydd</u>.

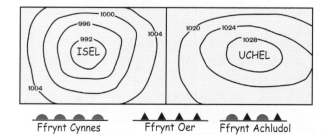

Ffrynt Cynnes   Ffrynt Oer   Ffrynt Achludol

Boed glaw neu hindda — rhaid i chi ddysgu hyn ...

Uffach! — dyna lwyth o symbolau newydd i'w dysgu. Defnyddiwch yr <u>allwedd</u> ar y dudalen hon er mwyn dehongli siart synoptig mewn <u>papur newydd</u> neu ar y <u>teledu</u>. Cofiwch fod arholwyr yn gwirioni ar y siartiau yma, a bod marciau hawdd i'w hennill, dim ond i chi ddysgu'r gwaith.

Delweddau Lloeren

Y dyddiau hyn, mae mapiau tywydd ar y teledu yn reit gywir. Mae hyn oherwydd bod lloerennau sy'n uchel yn y gofod yn gallu anfon delweddau o batrymau'r cymylau.

Mae Delweddau Lloeren yn Ein Helpu i Ddeall y Tywydd

1) Ers yr 1960au, mae delweddau lloeren o gymylau wedi cael eu defnyddio i ragfynegi'r tywydd.

2) Mae'r rhain yn ein cyrraedd o loerennau yn y gofod sy'n troi o gwmpas y ddaear, ac maent yn rhoi golygfa gyffredinol dda i ni o dywydd y byd.

3) Ar ddelweddau gweladwy, mae unrhyw arwynebau golau (fel cymylau) yn adlewyrchu golau'r haul ac yn ymddangos yn wyn, tra bod arwynebau tywyll (fel y môr) yn ymddangos yn ddu.

4) Mae delweddau isgoch yn dangos tymheredd arwyneb — po oleuaf y lliw, oeraf yw'r tymheredd.

5) Mae'n hawdd gweld systemau gwasgedd isel dros y D.U. am fod iddynt batrymau cylchol o gymylau gwyn trwchus ar hyd y ffryntiau glawog, ac ardaloedd brith o ddarnau unigol o gymylau gwyn y tu ôl iddynt.

Trawsnewid y Delweddau yn Siartiau Synoptig

1) Mae modd trawsnewid delweddau lloeren yn siartiau synoptig.

2) Mae modd gweld ffryntiau cynnes ac oer ar ymylon y cymylau.

3) Fel arfer, mae'r cymylau'n troi o gwmpas ardaloedd o wasgedd isel.

4) Mae'r isobarrau'n dilyn patrymau'r cymylau.

Dyma lun isgoch sydd wedi'i anfon o loeren yn troi o gwmpas y ddaear ...

... a dyma'r siart synoptig sy'n dangos, mewn un diagram, yr holl wybodaeth a ddaeth o'r lloeren.

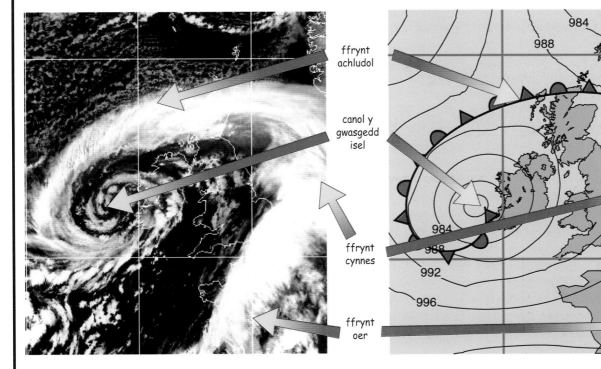

ffrynt achludol

canol y gwasgedd isel

ffrynt cynnes

ffrynt oer

984
988
99
984
988
992
996

'Rwy'n gweld o bell ...'

Gwnewch yn siŵr eich bod yn deall y berthynas rhwng siartiau synoptig a delweddau lloeren. Mae'n bwysig iawn hefyd eich bod yn cofio bod yr isobarrau'n lleihau o ran gwerth tuag at ganol ardaloedd o wasgedd isel.

Gwasgedd Isel a Gwasgedd Uchel

Un o'r pethau pwysicaf i'w dysgu am y tywydd yw'r gwahaniaeth rhwng gwasgedd isel a gwasgedd uchel. Maent yn achosi mathau gwahanol o dywydd, felly peidiwch â'u cymysgu.

Mae Gwasgeddau Isel (Diwasgeddau) yn Achosi 75% o'n Tywydd

1) Mae systemau Gwasgedd Isel (Diwasgeddau) yn ffurfio i'r gorllewin o'r D.U. lle mae aer Trofannol Arforol cynnes, llaith o'r de yn cyfarfod ag aer Pegynol Oer o'r gogledd ar hyd cylchfa o'r enw y Ffrynt Pegynol.
2) Caiff yr aer cynhesach a llai dwys ei orfodi i godi uwchben yr aer oerach, ac mae hyn yn arwain at 'lai' o aer ar arwyneb y ddaear a chreu ardal o wasgedd isel.
3) Mae'r gwasgedd isel hwn, gyda'i ffryntiau cynnes ac oer, yn symud i'r G.Ddn. ar draws y D.U., gan ddod â phatrwm o gyflyrau tywydd cysylltiedig yn ei sgil.

Mae Systemau Gwasgedd Isel yn gyfrifol am Ddilyniant Pendant o Gyflyrau Tywydd

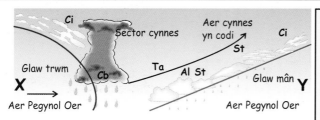

Ta =	Trofannol arforol
— =	Ffrynt cynnes
— =	Ffrynt Oer
Cb =	Cwmwlonimbws
Ci =	Cirrus
St =	Stratws
Al St =	Altostratws

Mae'r diagram hwn yn drawstoriad o'r diwasgedd ar dudalen 40.

1) Wrth i'r gwasgedd isel nesáu, mae hi'n dechrau bwrw glaw mân, ac yna mae'r glaw yn trymhau wrth i'r ffrynt cynnes nesáu.
2) Ar ôl i'r ffrynt cynnes basio heibio, mae'r glaw yn peidio, mae'n goleuo, mae'r cymylau'n diflannu ac mae'r tymheredd yn codi, oherwydd y sector cynnes. Mae'r aer oer y tu ôl i'r ffrynt oer yn symud yn gyflymach na'r aer cynnes ac, yn aml, bydd yn pasio a thandorri'r sector cynnes, gan ffurfio ffrynt achludol. Pan fydd hyn yn digwydd, nid oes sector cynnes gan y diwasgedd, dim ond cyfnod hirach o law di-baid — ych a fi!
3) Tua 12 awr yn ddiweddarach, wrth i'r ffrynt oer nesáu, mae'r gwynt yn cryfhau, mae'n dechrau oeri ac mae cymylau'n datblygu.
4) Mae'n dechrau bwrw glaw yn drwm, ac mae'r tywydd yn oer ac yn wyntog am ychydig oriau.
5) Ar ôl y glaw, gall y tywydd dawelu am ychydig cyn bod y diwasgedd neu'r gwasgedd uchel nesaf yn cyrraedd. Wrth i'r ffrynt oer basio heibio, mae cyfeiriad y gwynt yn newid (gwyro) o'r de cynnes i'r gogledd-orllewin claear.

Mae Gwasgeddau Uchel yn Gysylltiedig ag Awyr Glir

1) Mae systemau Gwasgedd Uchel (Antiseiclonau) fel arfer yn golygu awyr glir a thywydd sefydlog, sy'n para am ddyddiau neu wythnosau.
2) Yn yr haf, fe'u cysylltir â thywydd sych, poeth (25°C).
3) Yn y gaeaf, gall y tywydd fod yn glir ac yn heulog yn ystod y dydd, ond mae'n oeri'n gyflym gyda'r nos wrth i wres y dydd ddianc i'r atmosffer, gan arwain at nosweithiau oer gyda rhew caled, er bod y diwrnodau'n heulog, neu:
4) Gall gwrthdroadau tymheredd ddigwydd pan fydd y tymheredd sy'n agos at y ddaear yn oerach na'r tymheredd uwch ei ben, gan achosi niwl parhaol (edrychwch ar niwl pelydriad ar dudalen 44).

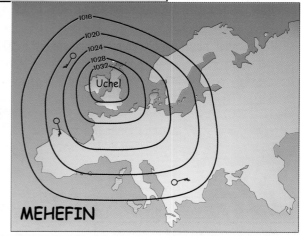

Mae'n swyddogol — mae diwasgeddau yn achosi tywydd gwael ...

Cymerwch eich amser a gwnewch yn siŵr eich bod yn deall yr adran hon cyn symud ymlaen. Bydd yr haul yn siŵr o dywynnu ar eich marc yn yr arholiad os byddwch yn gwybod am siartiau synoptig a sut y cânt eu defnyddio. Rhestrwch nodweddion diwasgedd a gwasgedd uchel — a'r mathau o dywydd maent yn eu hachosi.

Peryglon Tywydd — Corwyntoedd

Ardaloedd o Wasgedd Isel Iawn yw Corwyntoedd

Mae gan yr ardaloedd gwasgedd isel hyn amryw o enwau: Corwyntoedd (Cefnfor Iwerydd), Seiclonau Trofannol (De-ddwyrain Asia), Teiffwnau (y Cefnfor Tawel) a *Willy Willies* (Awstralia) — defnyddiwn yr enw Corwyntoedd yma.

Dim ond Mewn Rhai Mannau yn y Byd y Ceir Corwyntoedd

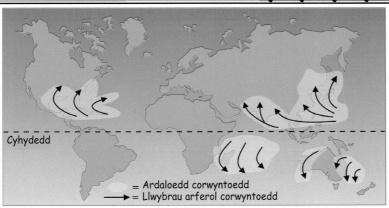

= Ardaloedd corwyntoedd
⟶ = Llwybrau arferol corwyntoedd

1) Mae corwyntoedd yn dechrau o fewn 8° a 15° i'r gogledd a'r de o'r Cyhydedd.
2) Maent yn ffurfio dros foroedd trofannol cynnes pan fydd y tymheredd yn uwch na 26°C.
3) Fel arfer, maent yn digwydd ar ddiwedd yr haf ac ar ddechrau'r hydref.
4) Maent yn tueddu i symud tua'r gorllewin unwaith y byddant wedi ffurfio, a thua'r pegynau pan gyrhaeddant y tir.

Mae'n Anodd Esbonio'n Union Sut Mae Corwyntoedd yn Ffurfio

1) Mae corwyntoedd yn dipyn o ddirgelwch o hyd, ond gan eu bod yn ffurfio dros fôr cynnes a llaith, mae'n debyg bod eu hegni'n dod o ddŵr yn anweddu'n gyflym ar dymheredd uchel.
2) Mae'r aer sy'n codi yn claearu, ac mae anwedd dŵr yn cyddwyso, gan ryddhau llawer iawn o wres — mae'r gwres hwn wedyn yn rhoi digon o bŵer i yrru'r storm.
3) Mae corwyntoedd yn dibynnu ar ddigon o aer cynnes a llaith o'r môr, ac maent yn darfod dros y tir.

Daw Corwyntoedd â Thywydd Eithafol a Difrod

1) Mae corwynt yn para am rhwng 7 ac 14 diwrnod — ond dim ond am ychydig oriau mae'n aros yn yr un lle.
2) Sbiral gref i fyny neu fortecs o aer cynnes sawl can cilometr ar ei draws yw corwynt.
3) Mae'r canol, neu'r llygad, yn mesur rhwng 30 a 50 km o led, ac yn cael ei gynhyrchu gan aer yn disgyn — mae'r tywydd yno yn llonydd, gyda gwyntoedd ysgafn a dim glaw.
4) Mae gwyntoedd cryf iawn o gwmpas y llygad. Ar gyfartaledd, mae buanedd y gwyntoedd yn 160 km yr awr, a bydd glaw trwm iawn yn disgyn o gymylau cwmwlonimbws mawr.
5) Ceir tri phrif gyfnod yn ystod corwynt — A, B ac C.

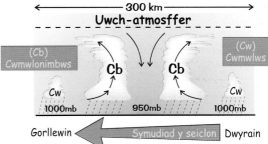

	Tymheredd	Gwasgedd	Gwynt	Glaw
A	Disgyn	Disgyn	Cryf, hyrddiog >160 km/awr	Cymedrol i trwm
B	Codi	Isel	Tawel, ysgafn	Dim
C	Disgyn	Codi'n araf	Fel A ond i'r cyfeiriad cyferbyniol	Glaw trwm iawn

Mae Tornados yn Debyg, ond maent yn Digwydd Dros y Tir

1) Mae tornado yn cael ei achosi gan aer yn codi'n gyflym iawn dros ardaloedd o dir gwastad, e.e. Gwastadeddau U.D.A.
2) Fortecs gwyllt iawn o aer yn chwyrlïo yw tornado, gyda chwmwl ar ffurf twmffat/twndis uwch ei ben.
3) Dim ond ychydig gannoedd o fetrau ar ei draws yw'r twmffat/twndis, ond mae'n debyg i gorwynt, gyda llygad o lonyddwch yn y canol a gwyntoedd cryf hyd at 200 km/awr bob ochr iddo.
4) Gall tornados achosi difrod ar raddfa fawr ar hyd llwybr 150 m o led a 10 km o hyd.

Peryglon Tywydd — Corwyntoedd a Niwl

Mae Corwyntoedd yn Achosi Llawer o Ddifrod

1) Gall gwyntoedd cryf achosi difrod i adeiladau, cnydau, cyflenwadau pŵer, ac ati.
2) Gall ymchwydd storm o gefnfor orlifo dros y tir, yn enwedig ar hyd arfordiroedd dwys eu poblogaeth.
3) Gall glaw trwm achosi llifogydd a difrod arall i gartrefi a chnydau. Yn aml, mae'r effeithiau'n fwy difrifol yn y GLlEDd nag yn y GMEDd oherwydd prinder gwasanaethau argyfwng (edrychwch ar dudalen 5).

Erbyn hyn Mae'n Bosibl Rhoi Rhybudd Ymlaen Llaw ynglŷn â Chorwyntoedd

1) Gall yr offer diweddaraf fonitro corwyntoedd a dweud wrthym pryd a ble fyddant yn taro nesaf.
2) Mae U.D.A. yn cyhoeddi rhybuddion gyda lefelau gwahanol, e.e. bod tebygolrwydd 50% o gorwynt yn ystod y 36 awr nesaf neu, bod un i ddod yn ystod y 12 awr nesaf.
3) Mae'r rhybuddion hyn yn helpu pobl i ragofalu am:

Bwyd, golau, cymorth cyntaf

Amddiffyn tai, diffodd y nwy.

Rhaid i Bobl Gymryd Gofal yn Ystod ac Ar ôl y Storm

1) Rhaid i bobl aros y tu mewn yn ystod cyfnod gosteg y storm, rhag iddynt gael eu dal pan fydd y gwynt a'r glaw yn ailddechrau. Gwrandewch ar y radio am y newyddion diweddaraf.
2) Rhaid cymryd gofal wrth yrru o gwmpas ar ôl y storm, a rhaid peidio â defnyddio dŵr, nwy neu drydan hyd nes bod popeth yn glir eto. Rhaid hysbysu'r awdurdodau am ddifrod difrifol ond ni ddylid defnyddio'r ffôn yn ddiangenraid.
3) Ceir 80 corwynt yn y byd bob blwyddyn, ac mae'r rhain yn lladd 20,000 o bobl ar gyfartaledd.

Mae Niwl yn Berygl Llai Difrifol — Ceir Pum Prif Fath Ohono

Diferion o ddŵr sydd ynghrog yn haenau isaf yr atmosffer yw niwl. Mae'n ffurfio wrth i anwedd dŵr gyddwyso o gwmpas darnau bach iawn o lwch arnawf neu fwg. Felly dyna chi!

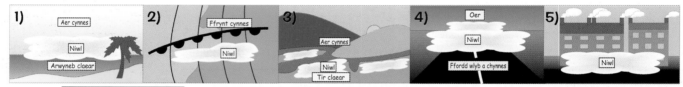

1) Caiff **NIWL LLORFUDOL** ei achosi pan fydd aer cynnes a llaith yn chwythu (h.y. yn cael ei lorfudo) dros arwyneb mwy claear, gan ostwng tymheredd yr haenau aer isaf. Mae'n gyffredin dros foroedd claear yn ystod yr haf, e.e. San Francisco.
2) Mae **NIWL FFRYNT** yn cael ei achosi gan y glaw mân iawn sy'n digwydd ar hyd ffrynt cynnes — mae glaw yn syrthio trwy'r sector oer o'r aer cynnes uwchben. Mae'r aer oer yn ddirlawn, ac mae hyn yn arwain at gyddwysiad a niwl.
3) Mae **NIWL PELYDRIAD** yn digwydd mewn haen denau ar dir isel yn ystod y nos neu'n gynnar yn y bore. Mae'r tir yn oeri dros nos o ganlyniad i belydriad. Mae'r haen o aer sydd agosaf at y tir yn oeri nes cyrraedd ei wlithbwynt, gan gyddwyso lleithder i ffurfio niwl. Mae'n gyffredin mewn ardaloedd ag aer llaith, awyr glir yn y nos (mwyafswm gwres yn cael ei golli) ac ychydig o awel i ledaenu'r aer glaear i fyny — fel arfer, lledredau tymherus yn y gwanwyn, yr hydref a'r gaeaf.
4) Mae **NIWL AGER** yn ffurfio lle ceir aer oer uwchben dŵr cynnes. Mae'r anwedd cynnes yn cyddwyso i ffurfio ager ansylweddol, e.e. ar fore oer dros ardal o ddŵr. Mae'n gyffredin ac yn drwchus yn ardaloedd yr Arctig gan achosi niwl/fwg môr yr Arctig. Mae aer oer iawn yn ffurfio niwl iâ sy'n cynnwys crisialau iâ.
5) Mae **MWRLLWCH** (smog) yn cael ei ffurfio pan fydd llawer o fwg a llygredd yn yr aer, e.e. mewn ardaloedd trefol, gan ffurfio nifer o 'niwclysau cyddwyso'. Mae cyddwysiad yn ffurfio o amgylch y rhain hyd yn oed os yw'r aer yn annirlawn — gan olygu bod y mwrllwch yn drwchus iawn ac yn para am gyfnodau maith, e.e Los Angeles heddiw, neu Lundain yn Oes Fictoria ac mor ddiweddar â'r 1950au.

Peryglon tywydd — gwynt teg ar eu hôl ...

Stwff diddorol o'r diwedd — mae corwyntoedd a niwl yn bynciau digon hawdd ond i chi gael y manylion yn gywir. Y pethau allweddol i'w cofio yw ble a sut mae corwyntoedd yn ffurfio, a beth yw'r difrod maent yn ei achosi. Yna nodwch ddiffiniad o niwl a rhestrwch y pum math gwahanol.

Tywydd Lleol a Microhinsoddau

Gall Hinsawdd Amrywio o Fewn Ardal Fechan

Microhinsawdd yw lle ceir gwahaniaethau lleol mewn nodweddion hinsoddol. Gall hyn fod oherwydd amrywiaeth o resymau yn gysylltiedig â nodweddion amgylcheddol lleol.

Mae Microhinsawdd Ardaloedd Trefol yn Wahanol i Ardaloedd Gwledig

1) Ar gyfartaledd, mae tymheredd cyfartalog ardaloedd trefol yn uwch na'r ardaloedd gwledig o'u cwmpas — hyd at 4°C yn ystod y nos, ac 1.6°C yn ystod y dydd. Dyma 'Effaith yr Ynys Wres Drefol'.

2) Mae hyn oherwydd bod: adeiladau yn storio gwres yr haul yn ystod y dydd ac yn ei ryddhau yn ystod y nos; yr aer yn llawn llygryddion sy'n gweithredu fel blanced yn y nos i rwystro'r gwres rhag dianc; gwres yn cael ei ychwanegu at yr aer o wres canolog, ffatrïoedd, gorsafoedd pŵer, ac ati.

3) Mae llai o heulwen mewn dinasoedd o ganlyniad i'r lefelau uchel o ronynnau llygredd sydd yn yr aer, a mwy o gymylau, glaw a niwl am fod y gronynnau yn gweithredu fel niwclysau cyddwyso (yn syml, mae hyn yn golygu bod dŵr yn ffurfio o'u hamgylch).

4) Mae'r lleithder yn is mewn ardaloedd trefol oherwydd bod yr aer cynhesach yn gallu dal mwy o wlybaniaeth.

5) Mae ardaloedd trefol un ai yn wyntog iawn oherwydd bod adeiladau uchel yn achosi effaith twnnel gwynt, neu'n llai gwyntog nag ardal gyfagos oherwydd bod cyflymder yr aer yn cael ei arafu gan yr adeiladau (ffrithiant).

Ffactorau Eraill Sy'n Effeithio ar Ficrohinsoddau

1) **LLIW YR ARWYNEB:** Mae arwynebau tywyll yn amsugno mwy o wres nag arwynebau golau sy'n adlewyrchu gwres yr haul.

2) **AGWEDD:** Bydd lle sy'n wynebu'r haul yn derbyn mwy o wres nag un sydd yn y cysgod. Mae ochrau dyffryn sy'n wynebu'r haul yn cael eu ffermio ond, yn aml, mae coed yn tyfu ar yr ochr gysgodol.

3) **ARDALOEDD DŴR:** Mae glannau llynnoedd ac ati yn fwy llaith, gyda mwy o gymylau a niwl. Maent yn wyntog oherwydd bod llai o ffrithiant, ac yn fwy claear yn ystod y dydd a'r haf ond yn gynhesach yn ystod y nos a'r gaeaf.

4) **GORCHUDD YR ARWYNEB:** Mae arwynebau noeth yn fwy gwyntog, gyda mwy o amrediad tymheredd yn ddyddiol ac yn flynyddol. Maent hefyd yn sychach nag arwynebau â llystyfiant oherwydd bod llai o ryng-gipiad ac anwedd-trydarthiad.

5) **LLYSTYFIANT:** Mae gan goedwig fwy o effaith ar hinsawdd leol na glaswelltir. Mae lliw y dail mewn coedwig yn effeithio ar gyfanswm y gwres sy'n cael ei amsugno — mae dail tywyll yn amsugno mwy o wres na dail golau. Mae gorchudd o ddail yn effeithio ar gynhesrwydd y llawr, e.e. mae conwydd yn ffurfio gorchudd yn ystod y gaeaf ac felly mae'r llawr yn gynhesach, ond ni all coed colldail wneud hyn.

Caiff Tywydd Ei Fesur gan Offer Tywydd

1) **TYMHEREDD:** Caiff y tymheredd ei fesur gan thermomedr uchafbwynt-isafbwynt, sy'n cofnodi'r tymheredd uchaf ac isaf bob dydd.

2) **GLAWIAD:** Defnyddir meidrydd glaw i fesur glawiad.

3) **GWASGEDD:** Defnyddir baromedr i fesur y gwasgedd, sy'n cofnodi mewn milibarrau. Mae modd darogan y tywydd drwy edrych i weld a yw'r gwasgedd yn codi neu'n gostwng.

4) **BUANEDD Y GWYNT:** Defnyddir anemomedr i fesur buanedd y gwynt.

5) **CYFEIRIAD Y GWYNT:** Defnyddir ceiliog y gwynt i ddangos cyfeiriad y gwynt. Mae pwynt y saeth yn dangos o ba gyfeiriad y daeth y gwynt.

Offer cofnodi tywydd — yn dangos y ffordd ...

Cyn i ni symud ymlaen, mae'n rhaid i chi ddysgu'r dudalen hon, er mor ddiflas yw hynny. Mae sawl ffactor yn effeithio ar ficrohinsoddau — peidiwch â'u cymysgu neu byddwch yn colli marciau yn ddiangen. Ysgrifennwch baragraff byr ar effaith ardaloedd trefol ar ficrohinsoddau.

Crynodeb Adolygu ar gyfer Adran 6

Wrth ddysgu'r adran hon, mae'n hanfodol eich bod yn cael gafael ar y diagramau a'r termau technegol. Os gwnewch chi hyn, bydd marciau hawdd yn eich disgwyl yn yr arholiad. Cofiwch fod popeth yn yr adran yn bwysig — rhaid i chi ddysgu'r cyfan. Dyma rai cwestiynau i'ch helpu i gael trefn ar bethau. Cewch symud ymlaen ar ôl i chi eu hateb yn gywir.

1) Beth yw'r ddwy brif nodwedd hinsawdd a ddefnyddir wrth ddosbarthu hinsoddau'r byd?

2) Sut mae lledred lle yn effeithio ar ei hinsawdd?

3) Beth sy'n digwydd i dymheredd a glawiad wrth fynd yn uwch?

4) Disgrifiwch beth yw cyfandiroledd a sut mae'n effeithio ar hinsawdd.

5) Beth yw prifwyntoedd? Sut maent yn effeithio ar hinsawdd?

6) Beth yw ystyr y term dyodiad? Beth sy'n ei achosi?

7) Gyda chymorth diagram wedi'i labelu, esboniwch ystyr glawiad tirwedd.

8) Ble mae glaw darfudol yn digwydd yn y byd? Sut mae'n ffurfio? Tynnwch ddiagram wedi'i labelu i helpu i esbonio'ch ateb.

9) Gyda beth y cysylltir glaw ffrynt? Sut mae glaw ffrynt oer a glaw ffrynt cynnes yn wahanol i'w gilydd?

10) Beth yw isobarrau? Beth maent yn ei fesur?

11) Tynnwch frasluniau syml o batrwm yr isobarrau mewn systemau gwasgedd isel ac uchel.

12) Beth yw buanedd a chyfeiriad y gwynt a'r gorchudd cwmwl yn y symbol gorsaf dywydd hwn?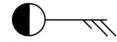

13) Beth yw delweddau lloeren? Sut maent yn helpu pobl i ddarogan y tywydd?

14) Disgrifiwch y dilyniant tywydd sy'n gysylltiedig â diwasgedd.

15) Disgrifiwch y dilyniant tywydd sy'n gysylltiedig â system o wasgedd uchel a) yn ystod yr haf   b) yn ystod y gaeaf.

16) Rhowch bedwar enw gwahanol am system o wasgedd isel dwys.

17) Ble mae corwyntoedd yn dueddol o ddigwydd, ac ar ba adeg o'r flwyddyn maent yn gyffredin?

18) Awgrymwch sut y gallai corwynt ffurfio.

19) Disgrifiwch y dilyniant tywydd y byddech yn ei ddisgwyl mewn ardal sydd â chorwynt yn symud drosti. Soniwch am fuanedd a chyfeiriad y gwynt, glawiad ac ati.

20) Sut mae tornado a) yn debyg i, a b) yn wahanol i gorwynt?

21) Nodwch dri math o ddifrod a achosir gan gorwynt.

22) Nodwch dri pheth y byddech yn eu gwneud pe byddech yn disgwyl i gorwynt gyrraedd eich ardal o fewn yr oriau nesaf.

23) Rhowch y disgrifiad technegol o niwl.

24) Disgrifiwch pam mae niwl yn digwydd oddi ar arfordir California.

25) Beth yw niwl pelydriad? Pryd a ble mae'n digwydd?

26) Disgrifiwch fwrllwch yn fanwl, gan nodi ble a phryd y gellir dod o hyd iddo.

27) Disgrifiwch dair ffordd y gall hinsawdd ardaloedd trefol fod yn wahanol i hinsawdd yr ardaloedd gwledig o'u hamgylch.

28) Nodwch yn fyr sut y gall y ffactorau canlynol effeithio ar ficrohinsoddau lleol: a) lliw a gorchudd yr arwyneb; b) ardal o ddŵr; c) yr agwedd.

29) Pa offer sy'n cael eu defnyddio i gofnodi'r canlynol:
a) tymheredd; b) glawiad; c) gwasgedd?

30) Sut y mesurir buanedd a chyfeiriad y gwynt?

Biomau'r Byd

Biomau yw'r Unedau Ecosystem Mwyaf

1) <u>Cymunedau</u> o bethau byw sy'n rhannu <u>amgylchedd arbennig</u> yw <u>ecosystemau</u> — <u>biomau</u> yw'r enw a roddir ar yr unedau ecosystem mwyaf.

2) Mae'r map yn dangos <u>naw biom</u> — mae rhai mapiau'n dangos mwy neu lai na'r nifer hwn.

3) Fel yn achos hinsoddau'r byd, mae'r <u>nifer yn fychan</u> ac yn awgrymu bod yna rai <u>ffactorau</u> allweddol sy'n <u>dylanwadu</u> ar y patrwm hwn — ffactorau fel <u>hinsawdd</u>, <u>tirwedd</u>, <u>daeareg</u> a <u>phriddoedd</u>.

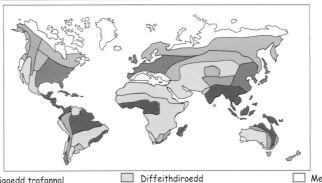

- ■ Coedwigoedd trofannol
- ■ Coedwigoedd collddail tymherus
- ■ Coedwigoedd conwydd
- ■ Diffeithdiroedd
- ■ Glaswelltiroedd tymherus
- ■ Glaswelltiroedd safana (trofannol)
- □ Mediteranaidd
- □ Twndra
- ■ Mynyddoedd

Mae gan Hinsoddau Cyhydeddol Goedwigoedd Glaw Trofannol — CGT

Rhanbarthau: De America (Basn yr Amazonas), Canolbarth Affrica a De-ddwyrain Asia.

1) Mae gan <u>goedwig law drofannol</u> (CGT) gyflyrau tyfu poeth a llaith gyda nifer o wahanol rywogaethau i bob hectar — mae ganddi <u>ddwy haen o goed</u> a <u>haen o isdyfiant gwasgarog</u>.

2) <u>Coed tal</u> fel mahogoni sy'n <u>tra-arlgwyddiaethu</u> — mae eu siâp yn debyg i siâp ymbarél, gyda changhennau ger y brig lle mae'r <u>mwyafswm o olau</u> yn eu cyrraedd. Mae'r <u>coed allddodol</u> hyn i'w gweld yn eglur uwchben y lleill.

3) Islaw'r <u>haen ganopi</u> hon ceir <u>coed llai</u>, planhigion dringo a phlanhigion tebyg i degeirianau, ond <u>ychydig</u> o <u>isdyfiant</u> sydd yma oherwydd y <u>diffyg golau</u>.

Mae planhigion yn <u>ymaddasu</u> i'r glaw trwm trwy ddatblygu <u>dail trwchus</u> a <u>chwyraidd gyda blaen pigfain</u> sy'n caniatáu i ddŵr ddiferu. Mae gan y <u>coed wreiddiau bwtres</u> er mwyn cynnal eu boncyffion uchel. <u>Nid oes tymhorau pendant</u> yn <u>rhanbarthau'r hinsoddau cyhydeddol</u> — felly, gall dau blanhigyn cyfagos fod yn <u>dwyn ffrwyth</u> ac yn <u>blodeuo</u> ar yr un pryd.

Mae Glaswelltir Safana (Trofannol) i'w gael i'r Gogledd a'r De o'r CGT

Rhanbarthau: De a Chanolbarth America, Affrica

1) Mae gan y rhanbarthau hyn <u>dymhorau gwlyb</u> a <u>sych</u>. Mae'r <u>gweiriau</u> yn <u>bigog</u> ac yn <u>dal</u> (hyd at 3 m) fel peithwellt — yn tyfu mewn <u>clympiau</u> gyda phridd noeth rhyngddynt, ac yn gwywo yn ystod y <u>tymor sych</u>.

2) Mae llwyni a choed gwasgaredig wedi <u>ymaddasu</u> i ymdopi â'r <u>tymor sych</u>. Mae gan rai <u>goesynnau chwyddedig</u> i storio dŵr, a <u>gwreiddiau hir</u> i gyrraedd y lefel trwythiad, e.e. y goeden baobab; mae gan eraill <u>ddail dreiniog</u> i leihau colli dŵr.

3) Mae hon yn gymuned <u>plagiouchafbwynt</u>, lle mae gweithgareddau dynol wedi rhwystro datblygiad normal yr ecosystem a newid y llystyfiant naturiol. Mae tanau'n digwydd yn naturiol (wedi'u cynnau gan <u>fellt</u>), felly mae gan y coed aeddfed risgl sy'n gallu <u>gwrthsefyll tân</u>. Ond, gan amlaf, pobl sy'n cynnau'r tanau er mwyn cynhyrchu eginblanhigion newydd ar gyfer <u>porfa</u> — felly nid yw llawer o'r coed yn cael amser i aeddfedu.

Mae Diffeithdiroedd yn Cael Digon o Law i Gynnal Rhywfaint o Lystyfiant

Rhanbarthau: Affrica, Canolbarth Asia, De-orllewin U.D.A., Awstralia ac ati.

1) Mae <u>prinder dŵr</u> mewn diffeithdiroedd, ac mae'r <u>glawiad</u> yn <u>amrywio</u> o flwyddyn i flwyddyn.

2) Mae rhai planhigion yn gallu byw mewn <u>lled-ddiffeithdir</u> — mae <u>dail bach</u>, <u>dreiniog</u> yn lleihau swm y dŵr a gollir trwy drydarthiad; mae <u>gwreiddiau hir</u> yn gallu cyrraedd dŵr yn ddwfn yn y ddaear; mae <u>coesynnau chwyddedig</u> yn storio dŵr (cactws); mae <u>croen trwchus a chwyraidd</u> yn arbed colli cymaint o ddŵr; tra bod <u>planhigion sy'n blodeuo</u> yn tyfu, blodeuo a hadu eto mewn <u>ychydig ddyddiau</u> yn unig.

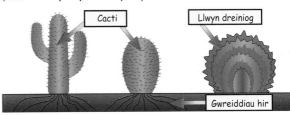

Cacti · Llwyn dreiniog · Gwreiddiau hir

Llystyfiant Gwahanol Fiomau

Defnyddir Glaswelltiroedd Tymherus ar Gyfer Ffermio yn Bennaf

Rhanbarthau: ardaloedd helaeth o Asia a Gogledd America, ardaloedd llai yn y Cyfandiroedd Deheuol.

1) Gorchuddir yr ardaloedd hyn â gweiriau amrywiol di-dor, gydag ychydig o goed yma ac acw.
2) Erbyn hyn, mae llawer o'r rhanbarthau gwlypaf yn cael eu defnyddio ar gyfer tyfu grawnfwydydd, e.e. Peithiau U.D.A., Stepiau Asia.

Mae Coedwigoedd Collddail Tymherus i'w cael yn y D.U.,
Gorllewin Ewrop a Dwyrain U.D.A.

Haen Goed

Haen Llwyni

Gorchudd Llawr

1) Ceir tair haen — coed, llwyni, a gorchudd llawr.
2) Mae'r haen goed yn cynnwys coed collddail fel y dderwen a'r onnen, sy'n colli eu dail yn ystod oerni'r gaeaf.
3) Llwyni collddail fel y gollen a'r ddraenen wen, ynghyd ag iorwg, sydd yn yr haen llwyni.
4) Yn gorchuddio'r llawr mae bylbiau fel clychau'r gog sy'n blodeuo yn y gwanwyn, yn ogystal â rhedyn a gweiriau.

Mae'r Rhanbarthau Mediteranaidd wedi Colli eu Llystyfiant Naturiol

Rhanbarthau: o gwmpas y Môr Canoldir (dyna syndod!), ac mewn rhanbarthau eraill llai eu maint o gwmpas 30°G a D. Roedd y goedwig fythwyrdd wreiddiol wedi ymaddasu i'r tymor hir sych — ond o ganlyniad i orbori a thrin y tir, mae llwyni dreiniog a phlanhigion persawrus fel teim a rhosmari, sydd â dail tenau a chwyraidd i arbed colli cymaint o ddŵr, wedi cymryd ei lle.

Mae Coedwigoedd Conwydd yn Gorchuddio Rhanbarthau Eang yn y Gogledd

Rhanbarthau: Rhannau gogleddol Gogledd America ac Asia. Coed conwydd sydd yma'n bennaf, oherwydd:

1) Mae eu siâp conigol yn caniatáu i eira lithro i ffwrdd.
2) Mae eu gwreiddiau bas yn ddelfrydol mewn tir rhewedig.
3) Mae bod â nodwyddau fel dail yn arbed colli cymaint o ddŵr.
4) Mae hadau yn cael eu diogelu o fewn y conau.
5) Gall coed bythwyrdd ddechrau tyfu ar unwaith yn y gwanwyn.
6) Mae gan y coed ganghennau hyblyg er mwyn i eira lithro i ffwrdd.

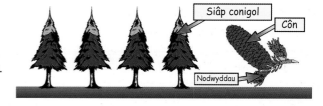

Siâp conigol

Côn

Nodwyddau

Ychydig iawn o wahanol rywogaethau sydd yn y coedwigoedd hyn, e.e. y binwydden a'r ffynidwydden — mae eu nodwyddau yn cynhyrchu haen asidig ar y pridd sy'n rhwystro planhigion eraill rhag tyfu. Gan fod y coed yn tyfu yn agos at ei gilydd, ychydig o olau sy'n cyrraedd y llawr, ac felly mae hyn yn cyfyngu ar yr isdyfiant.

Mae gan y Gogledd Rhewllyd Lystyfiant a elwir yn Dwndra

Rhanbarthau: Gogledd eithaf Canada ac Asia. Mae'r planhigion wedi ymaddasu i'r tywydd oer iawn, yr haf claear, y glawiad isel, y tir rhewedig a'r gwyntoedd cryf. Mae gwreiddiau bas yn osgoi'r rhew parhaol ac mae dail bychain yn arbed colli cymaint o ddŵr — anaml mae'r planhigion yn uwch na 30 cm.

1) Y prif blanhigion yw mwsoglau a chennau isel, gweiriau, hesg, grug, ac yn y blaen.
2) Mae rhai llwyni sydd heb dyfu'n iawn, fel helygen yr arctig a'r fedwen, yn llwyddo i oroesi yma hefyd.
3) Yn ystod yr haf byr, mae planhigion sy'n blodeuo yn ffurfio carpedi o flodau, e.e. y pabi a blodyn y gwynt.

Mae Llystyfiant rhanbarthau Mynyddig yn newid wrth i'r uchder gynyddu yn ôl dilyniant y biom o'r CGT i'r Twndra — gan oeri gyda'r cynnydd mewn uchder.

Llystyfiant biomau ...

Llawer i'w ddysgu, yn anffodus. Rhaid i chi ddysgu am nodweddion llystyfiant y naw prif fiom er mwyn deall gweddill yr adran hon. Cofiwch fod mynyddoedd yn fiom hefyd. Lluniwch restr fanwl o'r mathau o lystyfiant ar gyfer pob biom.

Priddoedd a'u Prosesau

Pridd yw'r sylwedd mae planhigion yn tyfu ynddo. Mae'n cynnwys defnydd byw ac anfyw.

Mae Cysylltiad Rhwng Llystyfiant, Hinsawdd a Mathau o Bridd

Cymharwch y map hwn â'r un ar dudalen 47 ar gyfer biomau a'r un ar dudalen 38 ar gyfer hinsawdd.

Mae pum cydran mewn pridd — mwynau fel clai, silt neu dywod, dŵr o law, aer yn y gwagleoedd, defnydd organig fel gweddillion planhigion ac anifeiliaid (sbwriel) a defnydd sydd wedi dadelfennu (hwmws), ac organebau fel gwrachod y lludw, bacteria a mwydod.

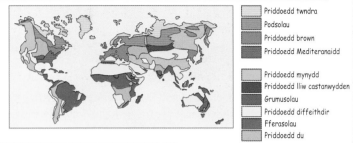

Priddoedd twndra
Podsolau
Priddoedd brown
Priddoedd Mediteranaidd

Priddoedd mynydd
Priddoedd lliw castanwydden
Grumusolau
Priddoedd diffeithdir
Fferasolau
Priddoedd du

Mae Prosesau Pridd yn cynnwys Symudiad Dŵr

1) Trwytholchi yw'r term am ddŵr glaw yn symud trwy'r pridd gan olchi mwynau toddadwy i lawr, sydd wedyn yn crynhoi ar lefelau is — mae'n digwydd mewn sawl math o bridd. Mae trwytholchi yn lleihau ffrwythlondeb pridd.

2) Podsoleiddio yw pan fydd trwytholchi yn digwydd mewn coedwigoedd conwydd. Mae'n creu hwmws asidig ac yn ffurfio pridd â haen uchaf lwyd a haen isaf frowngoch, a elwir yn podsol.

3) Mewn hinsoddau trofannol, mae'r glaw yn golchi defnyddiau pridd gwahanol i lawr oherwydd y cyflyrau poethach, gan adael haenau uchaf coch neu felyn, sy'n aml yn cynnwys llawer o glai.

4) Mae gleio yn digwydd dan gyflyrau dirlawn, lle mae bacteria yn newid ocsid haearn fferrig (coch) yn ocsid fferrus (llwydlas), oherwydd y diffyg aer.

5) Mewn diffeithdir poeth, mae'r dŵr yn symud ar i fyny fel arfer, a gall hyn achosi i'r halwynau amrywiol gael eu dyddodi ar yr arwyneb neu'n agos ato.

Mae gan Briddoedd Bedair Prif Nodwedd

1) GWEADEDD — sy'n cyfeirio at faint y gronynnau, e.e. tywodlyd, clai, silt ac ati.

2) ADEILEDD — sy'n golygu sut mae'r gronynnau wedi'u trefnu, e.e. briwsionllyd, talpiog.

3) LLIW — mae hwn yn dibynnu ar gynnwys mwynol ac organig y pridd, e.e. du — llawer o ddefnydd organig; glas — dwrlawn a phrinder ocsigen; coch neu frown — llawer o ocsigen ac ocsid fferig.

4) ASIDEDD — mae hwn yn cyfeirio at ba mor asidig neu alcalïaidd yw'r pridd. Caiff ei fesur mewn pH ar raddfa log o 1-14, gyda'r rhan fwyaf o briddoedd rhwng pH5 (asidig) ac 8 (alcalïaidd).

Mae Proffil yn Dangos Haenau Math o Bridd

Pridd Du (Glaswelltir Tymherus)

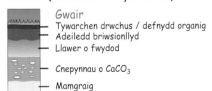

Gwair
Tywarchen drwchus / defnydd organig
Adeiledd briwsionllyd
Llawer o fwydod
Cnepynnau o $CaCO_3$
Mamgraig

Pridd Brown (Coedwig Gollddail Dymherus)

Coed Collddail
Haen drwchus o ddail
Hwmws
Adeiledd briwsionllyd
Mamgraig

Podsol (Coedwig Gonwydd)

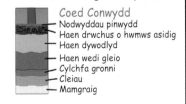

Coed Conwydd
Nodwyddau pinwydd
Haen drwchus o hwmws asidig
Haen dywodlyd
Haen wedi gleio
Cylchfa gronni
Cleiau
Mamgraig

Graffiau Mantolen Lleithder Pridd

Mae'r graffiau hyn yn dangos faint o ddŵr sydd ar gael yn y pridd yn ystod y tymhorau gwahanol. Maent yn dangos y berthynas rhwng faint o law a ddisgwylir a chyfanswm yr anwedd-trydarthiad sy'n debygol ar dymereddau diswyliedig. Dyma esiampl sy'n dangos sefyllfa glaswelltir trofannol yn hemisffer y Gogledd.

Dyodiad D (mm)

Anwedd-trydarthiad AT (mm)

= AT
= D
= dŵr dros ben
= defnydd o ddŵr yn y pridd
= prinder dŵr
= ail-lenwi lleithder pridd

I Ch M E M M G A M H T Rh

Mae priddoedd yn ddiflas ond palwch arni!

Mae hon yn dudalen anodd iawn ond mae'n rhaid i chi ei gwybod. Darllenwch drwyddi dair neu bedair gwaith i ddechrau. Yna lluniwch restr o nodweddion a phrosesau pridd — ac ewch ati i ymarfer darllen y graff.

Cylchredau Ecosystemau ac Effaith Pobl

Mae <u>ecosystem</u> yn system o <u>gydrannau cysylltiedig</u> sy'n dibynnu ar ei gilydd — os na fydd pob cydran yn gweithio'n iawn bydd yr ecosystem gyfan yn <u>methu</u>.

Mae Cadwyn Fwyd yn Gyfres o Ddolennau mewn Ecosystem

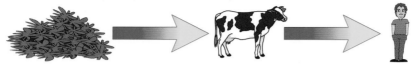

1) Mae'r rhan fwyaf o gadwynau bwyd yn dechrau gyda <u>phlanhigion gwyrdd</u> — <u>y cynhyrchwyr cynradd</u>. Maent yn defnyddio egni'r haul trwy <u>ffotosynthesis</u> i gynhyrchu eu bwyd. Dyma'r <u>hafaliad geiriau</u> ar gyfer ffotosynthesis:

| Carbon deuocsid | + | Dŵr | + | Golau'r haul | = | Starts a siwgr | + | Dŵr | + | Ocsigen |

Mae planhigion hefyd yn amsugno <u>mwynau</u> o'r <u>pridd</u> (sy'n dod o'r creigiau o ganlyniad i hindreuliad).

2) Mae rhai anifeiliaid — y <u>llysysyddion</u> — yn bwyta'r planhigion hyn.
3) Mae anifeiliaid eraill — y <u>cigysyddion</u> — yn bwyta'r llysysyddion.
4) Pan fydd <u>organebau'n marw</u>, bydd y maeth yn dychwelyd i'r pridd wrth i facteria a ffwng <u>ddadelfennu</u>'r defnydd marw a'i wneud yn barod i'w <u>ailddefnyddio</u>. Golyga hyn fod y broses yn <u>gylchred</u>.

Mae Dwy Brif Gylchred Mewn Ecosystem

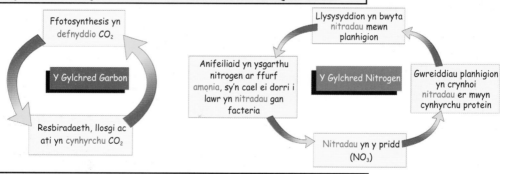

Mae Pobl yn Effeithio ar Sawl Ecosystem

1) <u>Yn y D.U.</u>, mae llawer o'n coedwigoedd collddail tymherus naturiol wedi eu <u>clirio</u> er mwyn cael tir ar gyfer <u>ffermio</u> ac adeiladu <u>trefi a dinasoedd</u>.
2) <u>Yng Ngogledd America</u>, mae sawl ardal o laswelltir tymherus naturiol wedi cael ei <u>chlirio</u> er mwyn tyfu <u>grawnfwydydd</u> masnachol. Cafodd rhai ardaloedd eu <u>llosgi'n</u> rheolaidd gan Indiaid cynhenid America yn y gorffennol er mwyn <u>rhwystro coed rhag tyfu</u> fel bod tir ar gael i'w <u>bori</u>.
3) Erbyn heddiw, mae gan lawer o ardaloedd <u>gymuned plagiouchafbwynt</u> (lle mae gweithgaredd dynol yn rhwystro ecosystem rhag datblygu'n llawn, e.e. peidio â chaniatáu i dir ddatblygu'n goedwig) yn hytrach na <u>chymuned uchafbwynt hinsoddol</u> naturiol (lle mae'r llystyfiant naturiol wedi datblygu'n llawn).

Mae Datgoedwigo yn Nepal yn Effeithio ar Bangladesh

1) Rhwng 1945 ac 1985, oherwydd <u>cynnydd yn y boblogaeth</u>, <u>cliriwyd</u> hanner coedwigoedd <u>Nepal</u> ym Mynyddoedd Himalaya. Gan mai gwlad fynyddig yw Nepal, achosodd hyn <u>erydiad pridd ar raddfa fawr</u>. Golchwyd defnydd i <u>afon Ganga</u> sy'n tarddu yma.
2) Casglodd y defnydd hwn yn sianel y Ganga a <u>chodi</u>'r gwely, gan felly gynyddu'r <u>perygl o lifogydd</u> yn nelta'r afon yn <u>Bangladesh</u>.

Gwnewch yn siŵr na fydd eich pen yn cylchdroi wrth ddysgu am gylchredau!

Dyma dudalen ddigon hawdd — gyda llawer o ddiagramau eglur i chi eu copïo. Peidiwch ag anghofio sut mae'r <u>gadwyn fwyd</u> yn gweithio. Dyma le da i ennill marciau uchel — lluniwch restr sydyn o'r ffyrdd rydym wedi effeithio ar ecosystemau a chwiliwch am eich esiampl go iawn eich hun.

Cadwraeth yng Nglaswelltir y Safana

Yn amlach na pheidio, pan glywch chi am ddinistrio biomau ac am gadwraeth, coedwigoedd sy'n cael y sylw i gyd. Ond mae modd dinistrio glaswelltir a'i droi'n ddiffeithdir diffaith. Gwrandewch.

Sut mae Pobl yn Defnyddio Glaswelltir y Safana

1) **Ffermio âr** — llosgi'r llystyfiant a'i glirio er mwyn plannu cnydau fel milet ac India corn.

2) **Ffermio gwartheg** — gwartheg yn pori'r gweiriau.

3) **Tyfu cnydau gwerthu** — ardaloedd eang o dir yn cael eu defnyddio i dyfu cnydau fel tybaco a chotwm.

4) **Torri coed** — ar gyfer tanwydd a defnyddiau adeiladu.

5) **Twristiaeth** — mynd ar saffari i weld anifeiliaid fel sebras, jiráffod, antelopiaid, eliffantod, llewod a gnwod.

Mae Defnyddio'r Tir mewn Gwahanol Ffyrdd yn Arwain at Wrthdaro

1) Mae ffermwyr cnydau gwerthu yn defnyddio ardaloedd eang o dir, gan wthio'r ffermwyr bychain i dir ffermio gwael.

2) Mae cadwraethwyr a'r diwydiant twristiaeth yn ymgyrchu i rwystro potsiars rhag lladd anifeiliaid fel yr eliffant.

3) Mae defnyddio dulliau ffermio anghynaliadwy yn achosi diffeithdiro sy'n gwneud y tir yn ddiwerth i bawb.

Mae Ffermio Anghynaliadwy yn Achosi Diffeithdiro

Gyda chynnydd yn y boblogaeth yn rhoi mwy o bwysau ar y tir, nid yw pobl Safana Affrica yn sicr am golli mwy o dir, ond dyna'n union sy'n digwydd wrth i erydiad pridd droi'r tir yn ddiffeithdir.

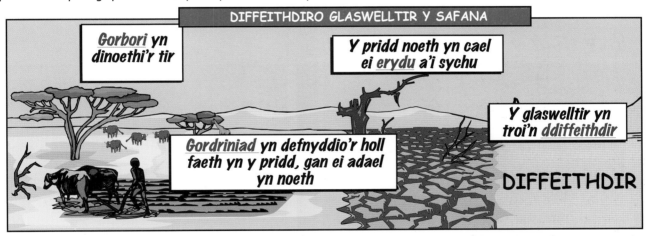

DIFFEITHDIRO GLASWELLTIR Y SAFANA

Gorbori yn dinoethi'r tir

Y pridd noeth yn cael ei erydu a'i sychu

Gordriniad yn defnyddio'r holl faeth yn y pridd, gan ei adael yn noeth

Y glaswelltir yn troi'n ddiffeithdir

DIFFEITHDIR

Mae Modd Osgoi Diffeithdiro, ac Adfer y Tir o bosibl

Mae modd osgoi diffeithdiro, ac erbyn hyn mae gwyddonwyr o'r farn y gellir adfer tir a gollwyd trwy ei reoli'n dda.

1) Plannu perthi o gwmpas caeau er mwyn rhwystro'r gwynt rhag chwythu'r pridd i ffwrdd.

2) Terasu llethrau er mwyn lleihau pridd ffo a chynyddu swm y dŵr a storir yn y pridd.

3) Defnyddio gwrtaith naturiol — tail, planhigion marw a gweddillion bwyd.

4) Plannu coed sy'n rhoi ffrwythau a defnyddiau adeiladu.

5) Defnyddio canghennau (nid coed cyfan) ar gyfer tanwydd.

6) Defnyddio'r tir yn llai arddwys — ei fraenaru bob dwy flynedd er mwyn ei adfer.

7) Byddai gallu datrys y problemau mawr — rhyfeloedd cartref, prinder glaw a gorboblogi — o help mawr, ond mae'r rhain yn dalcen caled iawn.

Diffeithdiro

Mae pawb yn gwybod am ddinistrio'r coedwigoedd glaw, ond bydd yr arholwr yn cofio am ddinistrio'r safana hefyd. Dysgwch y ffeithiau hyn yn drylwyr fel na fyddwch yn mynd yn hesb yn yr arholiad ...

Datgoedwigo a Chadwraeth

Mae Coed yn Diflannu yn Brasil am Bum Rheswm

1) Torri coed er mwyn eu hallforio i'r GMEDd — dylai coed newydd gael eu plannu yn eu lle er mwyn sicrhau dyfodol hirdymor i'r diwydiant, ond nid yw hyn yn digwydd yn y GLlEDd gan mai gwneud arian heddiw sy'n bwysig iddynt ac nid plannu ar gyfer y dyfodol.

2) Cynnydd mewn poblogaeth — mae llywodraeth Brasil am weld aneddiadau a ffyrdd newydd yn y CGT.

3) Caiff y goedwig ei chlirio er mwyn sefydlu ransiau gwartheg, sy'n dinistrio'r tir yn gyflym.

4) Mae mwyngloddio am fwynau yn helpu Brasil i ad-dalu ei dyledion i wledydd eraill — mae dyddodion mwyn haearn mwyaf y byd yn Carajas, ym Masn yr Amazonas.

5) Mae cynhyrchu PTD wedi golygu boddi ardaloedd eang o dir.

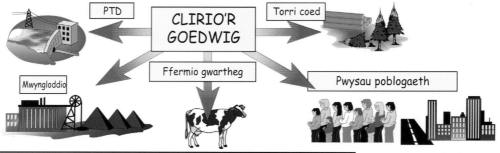

Mae Datgoedwigo yn Broblem yng Ngorllewin Siberia

Ers 1970, mae'r rhanbarth hwn wedi cynhyrchu olew a nwy naturiol. Cafodd y coedwigoedd conwydd eu torri er mwyn hwyluso hyn. Mae olew a gafodd ei golli wedi llygru'r tir a'r dŵr, ac mae tanau wedi digwydd. Mae pobl yn pryderu na fydd yr ecosystem fyth yn gallu ei hadfer ei hun am fod planhigion yn tyfu'n araf iawn mewn hinsawdd mor galed.

Dwy Ochr y Ddadl Ddatgoedwigo

Dros Gadwraeth

1) Nid oes unrhyw synnwyr mewn datblygu amaethyddiaeth — mae pridd heb y CGT yn colli'i ffrwythlondeb ac felly mae ffermio yn gorfod dod i ben ar ôl tair neu bedair blynedd.

2) Mae llawer o gyffuriau meddygol pwysig wedi'u darganfod yn y CGT yn y gorffennol ac, o golli'r coedwigoedd, mae perygl y byddwn yn colli cyffuriau newydd nad ydym yn gwybod amdanynt eto.

3) Mae cyfrifoldeb arnom i gadw'r CGT er mwyn amddiffyn cynefin a ffordd o fyw y bobl frodorol.

4) Mae planhigion y CGT yn amsugno carbon deuocsid o'r atmosffer drwy ffotosynthesis, ac felly'n lleihau cynhesu byd-eang.

5) Mae clirio'r coed yn lleihau anwedd-trydarthiad — a glawiad — gan newid yr hinsawdd. Ganrif yn ôl roedd 40% o Ethiopia yn goedwig, ond erbyn heddiw dim ond 2% sydd dan goed. Mae hyn wedi achosi sychder am fod y glawiad wedi lleihau.

Dros Ddatgoedwigo

1) Er mwyn lleihau tlodi, mae cyfrifoldeb ar bob gwlad i ddefnyddio'i hadnoddau er mwyn helpu ei phobl.

2) Dinistriodd llawer o'r GMEDd eu coedwigoedd hwythau pan oeddynt yn datblygu, e.e. y D.U. (er nid mor gyflym) — felly, ni ddylid cael un rheol ar gyfer y GMEDd ac un arall i'r GLlEDd, sydd angen datblygu.

3) Daw bron i 75% o allyriannau CO_2 y byd o'r GMEDd, felly pam ddylai'r GLlEDd newid polisi yn gyntaf!

4) Mae'r GLlEDd yn gorfod gwerthu coed er mwyn ad-dalu eu dyledion i'r GMEDd. Gallai'r GMEDd leihau eu cyfraddau llog neu anghofio am y dyledion hyn os ydynt yn poeni gymaint â hynny am ddatgoedwigo.

5) Mae'r GMEDd yn prynu cynhyrchion yr ardaloedd hyn — felly pam ddylai'r GLlEDd roi'r gorau iddi!

Mae Malaysia'n esiampl i wledydd eraill — mae'n allforio traean o bren caled y byd ac mae'r llywodraeth yn rheoli'r diwydiant yn llym. Dim ond coed sy'n ddigon hen ac yn ddigon mawr gaiff eu torri, a rhaid i'r cwmnïau torri coed blannu coed yn lle'r rhai sy'n cael eu torri.

Y Ddadl Ddatgoedwigo — a yw aderyn mewn llaw yn well na dau mewn llwyn — neu goedwig law?

Dyna chi felly — y ddadl ddatgoedwigo fawr. Cofiwch fod yn rhaid i chi roi dwy ochr y ddadl yn yr arholiad os ydych am ennill y marciau uchaf, beth bynnag yw eich barn bersonol ar y pwnc. Lluniwch draethawd byr yn rhoi dwy ochr y stori. Yna ysgrifennwch nodiadau ar Brasil, Siberia a Malaysia.

Datblygiad Cynaliadwy mewn Coedwigoedd

Mae Coedwigoedd y Byd yn Diflannu'n Gyflym

1) Mae coedwigoedd ledled y byd yn cael eu dinistrio ar gyfer coed, ailddatblgyu, tanwyddau ffosil a ffermio. Mae 12 miliwn hectar o goedwigoedd yn diflannu bob blwyddyn (un hectar = 10,000 m² = tua dau gae pêl-droed). Mae hyn yn cyfateb i hanner maint y D.U. — a hynny bob blwyddyn — ac mae'r sefyllfa'n gwaethygu.

2) Mae hyn i gyd wedi bod yn hysbys ers tro byd, ond y broblem yw perswadio pobl i ymwrthod â'r 'geiniog gyflym' a derbyn llai o arian yn y tymor byr.

Y Pum Prif Dechneg ar gyfer Coedwigo Cynaliadwy

RHAFFU

Mae'r rhan fwyaf o goedwigo yn digwydd trwy durio i mewn i'r goedwig a thorri i lawr nifer o goed nad oes mo'u hangen er mwyn cyrraedd y rhai sydd eu hangen. Mae rhaffu yn defnyddio hofrenydd i godi'r coed allan, gan leihau difrod dianghenraid i'r goedwig.

AILBLANNU

Plannu coed yn lle'r rhai sy'n cael eu torri. Mae mwy a mwy o ddeddfau yn mynnu bod cwmnïau coedwigo yn gwneud hyn heddiw. Mae'n bwysig ailblannu'r mathau cywir o goed — nid yw plannu coed rwber yn lle'r amrywiaeth eang o goed sydd ar gael mewn coedwig law drofannol yn ddigon da.

CYLCHFAEO

Defnyddio ardaloedd (neu gylchfaoedd) gwahanol i ddibenion gwahanol, e.e. twristiaeth, coedwigaeth a mwyngloddio. Mae ambell i gylchfa yn cael ei throi'n barc cenedlaethol er mwyn diogelu ecosystem y goedwig.

TORRI DETHOLUS

Dyma'r dull a ddefnyddir gan gwmnïau coedwigo bychain sy'n parchu'r amgylchedd. Dim ond coed sydd wedi'u dethol sy'n cael eu torri — mae'r mwyafrif o'r coed yn cael eu gadael ar eu traed. Mae rhai o'r coed gorau yn cael eu gadael er mwyn cadw cronfa enynnol gref. Y dull lleiaf ymwthiol yw defnyddio ceffylau yn lle lorïau enfawr i lusgo'r coed o'r goedwig.

ATGYNHYRCHU NATURIOL

Gadael llonydd i rannau o'r goedwig am gyfnod er mwyn i'r coed aildyfu'n naturiol.

Mae Tair Ffordd o Fynd i'r Afael ag Arferion Gwael mewn Coedwigaeth

Achub Coedwigoedd

Hybu defnydd cynaliadwy o'r coedwigoedd
1) Creu galw am gynhyrchion cynaliadwy. Labelu cynnyrch coedwigoedd cynaliadwy yn eglur.
2) Hybu projectau bychain — e.e. y Body Shop yn prynu olew cnau daear oddi wrth brojectau bychain a reolir gan bobl leol.
3) Hybu ecodwristiaeth trwy gyfrwng hysbysebu ac addysg.

Peidio â chefnogi arferion gwael
1) Gwahardd coed o goedwigoedd nad ydynt yn cael eu rheoli'n gynaliadwy.
2) Rhwystro torri coed anghyfreithlon, a diogelu'r ardaloedd dan warchodaeth.
3) Dylanwadu ar fusnesau er mwyn eu perswadio i beidio â phrynu cynnyrch coedwigoedd anghynaliadwy.

Lleihau'r angen am ddatgoedwigo ar raddfa fawr
Cyfnewid DYLED-AM-NATUR — mae modd i lywodraethau neu fudiadau cadwraeth yn y GMEDd ddileu peth o ddyledion y GLIEDd os byddant yn cytuno i ofalu'n well am brojectau cadwraeth.

Cynaliadawy, cynaliadwy ...

Dyna'r gair 'cynaliadwy' yna eto — mae'n codi ei ben ymhobman y dyddiau hyn. Rhaid i chi ei ddeall neu byddwch mewn dyfroedd dyfnion pan fydd y papur arholiad o'ch blaen chi. Mae esboniad o'r term y tu mewn i glawr blaen y llyfr — ewch ati i'w ddysgu.

Crynodeb Adolygu ar gyfer Adran 7

Mae llwyth o bethau i fynd i'r afael â hwy yn yr adran hon am fiomau harddaf a mwyaf amrywiol y byd … ac effaith drychinebus pobl ar lawer ohonynt. Ewch ati i'w dysgu a rhowch gynnig ar y cwestiynau isod. Ac os ewch chi i'r gors (neu i unrhyw ecosystem arall), edrychwch ar yr adran eto nes ei bod yn eglur, a daliwch ati. Peidiwch â gadael popeth tan y funud olaf.

1) Beth yw ecosystem? Beth yw enw'r uned ecosystem fwyaf?

2) Pa bedwar ffactor sy'n dylanwadu ar ddosbarthiad llystyfiant y byd?

3) Enwch ddau ranbarth sydd â llystyfiant coedwig law drofannol.

4) Disgrifiwch y prif haenau a'r rhywogaethau o blanhigion a geir yno.

5) Sut mae'r lleoliad cyhydeddol yn effeithio ar nodweddion y llystyfiant?

6) Enwch ddau ranbarth sydd â glaswelltiroedd trofannol.

7) Beth yw patrwm y glawiad mewn glaswelltiroedd trofannol?

8) Sut mae'r math hwn o hinsawdd yn dylanwadu ar nodweddion y llystyfiant?

9) Beth yw cymuned plagiouchafbwynt?

10) Disgrifiwch bedair ffordd mae llystyfiant diffeithdir wedi ymaddasu i'r diffyg glaw.

11) Gan ddefnyddio diagram wedi'i labelu, disgrifiwch lystyfiant coedwig gollddail dymherus.

12) Disgrifiwch lystyfiant coedwigoedd conwydd Gogledd America.

13) Disgrifiwch chwe ffordd mae'r coed wedi ymaddasu i hinsawdd arw Gogledd America.

14) Ble ceir llystyfiant twndra? Disgrifiwch ei brif nodweddion.

15) Beth yw pedair prif gydran pridd?

16) Disgrifiwch y prosesau canlynol sy'n gallu digwydd mewn pridd:
a) trwytholchi b) podsoleiddio c) gleio.

17) Pa fath o bridd sydd mewn: a) glaswelltir tymherus b) coedwig gollddail dymherus c) coedwig gonwydd?

18) Disgrifiwch y gwahaniaeth rhwng gweadedd pridd a'i adeiledd.

19) Beth sy'n dylanwadu ar liw pridd?

20) Beth mae graffiau mantolen lleithder pridd yn ei ddangos i ni?

21) Tynnwch esiampl o gadwyn fwyd.

22) Tynnwch ddiagram syml o: a) y gylchred garbon b) y gylchred nitrogen.

23) Eglurwch sut mae datgoedwigo yn Nepal yn effeithio ar Bangladesh.

24) Nodwch bum ffordd mae pobl yn defnyddio glaswelltiroedd y safana.

25) Nodwch dri gwrthdrawiad defnydd tir sy'n cael eu hachosi gan hyn.

26) Beth sy'n achosi diffeithdiro yn safana Affrica?

27) Eglurwch chwe ffordd y gellid defnyddio rheoli tir i osgoi diffeithdiro.

28) Rhowch bum prif reswm dros ddinistrio'r CGT yn Brasil.

29) Pam mae datgoedwigo wedi digwydd yn Siberia?

30) Rhowch dair dadl a ddefnyddir gan gadwraethwyr yn erbyn datgoedwigo.

31) Sut gall y GMEDd helpu i atal datgoedwigo?

32) Sut gall dinistrio coedwig effeithio ar: a) glawiad lleol b) cynhesu byd-eang?

33) Ym mha ffyrdd mae Malaysia'n esiampl i wledydd eraill?

34) Faint o goedwigoedd y byd sy'n diflannu bob blwyddyn?

35) Enwch a disgrifiwch y pum prif dechneg ar gyfer coedwigo cynaliadwy.

36) Disgrifiwch y tair ffordd o fynd i'r afael ag arferion gwael mewn coedwigaeth.

Dosbarthiad Poblogaeth

Dosbarthiad Poblogaeth — Ble Mae Pobl yn Byw

Mae dosbarthiad poblogaeth yn cyfeirio at ble mae pobl yn byw — gall fod ar raddfa fyd-eang, rhanbarthol neu leol.

1. LLEOEDD GYDA LLAWER O BOBL — fel arfer, mae gan y rhain amgylcheddau y gellir byw ynddynt. Maent naill ai:
   - yn gyfoethog ac yn ddiwydiannol, e.e. Ewrop, Japan, Dwyrain U.D.A
   - yn dlawd, gyda phoblogaethau sy'n cynyddu'n gyflym, e.e. India, Ethiopia.

2. LLEOEDD GYDAG YCHYDIG O BOBL — fel arfer, mae'r rhain yn amgylcheddau anodd — e.e. Antarctica, Diffeithdir y Sahara.

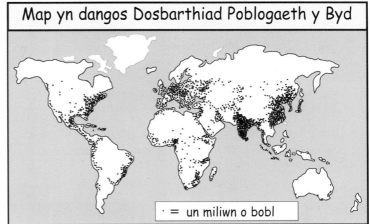

Map yn dangos Dosbarthiad Poblogaeth y Byd

· = un miliwn o bobl

Mae Poblogaethau Mawr yn Byw Mewn Ardaloedd Hygyrch gydag Adnoddau Da

1. DYFFRYNNOEDD AFONYDD — maent yn gysgodol. Gall yr afon gael ei defnyddio i gludo nwyddau, ar gyfer cyfathrebu, ac fel cyflenwad dŵr. Esiamplau: Dyffryn y Ganga yn India, a Dyffryn y Rhein yn yr Almaen.

2. GWASTADEDDAU ISEL — maent yn wastad gyda phriddoedd ffrwythlon sy'n caniatáu ffermio cynhyrchiol a chyfathrebu hawdd.
   Esiamplau: Denmarc — tir isel iawn ac yn enwog am gynhyrchion llaeth.
   East Anglia yn y D.U. — lle da ar gyfer tyfu grawnfwydydd.

3. ARDALOEDD Â LLAWER O ADNODDAU NATURIOL — gall y rhain fod yn ffynonellau pwysig ar gyfer diwydiant. Mae'r adnoddau'n cynnwys tanwyddau ffosil (glo, olew a nwy), a mwynau fel haearn a bocsit.
   Esiamplau o ardaloedd sy'n gyfoethog mewn glo yw Maes Glo De Cymru a Dyffryn y Ruhr yn yr Almaen.

4. GWASTADEDDAU ARFORDIROL — yn aml, mae gan y rhain hinsoddau cymedrol, ac mae eu porthladdoedd yn eu gwneud yn hygyrch ar gyfer masnach ryngwladol. Mae Efrog Newydd yn U.D.A. yn esiampl dda.

 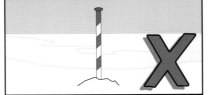 

Ychydig Iawn o Bobl Sy'n Byw mewn Lleoedd Heb Adnoddau

1. ARDALOEDD Â HINSODDAU EITHAFOL — mae'r rhain bron yn wag am eu bod mor oer neu mor boeth, ond cofiwch fod prinder dyodiad (craster) yr un mor bwysig. Gall pobl fyw mewn ardaloedd sy'n eithriadol o oer neu boeth, ond ni allwn fyw heb ddŵr. Mae Diffeithdir y Sahara ac Antarctica yn esiamplau da o fannau sy'n rhy eithafol i bobl fedru byw ynddynt.

2. MANNAU UCHEL IAWN — maent yn anhygyrch, gyda phriddoedd gwael a llethrau serth sy'n gwneud ffermio'n anodd iawn. Nid yw tiroedd fel hyn yn gallu cynnal llawer o bobl. Esiampl dda yw Mynyddoedd yr Andes yn Ne America.

Dosbarthiad poblogaeth

Felly, dyna chi — tudalen i gyflwyno'r pwnc i chi. Er bod y ffeithiau hyn yn ymddangos braidd yn amlwg efallai, mae'n rhaid i chi eu dysgu. Ysgrifennwch restr gyflym o'r rhesymau pam mae rhai lleoedd yn llawn pobl ac eraill yn wag, a dysgwch am esiamplau hefyd.

Dwysedd Poblogaeth

Mesuriad o'r Bobl fesul km² yw Dwysedd Poblogaeth

Dwysedd poblogaeth yw nifer cyfartalog y bobl sy'n byw mewn ardal — yn cael ei fesur fel pobl fesul cilometr sgwâr.

Dwysedd Poblogaeth = Nifer y bobl
                       Arwynebedd

Map yn dangos Dwysedd Poblogaeth y Byd

1. Rhaid defnyddio uned o arwynebedd wrth gyfrif dwysedd — fel arfer fesul km².

2. Mae'r termau 'poblogaeth ddwys' ac 'amhoblog' yn cael eu defnyddio wrth gyfeirio at ardaloedd â dwyseddau poblogaeth uchel ac isel.

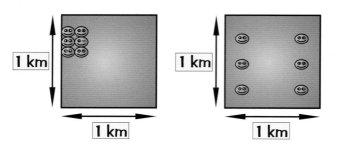

= Dros 100 o bobl fesul km²
= Llai nag 1 person fesul km²

3. Ffigur cyfartalog am nifer y bobl mewn ardal yw dwysedd poblogaeth, ac nid yw'n dweud dim wrthym am ble o fewn yr ardal mae'r bobl yn byw. Er enghraifft, yn y diagramau mae'r dwysedd poblogaeth yr un fath — 6 fesul km, ond mae'r dosbarthiad yn wahanol.

Mae Dwysedd Poblogaeth Delfrydol yn rhoi Poblogaeth Optimwm

Y boblogaeth optimwm yw'r nifer delfrydol o bobl mae modd eu cynnal gyda'r adnoddau sydd ar gael. Dim ond tri term sydd i'w dysgu:

Gorboblogaeth - lle mae gormod o bobl i'w cynnal ar lefel foddhaol gan yr adnoddau sydd ar gael.

Tanboblogaeth - lle nad oes digon o bobl i wneud y defnydd gorau o'r adnoddau sydd ar gael.

Poblogaeth Optimwm — y nifer delfrydol o bobl, sy'n gallu gwneud y defnydd gorau o'r adnoddau sydd ar gael, tra'n cynnal safon byw foddhaol.

Mae Modd Gweithio Allan y Dosbarthiad Rhanbarthol trwy Edrych ar Ddwyseddau

Dyma sut mae'r dosbarthiad yn ASIA yn amrywio: Mae dwysedd poblogaeth Singapore yn 4,608 person y km², tra bod dwysedd Mongolia yn 2 berson y km² (ffigurau 1995) — am wahaniaeth!! 141 y km² oedd dwysedd poblogaeth Cymru yn 2002, gyda'r ffigur yn amrywio o 2,222 y km² yng Nghaerdydd i 25 y km² ym Mhowys.

Dysgwch y termau

Dwysedd poblogaeth = nifer y bobl sy'n byw mewn rhanbarth neu ardal. Dosbarthiad poblogaeth = yn dangos i ni ble maent yn byw, ac yn ceisio gweld pam.

Twf Poblogaeth

Mae Poblogaeth y Byd yn Tyfu'n Gyflym Iawn

1. Mae'r graff yn dangos Twf Poblogaeth y Byd. Sylwch mai nid y cynnydd yn unig sy'n bwysig, ond bod cyfradd y cynnydd wedi cyflymu hefyd, h.y. mae'r llinell yn mynd yn fwy serth.

2. Mae'r gostyngiad sylweddol yn y gyfradd marwolaethau yn ystod yr ugeinfed ganrif wedi arwain at ffrwydrad poblogaeth.

3. Twf poblogaeth yw canlyniad y cydbwysedd rhwng y gyfradd genedigaethau, y gyfradd marwolaethau a mudo.

> Y GYFRADD GENEDIGAETHAU — nifer y babanod a enir yn fyw y flwyddyn fesul mil o'r boblogaeth.
>
> Y GYFRADD MARWOLAETHAU — nifer y marwolaethau y flwyddyn fesul mil o'r boblogaeth.
>
> MUDO — nifer y bobl sy'n symud i mewn neu'n symud allan.

4. Y gwahaniaeth rhwng y gyfradd genedigaethau a'r gyfradd marwolaethau yw'r Cynnydd Naturiol neu'r Lleihad Naturiol.

   ('Cynnydd' a geir os y gyfradd genedigaethau sydd uchaf, a 'Lleihad' os y gyfradd marwolaethau sydd uchaf.)

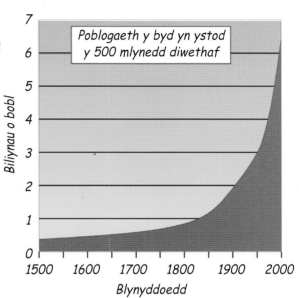

Poblogaeth y byd yn ystod y 500 mlynedd diwethaf

Mae'r Model Trawsnewid Demograffig yn Disgrifio Twf Poblogaeth

Mae poblogaeth gwlad yn newid dros bedwar cyfnod y model trawsnewid demograffig. Cafodd Cyfnod 5 ei ychwanegu'n ddiweddar i ddangos y gostyngiad poblogaeth mewn rhai GMEDd fel yr Almaen a'r Swistir.

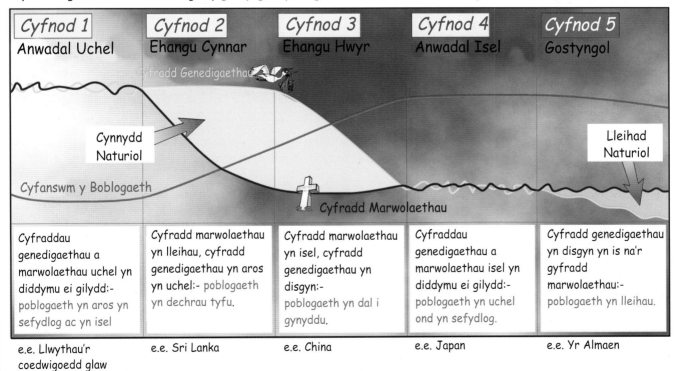

Cyfnod 1	Cyfnod 2	Cyfnod 3	Cyfnod 4	Cyfnod 5
Anwadal Uchel	Ehangu Cynnar	Ehangu Hwyr	Anwadal Isel	Gostyngol
Cyfraddau genedigaethau a marwolaethau uchel yn diddymu ei gilydd:- poblogaeth yn aros yn sefydlog ac yn isel	Cyfradd marwolaethau yn lleihau, cyfradd genedigaethau yn aros yn uchel:- poblogaeth yn dechrau tyfu.	Cyfradd marwolaethau yn isel, cyfradd genedigaethau yn disgyn:- poblogaeth yn dal i gynyddu.	Cyfraddau genedigaethau a marwolaethau isel yn diddymu ei gilydd:- poblogaeth yn uchel ond yn sefydlog.	Cyfradd genedigaethau yn disgyn yn is na'r gyfradd marwolaethau:- poblogaeth yn lleihau.
e.e. Llwythau'r coedwigoedd glaw	e.e. Sri Lanka	e.e. China	e.e. Japan	e.e. Yr Almaen

Poblogaeth y byd ... i fyny y bo'r nod!

Felly, dyma lawer o graffiau del i'ch helpu gyda'r gwaith. Cofiwch — bydd gofyn i chi allu darllen a dehongli ystyr graff, felly ewch ati i ddysgu ac ymarfer.

Adeiledd Poblogaeth

Ystyr adeiledd poblogaeth yw nifer y gwrywod a'r benywod mewn gwahanol grwpiau oedran. Fel arfer, caiff ei ddangos fel diagram pyramid, gyda'r gwrywod ar y naill ochr a'r benywod ar y llall, a'r gwahanol haenau'n dangos gwahanol oedrannau.

Mae Pyramidau Poblogaeth yn Dangos Adeiledd Poblogaeth

1) Mae dau siâp sylfaenol i byramidau poblogaeth.

Pyramid Poblogaeth GLIEDd (LEDC)

OEDRAN   GWRYWOD   BENYWOD

70+ — Ychydig o hen bobl yn golygu disgwyliad oes isel
6-70
51-60 — Siâp ceugrwm yn golygu cyfradd marwolaethau uchel
41-50
31-40
21-30
11-20 — Sylfaen llydan yn golygu cyfradd genedigaethau uchel
0-10

0

canran cyfanswm y boblogaeth

Pyramid Poblogaeth GMEDd (MEDC)

OEDRAN   GWRYWOD   BENYWOD

70+ — Llawer o bobl hŷn yn golygu disgwyliad oes uchel / Ychydig mwy o fenywod hŷn na dynion hŷn
6-70
51-60
41-50 — Ochrau sythach yn golygu cyfradd marwolaethau is
31-40
21-30
11-20
0-10 — Sylfaen cul yn golygu cyfradd genedigaethau isel

0

canran cyfanswm y boblogaeth

2) Mae tri amrywiad cyffredin ar y siapiau sylfaenol hyn.

Rhanbarth neu ddinas mewn GLIEDd sydd wedi profi llawer o fewnfudo, yn bennaf gan ddynion ifainc.

Gwlad sydd wedi bod mewn rhyfel, gyda chyfradd genedigaethau uchel yn ei ddilyn.

Gwlad ddatblygedig y mae ei chyfradd genedigaethau mor isel nes bod ei phoblogaeth yn lleihau'

Mae Adeiledd Poblogaeth yn Dibynnu ar Gyfrannedd y Gwrywod a'r Benywod a Chyfrannedd y Bobl mewn Gwahanol Grwpiau Oedran.

Caiff y Termau Demograffig Hyn Eu Defnyddio i Ddisgrifio Poblogaethau

1. Mae cyfradd genedigaethau uchel, cyfradd marwolaethau uchel neu boblogaeth sy'n cynyddu'n gyflym yn dynodi GLIEDd (h.y. cyfnod 1, 2 neu 3 y model trawsnewid demograffig — trowch i dudalen 57). Mae mwy o blant yn cael eu geni yn y GLIEDd oherwydd bod llai o reoli cenhedlu yn digwydd. Mae hyn yn ganlyniad i bwysau diwylliannol a chrefyddol, diffyg dulliau atal cenhedlu, neu ddiffyg addysg am reoli cenhedlu.
2. Cyfradd Marwolaethau Babanod — nifer y babanod sy'n marw cyn eu bod yn flwydd oed, fesul mil o'r boblogaeth. Mae cyfradd marwolaethau babanod uchel yn dynodi GLIEDd. Mae hyn oherwydd bod gofal iechyd yn waeth yn y gwledydd hyn.
3. Disgwyliad Oes — nifer y blynyddoedd, ar gyfartaledd, y gall person ddisgwyl byw. Mae disgwyliad oes uchel yn dynodi gofal iechyd da a GMEDd.
4. Poblogaeth o oed gwaith — pobl rhwng 16 a 64 oed (sy'n gallu ennill eu bywoliaeth). Mae canran uchel o bobl o oed gwaith yn dynodi'r gallu i ennill llawer o arian — y GMEDd.
5. Poblogaeth ddibynnol — pobl nad ydynt o oed gwaith sy'n cael eu cynnal gan y boblogaeth sydd o oed gwaith.
   Mae nifer uchel o bobl ddibynnol ifanc yn dynodi cyfradd genedigaethau uchel, a GLIEDd.
   Mae nifer uchel o bobl ddibynnol oedrannus yn dynodi disgwyliad oes uchel a GMEDd.

Pyramidau poblogaeth — 'Dring i fyny yma'

Mae'n hawdd drysu wrth edrych ar y gwahanol graffiau hyn. Rhaid cofio pa siâp sy'n cyfateb i ba ddiffiniad. Bydd rhaid i chi ddehongli'r pyramidau hyn yn yr arholiad, felly cofiwch ystyr y termau Cyfradd Genedigaethau, Cyfradd Marwolaethau, a Disgwyliad Oes.

Y Boblogaeth Ddibynnol mewn GLIEDd a GMEDd

Cymhareb yw'r boblogaeth ddibynnol sy'n cymharu nifer y bobl o oed gwaith (16 i 64) â nifer y bobl ddibynnol — sef y rhai o dan 16 a thros 65 oed. Fel arfer, mae'n rhif sengl sy'n dangos faint o bobl ddibynnol sydd i bob cant o bobl o oed gwaith.

Gellir mesur dibyniaeth drwy ddefnyddio'r Gymhareb Ddibyniaeth

Mae modd dyfalu'r Gymhareb Ddibyniaeth trwy ddefnyddio'r fformiwla ganlynol:

$$\frac{\text{Nifer y plant (0-15) a'r henoed (65+)}}{\text{Nifer y bobl o oed gwaith (16-64)}} \times 100$$

Esiampl:

Cymhareb ddibyniaeth y D.U. (1995) mewn miliynau —

$$\frac{11,360 + 9.029}{37,867} \times 100 = \underline{53.84}$$

Mae hyn yn golygu bod bron 54 o bobl heb fod yn gweithio i bob 100 o bobl sydd o oed gwaith.

Gall Lefelau Uchel o Ddibyniaeth achosi Problemau Difrifol

COFIWCH — ar raddfa fyd-eang, mae niferoedd uchel o bobl ddibynnol ifanc yn dynodi GLIEDd, a niferoedd uchel o bobl ddibynnol oedrannus yn dynodi GMEDd.

Fel arfer, mae gan y GMEDd Gymhareb Ddibyniaeth o 50-70, Gall Cymhareb Ddibyniaeth y GLIEDd fod dros 100.

Mae niferoedd uchel o bobl ddibynnol ifanc yn golygu:

1. Bod angen llawer iawn o wasanaethau addysg ac iechyd ar blant a babanod. Ni all y mwyafrif o'r GLIEDd fforddio hyn.
2. Bod ffrwydrad poblogaeth yn sicr o ddigwydd pan fydd y bobl ifanc hyn yn cael eu plant eu hunain.
3. Bod angen tai a gwaith ar y boblogaeth gynyddol hon, ac mae darparu'r rhain yn broblem fawr i'r GLIEDd.

Mae niferoedd uchel o bobl ddibynnol oedrannus yn golygu'r canlynol:

1. Mae angen llawer iawn o ofal iechyd — a gall gofal tymor hir am yr henoed fod yn ddrud.
2. Mae angen cludiant cyhoeddus a chartrefi lloches i'r henoed, a rhaid cynllunio ar eu cyfer.
3. Yn wahanol i'r bobl ddibynnol ifanc, ni fydd pobl ddibynnol oedrannus fyth yn ymuno â'r gweithlu, felly mae eu cynnal yn straen ariannol cynyddol a pharhaol ar y nifer llai o bobl o oed gwaith.
4. Gall poblogaethau fod yn sefydlog neu'n gostwng hyd yn oed. Gall effeithiau hyn fod yn ddifrifol iawn i ddyfodol y wlad.

Adeiledd poblogaeth

Tudalen hawdd a diflas — ond pwysig! Mae cymarebau dibyniaeth yn gallu dweud a oes niferoedd uchel o bobl ifanc neu bobl oedrannus mewn gwlad. Gwnewch restr o'r pethau sy'n digwydd pan fydd gan wlad niferoedd uchel o bobl ddibynnol ifanc.

Rheoli Twf Poblogaeth

Po uchaf y boblogaeth, mwyaf y galw am adnoddau. Er mwyn i ni beidio â dinistrio ein planed i genedlaethau'r dyfodol, rhaid i ni sicrhau bod pob datblygiad yn gynaliadwy. Felly, rhaid i ni arafu'r cynnydd ym mhoblogaeth y byd.

Lleihau Cyfradd Twf y Boblogaeth

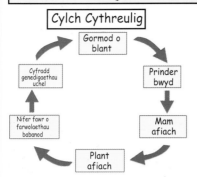

Cylch Cythreulig

Gormod o blant → Prinder bwyd → Mam afiach → Plant afiach → Nifer fawr o farwolaethau babanod → Cyfradd genedigaethau uchel

1. Mae'r GLIEDd yn dymuno lleihau eu cyfradd genedigaethau er mwyn arafu twf eu poblogaeth. Er mwyn gwneud hyn rhaid iddynt dorri'r cylch cythreulig sy'n achosi'r gyfradd genedigaethau uchel.
2. Mae arferion diwylliannol a chrefyddol yn dylanwadu ar y gyfradd genedigaethau, ac mae'n gallu bod yn anodd iawn eu newid. Er enghraifft, mewn rhai diwylliannau, mae bechgyn yn fwy gwerthfawr na merched, ac mae Pabyddion a Mwslimiaid yn erbyn rheoli cenhedlu.
3. Mae'r llywodraethau mewn sawl GLIEDd wedi hybu Cynllunio Teulu trwy ddarparu addysg i fenywod, agor clinigau a darparu cyfarpar atal cenhedlu.
4. Mae Polisïau Poblogaeth yn anelu at wella safon byw drwy ostwng lefelau diffyg maeth. Mae hyn yn gysylltiedig â pholisïau iechyd.

Gall Cynyddu'r Cyflenwad Bwyd Achosi Problemau

1. DYFRHAU TIR CRAS — gall hyn gynyddu'r ardal amaethyddol. Gall cynlluniau fod yn dechnolegol iawn ac yn ddrud (Cynllun Afon Colorado yn U.D.A.), neu'n syml ac yn rhad (dyfrhau â thanc yn India), ond gall adael y pridd yn hallt.

2. DRAENIO MIGNENNI — er mwyn cael rhagor o dir amaethyddol. Mae hyn yn ddrud fel arfer ac yn tueddu i ddigwydd yn y GMEDd, ond gall y tiroedd hyn ddioddef o lifogydd. Enghraifft dda yw Cynllun y Polderau yn yr Iseldiroedd.

3. GWRTEITHIAU — gall gwrteithiau wella ansawdd y pridd, ond gallant fod yn ddrud ac achosi LLYGREDD — e.e. drwy ganiatáu i lefelau gormodol o nitradau fynd i'r cyflenwad dŵr.

4. PLALEIDDIAID — gall plaleiddiaid gynyddu cynnyrch cnydau ond gallant fod yn ddrud, a gallant ladd pryfed ac anifeiliaid ac effeithio ar y gadwyn fwyd gyfan.

5. PWYSAU AR YR AMGYLCHEDD — mae hyn yn cynyddu wrth i fwy o bobl geisio cynhyrchu bwyd o'r un darn tir. Gall hyn arwain at ERYDIAD PRIDD, DIFFEITHDIRO a DATGOEDWIGO.

Mae gan China Bolisi Poblogaeth UN PLENTYN YN UNIG

1. Mae 25% o bobl y byd yn byw yn China. Ers 1979 mae China wedi gweithredu polisi 'un plentyn y cwpl' er mwyn ceisio arafu'r cynnydd yn ei phoblogaeth, sydd eisoes yn enfawr. Mae'r polisi yn gweithio ond mae'n llym iawn.
2. Rhaid i gyplau gael caniatâd cyn cael baban. Os ydynt yn cael baban heb ganiatâd byddant yn cael eu dirwyo, ac ni fydd gan y plentyn yr hawl i addysg, budd-daliadau na chyfleoedd gwaith.
3. Yn 1982 gorfodwyd rhieni â dau neu ragor o blant i gael eu diffrwythloni (merched yn bennaf).
4. Mae beichiogrwydd heb ganiatâd yr awdurdodau yn aml yn arwain at erthyliad, ac mae rheoli cenhedlu yn orfodol.
5. Mae babanladdiad — merched yn bennaf — yn gyffredin iawn am fod diwylliant China yn rhoi mwy o werth ar fechgyn. Mae hyn wedi arwain at anghydbwysedd mawr rhwng y rhywiau — a 'byddin o ddynion di-briod'.
6. Yn ddiweddar, mae'r llywodraeth wedi ceisio llacio rhywfaint ar y gyfraith hon (e.e. trwy addysgu am reoli cenhedlu), gyda chanlyniadau da.

Rheoli poblogaethau

Tudalen ddiddorol arall i chi ei ddysgu. Mae hon yn rhan bwysig o'r maes llafur — ffyrdd o ddelio â thwf poblogaethau — lleihau'r boblogaeth a chynyddu'r cyflenwad bwyd. Mae profiad diweddar China yn esiampl dda i'w chofio ar gyfer yr arholiad. Ysgrifennwch baragraff ar bob adran a'u dysgu'n drylwyr.

Mudo

Mae Tri Math o Fudo

1. <u>Mudo Rhyngwladol</u> — pan fydd pobl yn symud o un <u>wlad</u> i'r llall. Cofiwch — gall hyn fod i ben draw'r byd, ond gall hefyd fod yn ychydig filltiroedd ar draws ffin ryngwladol.
2. <u>Mudo Rhanbarthol</u> — pan fydd pobl yn symud rhwng <u>rhanbarthau</u> o fewn yr un wlad.
3. <u>Mudo Lleol</u> — pan fydd pobl yn symud <u>ychydig bellter</u> o fewn yr un rhanbarth.

Gellir Dosbarthu Mudo yn ôl Rheswm hefyd

Mae mudo yn digwydd oherwydd <u>ffactorau gwthio a thynnu</u>. Dysgwch y diagram hwn er mwyn sicrhau eich bod yn gwybod y gwahaniaeth rhyngddynt. Cofiwch — <u>cyfuniad</u> o'r ddau sydd fel arfer yn achosi mudo.

Ffactorau gwthio
Dyma'r pethau ynglŷn â'r <u>tarddle</u> sy'n gwneud i bobl symud. Maent fel arfer yn bethau negyddol, fel dim cyfleoedd gwaith neu addysg.

Ddylwn i adael?

I ble yr af i?

Ffactorau tynnu
Dyma bethau ynglŷn â'r <u>cyrchfan</u> sy'n denu pobl. Maent fel arfer yn bethau cadarnhaol fel cyfleoedd gwaith neu'r <u>gobaith</u> am well safon byw.

Y Mathau Cyffredin o Fudo a'u Ffactorau Gwthio a Thynnu

1. Mae <u>mudo rhyngwladol</u> o'r <u>GLlEDd</u> i'r <u>GMEDd</u> fel arfer yn golygu <u>mudwyr economaidd</u> sy'n chwilio am well safon byw — e.e. o <u>México</u> i <u>U.D.A.</u>
2. Mae peth mudo rhyngwladol yn digwydd rhwng y <u>GMEDd</u>, a hynny oherwydd cyfleoedd gwaith neu hinsawdd gynhesach — e.e. o'r D.U. i Awstralia. Weithiau bydd pobl â chymwysterau uchel yn symud dramor i gyfleoedd gwell — e.e. gwyddonwyr yn symud o'r <u>D.U.</u> i <u>U.D.A.</u> oherwydd bod ymchwilwyr yn cael cyflog llawer gwell yno.
3. <u>Mudo gwledig-trefol</u> yw mudo o'r ardaloedd gwledig i'r dinasoedd, sy'n gyffredin yn y <u>GLlEDd</u> oherwydd gwell cyfleusterau a chyfleoedd mewn ardaloedd trefol — e.e. o bentrefi México i Ciudad de México.
4. Mae <u>gwrthdrefoli</u> yn y <u>GMEDd</u> yn golygu symudiad pobl o'r dinasoedd i'r ardaloedd gwledig am eu bod yn chwilio am fywyd â llai o straen ac amgylchedd glanach. Mae <u>cymudo</u> wedi cynyddu'r math hwn o fudo. Mae symudiad pobl o ddinasoedd Lloegr i gefn gwlad Cymru yn enghraifft dda o wrthdrefoli.
5. <u>Ffoaduriaid</u> yw pobl sydd wedi cael eu gorfodi i hel eu pac o'u gwlad oherwydd caledi neu erledigaeth wleidyddol. Gall y rhain fod yn niferoedd mawr neu'n unigolion — e.e. <u>pobl Kosovo</u> o Albania i'r D.U. oherwydd rhyfel yn 1999.

Mae gan Lywodraethau Ddylanwad mawr ar Fudo

Gallant un ai <u>hybu</u> neu <u>wrthod</u> mewnfudo i'w gwlad.
Ar raddfa leol, gall polisïau <u>cynllunio a chyflogaeth</u> effeithio ar benderfyniad pobl i symud.

Gadewch i ni fod yn Siŵr ynglŷn â'r Termau Cywir

YMFUDWR	MUDWR	MEWNFUDWR
Rhywun yn symud <u>ALLAN</u> o wlad	Y person sy'n symud	Rhywun yn symud <u>I MEWN</u> i wlad

Ffactorau Gwthio

Ffactorau Tynnu

TARDDLE

CYRCHFAN

Dysgu am fudo ... ewch gyda'r llif!

Tudalen hawdd i orffen yr adran, ond mae'n rhaid i chi ei dysgu. Dysgwch y gwahanol fathau o fudo yn gyntaf — a pheidiwch ag anghofio am y gwahaniaeth rhwng y ffactorau <u>gwthio a thynnu</u>. Yn fwy na dim, dysgwch am esiampl o fudo mewn lle <u>go iawn</u>, ac yna lluniwch dabl cyflym o'r ffactorau tynnu a gwthio.

Crynodeb Adolygu ar gyfer Adran 8

Felly dyna ddechrau adran 'daearyddiaeth ddynol' y llyfr. Yn lle ffeithiau caled daearyddiaeth ffisegol, mae gan ddaearyddiaeth ddynol lawer o ddamcaniaethau a llwyth o dermau technegol. Mae llai o ddiagramau i'w cofio, ond llawer o ymadroddion cymhleth. Rhowch gynnig ar y cwestiynau hyn a'u marcio. Os oes angen cywiro, ewch drwyddynt i gyd eto cyn symud ymlaen.

1. Pa rannau o'r byd sydd ag ychydig iawn o bobl? Rhowch rai enghreifftiau.

2. Pa rannau o'r byd sydd â llawer o bobl? Eglurwch pam a rhowch rai enghreifftiau.

3. Rhowch ddau reswm i esbonio pam mae gan ddyffrynnoedd afonydd boblogaethau dwys. Rhowch ddwy enghraifft.

4. Diffiniwch y term 'dwysedd poblogaeth'. Sut mae 'dosbarthiad poblogaeth' yn wahanol?

5. Diffiniwch y termau canlynol: 'gorboblogaeth', 'tanboblogaeth' a 'poblogaeth optimwm'.

6. Diffiniwch y termau: Cyfradd Genedigaethau, Cyfradd Marwolaethau, Cynnydd Naturiol.

7. Tynnwch graff syml i ddangos poblogaeth y byd ers 1500.

8. Beth yw 'ffrwydrad poblogaeth'? Beth sy'n ei achosi?

9. Esboniwch ystyr 'cynnydd naturiol' a 'lleihad naturiol'.

10. Tynnwch Ddiagram y Model Trawsnewid Demograffig. Enwch un wlad ar gyfer pob cyfnod 2,3,4 a 5 (nid oes gwlad ar ôl yng nghyfnod 1 erbyn hyn).

11. Tynnwch a labelwch y pyramidau poblogaeth ar gyfer GLIEDd a GMEDd.

12. Rhestrwch y nodweddion poblogaeth y gellir eu hadnabod mewn pyramid poblogaeth.

13. Tynnwch a labelwch siâp pyramid poblogaeth ar gyfer pob un o'r canlynol:
    (a) Dinas neu ranbarth mewn GLIEDd sydd wedi profi llawer o fewnfudo, yn arbennig gan ddynion ifanc.
    (b) Gwlad sydd wedi bod trwy ryfel ac wedyn wedi profi cynnydd yn y gyfradd genedigaethau.
    (c) Gwlad ddatblygedig y mae ei chyfradd genedigaethau mor isel nes bod ei phoblogaeth yn lleihau.

14. Beth yw'r Gyfradd Marwolaethau Babanod?

15. A yw'r termau canlynol yn disgrifio GLIEDd neu GMEDd?
    (a) disgwyliad oes uchel   (b) nifer uchel o bobl oedrannus
    (c) nifer uchel o bobl ddibynnol ifanc   (ch) cyfradd marwolaethau babanod uchel

16. Nodwch fformiwla'r gymhareb ddibyniaeth.

17. Nodwch dair problem sy'n codi mewn gwledydd â nifer uchel o bobl ddibynnol ifanc.

18. Nodwch dair problem sy'n codi mewn gwlad â'i phoblogaeth oedrannus yn cynyddu.

19. Tynnwch y diagram sy'n dangos y cysylltiad rhwng cyfraddau genedigaethau uchel ac iechyd. Pam mae iechyd menywod y GLIEDd mor bwysig?

20. Pam mae gorfodi pobl i ddilyn polisi poblogaeth mor anodd?

21. Disgrifiwch bedwar dull o gynyddu cyflenwad bwyd.

22. Nodwch dair problem amgylcheddol sy'n cael eu hachosi wrth geisio cynyddu'r cyflenwad bwyd.

23. Disgrifiwch sut yr aeth China ati i geisio lleihau ei phoblogaeth. Cofiwch gynnwys: enw'r polisi, pryd y daeth i rym, sut mae'n cael ei orfodi, y term am ladd plant newydd-anedig, a'r effaith ar y pyramid poblogaeth.

24. Beth yw'r tri math o fudo?

25. Beth yw gwrthdrefoli? Nodwch dri rheswm pam ei fod yn gyffredin yn y GMEDd.

26. Diffiniwch y termau hyn: mewnfudwr, mudwr, ymfudwr, ffoadur.

27. Disgrifiwch esiampl go iawn o symudiad ffoaduriaid. Dylech sôn am y tarddle, y cyrchfan, a'r rhesymau dros y mudo.

Anheddiad — Safle a Lleoliad

Safle yw'r tir ffisegol mae anheddiad wedi'i adeiladu arno. Lleoliad yw ble mae'r anheddiad mewn perthynas â'r amgylchedd dynol o'i gwmpas (e.e. aneddiadau eraill a ffyrdd).

Arweiniodd Ffactorau Safle at Fathau Gwahanol o Aneddiadau

1. **SAFLEOEDD MAN GWLYB** Datblygodd nifer o aneddiadau ger afonydd neu darddellau am fod cyflenwad o ddŵr mor bwysig. Mae Aneddiadau Tarddlin i'w gweld yn aml ar waelod sgarpiau sialc lle mae'r graig fandyllog yn cyffwrdd â chraig anathraidd, fel clai, a lle ceir tarddellau. Enghreifftiau — ar hyd ymyl Gwastadedd Salisbury a Downs y De.

Safle Man Gwlyb — tarddell

2. **SAFLEOEDD MAN SYCH** Mae'r rhain i'w cael ar dir uwch sy'n ddigon pell o dir corsiog neu ardaloedd sy'n dioddef o lifogydd. Enghreifftiau — Ely yn Swydd Caergrawnt.

3. **SAFLEOEDD AMDDIFFYNNOL** Roedd y rhain ar dir uwch, fel arfer, er mwyn medru gweld y gelyn o bell. Weithiau maent i'w cael mewn ystumiau afonydd am fod yr afon yn amddiffynfa naturiol. Enghraifft — Castell Corfe yn Dorset, neu Durham, sy'n gorwedd mewn ystum yn afon Wear.

Safle Man Sych — llifogydd

4. **DEFNYDDIAU ADEILADU** Roedd cael coed a cherrig yn bwysig ar gyfer adeiladu, felly datblygodd pentrefi yn agos at y rhain. Roedd coed hefyd yn bwysig fel tanwydd. Enghraifft — yn Fforest y Ddena.

5. **TIR FFERMIO DA** Mae'n rhaid i bawb gael bwyd, felly datblygodd llawer o bentrefi ar diroedd isel ffrwythlon. Mae'r enghreifftiau yn niferus ac yn cynnwys Dyffryn Evesham a Bro Morgannwg.

Safle Amddiffynnol — ystum

6. **HYGYRCHEDD A CHYFATHREBU** Roedd y rhain yn hanfodol, a datblygodd pentrefi ger mannau pontio afonydd, croesffyrdd ac mewn bylchau rhwng bryniau. Enghraifft — Fordingbridge yn Hampshire.

> Nid yw'r nodweddion safle hyn mor bwysig heddiw ag y buont.
> Mae technoleg fodern yn ein galluogi i orchfygu llawer o anawsterau naturiol.
> E.e. Mae Las Vegas wedi'i adeiladu yn niffeithdir Nevada yn U.D.A. — mae popeth yn cael ei gludo yno — o ddŵr i beli golff.

Gall Aneddiadau fod yn Wasgarog neu'n Gnewyllol

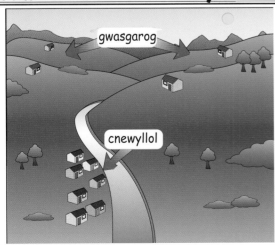
gwasgarog — cnewyllol

ANEDDIADAU CNEWYLLOL — lle mae pentref wedi'i glystyru o gwmpas man canolog, neu lle mae iddo siâp llinol, yn dilyn ffordd neu afon. Datblygodd y pentrefi hyn un ai mewn mannau oedd yn hawdd eu hamddiffyn, neu yn agos at gyflenwad dŵr, neu lle roedd y trigolion yn ffermio'n gydweithredol.

ANEDDIADAU GWASGAROG — lle mae'r adeiladau unigol ar wahân. Datblygodd y rhain lle mae'r boblogaeth yn wasgarog, ac maent yn gyffredin mewn ardaloedd ffermio mynydd lle mae gan ffermydd lawer o dir. Defnyddir y term gwasgarog yn aml hefyd ar gyfer lledaeniad aneddiadau ar draws tirwedd, yn ogystal ag ar gyfer siâp aneddiadau unigol.

Safle, Lleoliad, Gwasgarog, Cnewyllol

Dyma dudalen hawdd i ddechrau'r adran. Mae ffactorau safle yn ddigon tebyg i ffactorau dosbarthiad poblogaeth (trowch at dudalen 55). Peidiwch ag anghofio'r gwahaniaeth rhwng y termau — safle a lleoliad, gwasgarog neu gnewyllol, neu byddwch yn colli marciau yn ddiangen yn yr arholiad.

Hierarchaeth Anheddiad

Anheddiad yw man lle mae pobl yn byw. Hierarchaeth yw system o drefnu pethau yn ôl eu pwysigrwydd. Felly, mae hierarchaeth anheddiad yn system o raddio aneddiadau — hawdd.

Mae Aneddiadau'n Cael eu Graddio yn ôl Maint Eu Poblogaeth

1. Wrth i faint aneddiadau gynyddu mae eu niferoedd yn gostwng — felly ceir llawer iawn o bentrefi, ond ychydig iawn o gytrefi.

2. Mae'r patrwm cyffredinol yn y diagram ar y dde yn wir am y rhan fwyaf o aneddiadau, ond byddwch yn ofalus — ceir enghreifftiau o ddinasoedd sy'n llai na threfi.

3. Wrth i faint anheddiad gynyddu mae nifer y gwasanaethau sy'n cael eu darparu yno hefyd yn cynyddu. Mae lleoedd mawr yn darparu gwasanaethau a nwyddau uwch-werth ac is-werth, tra bo aneddiadau bychain yn darparu nwyddau a gwasanaethau is-werth.

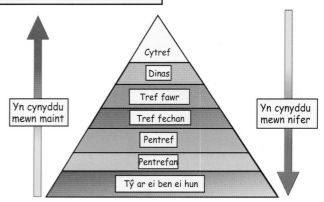

Yn cynyddu mewn maint

Yn cynyddu mewn nifer

Cytref · Dinas · Tref fawr · Tref fechan · Pentref · Pentrefan · Tŷ ar ei ben ei hun

Mae Maint Anheddiad yn Adlewyrchu ei Gylch Dylanwad

1. Mae'r termau Cylch Dylanwad, Cylch Trefol, Dalgylch, Ardal Farchnad a Cefnwlad yn gyfystyr. Dyma'r ardal sy'n cael ei gwasanaethu gan y nwyddau, y gwasanaethau, y weinyddiaeth a'r swyddi a ddaperir gan anheddiad (neu Fan Canol); mae'r ardal hithau yn darparu cynnyrch amaethyddol a chyfleusterau hamdden (fel parciau gwledig, meysydd golff, ac yn y blaen) ar gyfer yr anheddiad.

2. Mae gan Fannau Canol Bychain gefnwledydd bychain am eu bod yn cynnig gwasanaethau a nwyddau is-werth (h.y. nwyddau bob dydd fel bara, llaeth a phapurau newydd). Mae gan Fannau Canol Mawr gefnwledydd mawr am eu bod yn darparu amrywiaeth mawr o nwyddau a gwasanaethau uwch-werth (fel siopau arbenigol, ysbyty mawr), yn ogystal â nwyddau a gwasanaethau is-werth, a bydd pobl yn teithio gryn bellter i'w defnyddio. Mae hyn yn arwain at yr hyn a elwir yn Ddamcaniaeth Man Canol.

Enghraifft o Ddamcaniaeth Man Canol

Diagram wedi'i symleiddio yw hwn — ni fydd angen i chi ddysgu dim byd arall.

1. Mae pobl pentref A yn defnyddio eu pentref eu hunain ar gyfer pethau pob dydd, tref B ar gyfer nwyddau o werth canolig (e.e. banc neu archfarchnad fawr) a thref C ar gyfer nwyddau uwch-werth (e.e. dodrefn neu deledu).

2. Mae cefnwlad tref C yn cwmpasu ei hardal gyfagos ei hun, ynghyd â chefnwledydd llai 6 thref llai eu maint fel B, sydd yn eu tro yn cwmpasu cefnwledydd 6 phentref tebyg i A.

3. Dyma'r Ddamcaniaeth Man Canol a ddyfeisiwyd gan Christaller o ganlyniad i waith ymchwil yn yr Almaen. Mae'r cefnwledydd ar ffurf hecsagon am eu bod yn ffitio

COFIWCH: Nid oes angen i chi gofio'r diagram hwn — dim ond deall beth mae'n ei ddangos sydd raid i chi.

Mae A yn bentref
Mae B yn dref fechan
Mae C yn dref fawr

Hierarchaeth anheddiad — sut i gyrraedd y brig ...

Nid yw hyn mor gymhleth â hynny — wir i chi! Gweithio drwyddo'n araf yw'r ateb. Dysgwch y termau — cylchoedd trefol, cylchoedd dylanwad a chefnwledydd, fel eu bod yn glir yn eich meddwl cyn yr arholiad. Gellir eu mesur drwy edrych ar ddalgylchoedd ysgolion, ardaloedd dosbarthu, ardaloedd ysbytai, ac yn y blaen.

Swyddogaethau Aneddiadau

Mae modd Dosbarthu Aneddiadau yn ôl eu Swyddogaethau

Swyddogaeth anheddiad yw ei brif weithgaredd economaidd — mae sawl swyddogaeth gan y rhan fwyaf o ddinasoedd …

1. SWYDDOGAETH ADWERTHU — pan fydd anheddiad yn brif ganolfan siopa yr ardal. Mae aneddiadau fel hyn yn hygyrch iawn am fod rhaid iddynt ddenu pobl o'r ardal oddi amgylch. Mae eich canolfan siopa fawr leol yn enghraifft dda.

2. TREF NEU DDINAS DDIWYDIANNOL — gweithgynhyrchu yw'r prif gyflogwr yma. Mae nifer o drefi diwydiannol yn gysylltiedig â diwydiant penodol, a hynny'n aml oherwydd bod adnoddau crai ar gael gerllaw — e.e. datblygiad y diwydiant haearn ym Merthyr, y diwydiant gwlân yn Leeds, y diwydiant dur yn Sheffield a'r diwydiant cotwm ym Manceinion yn ystod y Chwyldro Diwydiannol, oherwydd bod glo a mwyn haearn ar gael yn ymyl.

3. PORTHLADDOEDD — daeth porthladdoedd fel Bryste, Lerpwl a Chaerdydd yn bwysig yn y 18fed a'r 19eg ganrif wrth i fasnach dramor y D.U. gynyddu. Mae'r porthladdoedd hyn yn parhau i fod yn ddinasoedd pwysig oherwydd yr hanes hwn.

4. CANOLFANNAU DIWYLLIANNOL A THREFI PRIFYSGOL — fel Rhydychen, Caerfaddon neu Aberystwyth. Mae gan y rhain enw am ddarparu gwasanaeth diwylliannol neu addysgol.

5. CYRCHFANNAU GWYLIAU, — sef canolfannau gwyliau sydd fel arfer ar lan y môr. Mae ganddynt eu nodweddion arbennig eu hunain, e.e. Blackpool a Llandudno. Mae angen cyfleusterau a gwasanaethau digonol arnynt i ddelio â'r holl ymwelwyr, ond gall nifer y bobl sy'n byw yno'n barhaol fod yn fychan.

6. CANOLFANNAU GWEINYDDOL — e.e. trefi sirol, sy'n cyflogi llawer o weision sifil am eu bod yn ganolfannau llywodraeth leol, e.e. Caerfyrddin, Caernarfon, Abertawe a Chaerdydd.

Gall Swyddogaeth Anheddiad Newid Dros Gyfnod o Amser

Gall aneddiadau newid am sawl rheswm, ond gellir crynhoi'r achosion i dri chategori.

Newid Diwydiannol	Dirywiad y diwydiant gweithgynhyrchu (e.e. Sheffield, Merthyr) oherwydd mewnforio nwyddau rhatach.
	Dirywiad hen ganolfannau siopa yng nghanol trefi oherwydd datblygiad parciau adwerthu ac archfarchnadoedd y tu allan i'r trefi.
Newidiadau mewn Polisïau Cynllunio	Mae polisi'r amgylchedd wedi hybu datblygiad safleoedd 'maes brown'. Safleoedd diwydiant, siopau neu dai yw'r rhain, sydd bellach wedi'u gadael ac yn adfeilion (e.e. ailddatblygu ardal y dociau yn Lerpwl, Caerdydd ac Abertawe).
Newid Cymdeithasol	Mae'r ffaith fod pobl yn fwy cyfoethog y dyddiau hyn ac yn gallu fforddio mynd dramor ar eu gwyliau wedi arwain at ddirywiad lleoedd fel y Rhyl, Porthcawl a Morecambe, a datblygiad hen bentrefi pysgota ar y Costa Brava yn Sbaen.

Swyddogaeth anheddiad a newidiadau i'r swyddogaeth honno

Dyma ran o'r arholiad lle gellwch ennill marciau uchel gan ei fod yn bwnc hawdd unwaith y byddwch wedi dysgu'r prif swyddogaethau a newidiadau. Ond cofiwch fod pob tref yn wahanol.

Defnydd Tir Trefol mewn GMEDd

Fel y byddech yn ei ddisgwyl, <u>defnydd tir</u>, yn ddigon syml, yw <u>defnydd pobl o dir</u>, e.e. ar gyfer tai neu ffatrïoedd.

Mae Modelau Defnydd Tir yn Dangos Patrymau mewn Dinasoedd

Mae modelau defnydd tir yn disgrifio patrymau defnydd tir mewn dinasoedd. Dau fodel sy'n berthnasol i ddinasoedd y GMEDd yw'r Model Cylchfaoedd Cydganol (Burgess) a'r Model Sectorau (Hoyt).

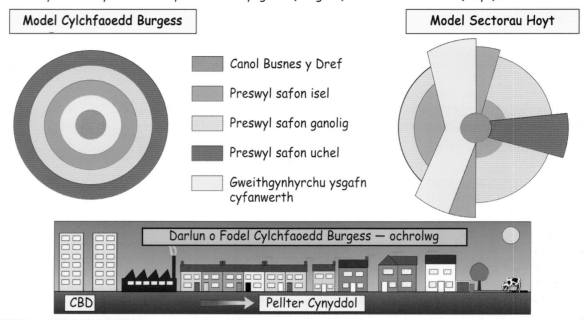

| Model Cylchfaoedd Burgess | Model Sectorau Hoyt |

- Canol Busnes y Dref
- Preswyl safon isel
- Preswyl safon ganolig
- Preswyl safon uchel
- Gweithgynhyrchu ysgafn cyfanwerth

Darlun o Fodel Cylchfaoedd Burgess — ochrolwg

CBD → Pellter Cynyddol

<u>Y Model Cylchfaoedd Cydganol</u> — yn ôl hwn, y canol yw rhan hynaf y ddinas ac mae adeiladu yn lledaenu allan o'r canol, gan olygu mai <u>cyrion</u> y ddinas yw'r rhannau <u>mwyaf diweddar</u>.

<u>Y Model Sectorau</u> — roedd hwn yn ehangu ar y syniad er mwyn rhoi ystyriaeth i ddatblygiad diwydiannol ar hyd y prif lwybrau allan o'r ddinas.

Mae gan Fodelau Gylchfaoedd Swyddogaethol sy'n dangos Defnydd Tir

1. <u>Canol Busnes y Dref</u> (CBD) yw <u>canolfan fasnachol</u> y ddinas. Yma mae'r siopau a'r swyddfeydd, ac yma mae'r ffyrdd a'r rheilffyrdd yn cyfarfod. Dyma dir drutaf y ddinas hefyd am fod cystadleuaeth ffyrnig amdano. Mae'r adeiladau yn uchel ac yn agos at ei gilydd. Ychydig iawn o bobl sy'n byw yn CBD.

2. <u>Y Gylchfa Drawsnewid</u> neu <u>Ganol y Ddinas</u> yw ardal <u>gweithgynhyrchu cyfanwerth</u>. Mae'n gymysgedd o dai gwaelach a hen adeiladau diwydiannol sydd yn aml wedi dirywio, yn ogystal â thai newydd a diwydiant ysgafn ar dir diffaith sydd wedi'i glirio. Weithiau, mae'r ardaloedd hyn wedi cael eu gwella ('<u>Boneddigeiddio</u>') ac maent yn gallu bod yn fannau dymunol i fyw ynddynt.

3. Mae'r <u>tai</u> yn <u>hŷn ger CBD</u>, lle mae hen dai teras i'w gweld o hyd, gyda stadau tai mwy diweddar tuag at ymylon y ddinas, a'r tai drutaf oll ar gyrion y ddinas lle mae'r tir <u>rhatach</u> yn hwyluso datblygiad tai a gerddi <u>mawr</u>. Mae rhai pobl sy'n <u>gweithio</u> yn y ddinas yn byw mewn <u>pentrefi noswylio</u> ar gyrion y ddinas am eu bod yn hoffi <u>byw</u> yng nghefn gwlad.

4. Mae'n bwysig cofio mai dangos <u>patrymau cyffredinol</u> mae'r modelau hyn, a bod lleoedd go iawn i gyd yn wahanol. Dros y blynyddoedd diwethaf, mae datblygu <u>canolfannau siopa</u> y tu allan i'r trefi, a chodi stadau tai newydd ar y <u>cyrion trefol</u> yn hytrach na <u>blocdyrau yng nghanol dinasoedd</u>, wedi dechrau <u>newid</u> y patrymau defnydd tir. Erbyn hyn, mae llawer o dai newydd yn cael eu codi ar <u>safleoedd maes brown</u> (tir diffaith sydd wedi'i glirio), yn hytrach nag ar yr ymylon.

Modelau gwych — ond dim golwg o Catherine Zeta Jones yn unman ...

Gall rhai o'r termau technegol hyn fod yn anodd — bydd angen i chi eu gwybod pan welwch hwy. Ond mae gan y <u>modelau defnydd tir</u> ddiagramau defnyddiol i'w dysgu o leiaf. Cofiwch mai dangos <u>patrymau cyffredinol</u> mae'r modelau hyn, a bod pob man yn wahanol. Gwnewch restr o'r termau newydd ar y dudalen hon, nodwch eu hystyron, ac yna ysgrifennwch baragraff ar sut mae <u>newidiadau diweddar</u> yn effeithio ar batrymau defnydd tir.

Trefoli

Diffinio Trefoli

Trefoli yw <u>symudiad cyfrannedd gynyddol</u> o boblogaeth y byd i fyw mewn <u>ardaloedd trefol</u>. Y gair pwysig yw <u>cyfrannedd</u> — mae trefoli yn digwydd dim ond os yw cyfradd twf dinasoedd yn <u>fwy</u> na chyfradd twf y boblogaeth gyfan. Mae trefoli'n digwydd ar <u>raddfa fyd-eang</u>. Mae hefyd yn digwydd ar <u>raddfa ranbarthol</u> yn y <u>GLIEDd</u>.

Ceir Tri Achos dros Drefoli yn y GLIEDd

1. Mae <u>Mudo Gwledig-Trefol</u> yn digwydd ar raddfa fawr iawn oherwydd pwysau poblogaeth ar yr ardaloedd gwledig a'u diffyg adnoddau. Mae pobl yr ardaloedd gwledig weithiau'n credu bod safon byw'r dinasoedd yn well (er bod hyn yn anghywir yn aml).

2. Mae <u>Isadeiledd Dinasoedd</u> y <u>GLIEDd</u> yn ehangu'n gyflymach nag yn yr ardaloedd gwledig, ac mae hyn yn denu diwydiant a phobl sy'n chwilio am waith.

3. Mae <u>Cynnydd Poblogaeth</u> yn tueddu i fod yn gyflymach yn yr ardaloedd trefol am fod gwell cyfleusterau gofal iechyd yno, sy'n golygu bod y gyfradd marwolaethau yn is. Hefyd, mae'r bobl sy'n symud i'r dinasoedd yn <u>iau</u> ac felly maent yn cael mwy o blant.

Mae Trefoli Wedi Creu Dinasoedd Miliwn

Dinasoedd miliwn yw dinasoedd â <u>thros filiwn</u> o bobl yn byw ynddynt. Dinas fwyaf y byd yw <u>Ciudad de México</u>, gyda phoblogaeth amcangyfrifol o <u>26 miliwn</u> yn y flwyddyn 2000. Dyna gyfanswm sy'n cyfateb i bron hanner poblogaeth y D.U.! Dim ond <u>Efrog Newydd</u> o blith dinasoedd y GMEDd sydd yn y deg uchaf — mae ganddi boblogaeth o tua 15 miliwn. (Tua 300,000 yw poblogaeth Caerdydd.)

Mae Trefoli'n Effeithio ar Ardaloedd Gwledig ac Ardaloedd Trefol Gwlad

Problemau i Gefn Gwlad

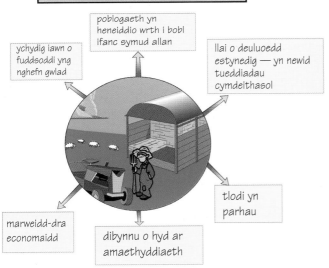

poblogaeth yn heneiddio wrth i bobl ifanc symud allan

ychydig iawn o fuddsoddi yng nghefn gwlad

llai o deuluoedd estynedig — yn newid tueddiadau cymdeithasol

tlodi yn parhau

marweidd-dra economaidd

dibynnu o hyd ar amaethyddiaeth

Problemau i'r Dinasoedd

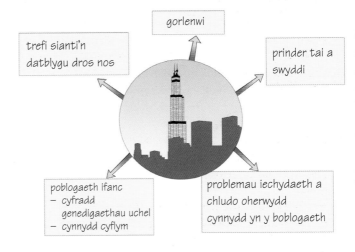

gorlenwi

trefi sianti'n datblygu dros nos

prinder tai a swyddi

poblogaeth ifanc – cyfradd genedigaethau uchel – cynnydd cyflym

problemau iechydaeth a chludo oherwydd cynnydd yn y boblogaeth

Dinasoedd miliwn

Dyma lle mae pethau'n dechrau cymhlethu, yn anffodus — ac mae'n bwysig iawn eich bod yn dysgu'r adran hon. Mae trefoli yn ganlyniad i sawl ffactor. Mae'n effeithio ar gefn gwlad, y ddinas a'r dinasoedd miliwn. Ond er mwyn gwneud argraff ar yr arholwyr, bydd rhaid i chi gofio'r <u>enghreifftiau go iawn</u> yn ogystal â'r ddamcaniaeth. Cofiwch fod y byd datblygedig yn parhau i fod yn <u>fwy trefol</u> na'r byd sy'n datblygu ond bod trefoli'n digwydd yn <u>gyflymach</u> yn y <u>GLIEDd</u>. Ysgrifennwch restr sydyn o'r rhesymau am hyn.

Gwrthdrefoli

Mae gwrthdrefoli'n cyfeirio at symudiad pobl yn llawer o'r GMEDd allan o'r dinasoedd i'r ardaloedd oddi amgylch.

Mae Chwe Rheswm dros Wrthdrefoli

1. Mae'r twf mewn cludo a chyfathrebu yn golygu nad oes raid i bobl fyw yn agos at eu gwaith mwyach. Mae traffyrdd a chynnydd yn nifer y bobl sy'n berchen car wedi arwain at gymudo. Mae datblygiadau technoleg gwybodaeth — ffacs, e-bost a fideo-gynadledda — yn golygu bod pobl yn gallu gweithio o'u cartref.

2. Gall polisïau llywodraeth annog symudiad pobl allan o ddinasoedd, e.e. sefydlu cysylltiadau cludo cyflym i drefi a phentrefi dibynnol.

3. Mae datblygu parciau busnes newydd ar safleoedd tir glas y tu allan i'r dinasoedd yn golygu nad oes raid i bobl deithio i ganol y dinasoedd i weithio, ac mae'n well ganddynt fyw ar y cyrion er mwyn bod yn nes at eu gwaith.

4. Mae llygredd a thagfeydd trafnidiaeth mewn dinasoedd yn annog pobl i symud i ardaloedd gwledig.

5. Mae mwy o bobl yn symud tŷ pan fyddant yn ymddeol.

6. Mae dinasoedd mor boblogaidd fel bod prisiau'r tai yn wirion o uchel — gan olygu bod pobl yn symud allan er mwyn cael tai rhatach.

Mae Gwrthdrefoli yn cael Effaith Fawr ar Bentrefi

Mae cymeriad a swyddogaeth pentrefi wedi newid yn sgil y mewnlifiad o bobl sy'n gweithio mewn ardaloedd trefol. Dysgwch y diagram llif hwn i weld sut ...

1) Pobl sy'n gweithio mewn ardaloedd trefol yn symud i fyw i bentrefi cefn gwlad.

2) Poblogaeth gyfoethocach a mwy o bobl yn berchen car — yn defnyddio gwasanaethau'r ddinas ac nid y gwasanaethau lleol.

4) Y pentref yn eithaf gwag yn ystod y dydd — pentrefi noswylio yw'r enw ar bentrefi fel hyn. Mae hyn yn arwain at ddirywiad yn ysbryd y gymuned.

3) Cynnydd ym mhrisiau tai — nid yw pobl ifanc yn gallu fforddio'r tai ac maent yn symud i ffwrdd.

5) Siopau a gwasanaethau lleol yn cau am fod cyn lleied o bobl yn eu defnyddio. Llai o gludiant cyhoeddus am nad yw'n talu ei ffordd.

AR GAU

6) Pobl leol heb gar yn methu cyrraedd mwynderau — yr hen a'r ifanc yn teimlo'n unig.

Nôl i'r wlad — ond ble mae John ac Alun?

Dyna chi felly — chwe rheswm dros wrthdrefoli, a rhaid i chi eu dysgu. Mae'r dudalen hon yn delio â'r achosion dros symud i gefn gwlad ac effeithiau hyn ar yr ardaloedd gwledig. Mae'n werth i chi ymarfer y diagram llif nes eich bod yn gallu ei dynnu heb ormod o feddwl.

Problemau Trefol mewn GMEDd

Mae Problemau Trafnidiaeth yn Gyffredin yn Ninasoedd y GMEDd

1) Mae'r cynnydd yn nifer perchenogion ceir ac mewn cymudo wedi arwain at dagfeydd trafnidiaeth difrifol, yn arbennig yn ystod cyfnodau brys. Erbyn hyn, mae rhai cwmnïau yn caniatáu i'w gweithwyr weithio oriau hyblyg er mwyn datrys y broblem hon, ac mae gan rai trefi a dinasoedd gynlluniau rheoli trafnidiaeth fel Parcio a Theithio i geisio gwella'r tagfeydd yng nghanol y trefi.

2) Mae amser yn gyfwerth ag arian i ddiwydiant, felly mae diwydiant yn tueddu i symud i gyrion dinasoedd, yn agos at y priffyrdd, er mwyn cwtogi ar yr amser a dreulir mewn tagfeydd traffig. Dyma un rheswm pam mae ardaloedd diwydiannol canol dinasoedd yn troi'n ddiffaith.

3) Mae'r llygredd a achosir gan fygdarth o'r holl drafnidiaeth yn broblem fawr i nifer o ddinasoedd y GMEDd. Yn y D.U., mae'r llywodraeth yn ceisio delio â'r broblem drwy gyfyngu ar swm y nwyon gwenwynig y gall ceir eu rhyddhau i'r atmosffer.

Tagfeydd, sŵn, llygredd

Ardaloedd diffaith yng nghanol dinasoedd

Mae Dirywiad mewn Gweithgynhyrchu Wedi Achosi Problemau yng Nghanol Dinasoedd

1) Gan fod gweithgynhyrchu traddodiadol yn agos at ganol dinasoedd wedi cau, mae llawer o adeiladau gwag wedi cael eu gadael ar ôl. Mae angen rhagor o le ar ddiwydiannau modern, ac nid ydynt yn dymuno talu am dir drud yng nghanol y dinasoedd. Mae hefyd yn anodd denu busnesau newydd i ardaloedd sydd wedi dirywio.

2) Mae lefelau diweithdra uchel oherwydd cau diwydiannau yn gallu achosi amddifadedd cymdeithasol yng nghanol dinasoedd. Mae tai gwael a diffyg mwynderau cymdeithasol wedi gwaethygu'r broblem hon mewn rhai dinasoedd.

3) Mae'r Llywodraeth wedi ceisio gwella'r sefyllfa trwy ddatblygu Cynlluniau Adnewyddu Trefol sy'n anelu at ddenu diwydiant i hen ardaloedd, ac annog buddsoddiad mewn tai newydd, mwynderau a swyddi. Mae hen ardaloedd y dociau yn Llundain, Lerpwl, Manceinion, Caerdydd ac Abertawe yn enghreifftiau da o hyn. Hefyd, mae 'boneddigeiddio' rhai dinasoedd, e.e. Newcastle, wedi gwella eu delwedd yn sylweddol.

Mae Newidiadau Adwerthu yn Achosi Problemau i Ganol Dinasoedd

Mae'r Effaith Toesen yn digwydd pan fydd gweithgareddau masnachol dinas yn cael eu canoli ar ei chyrion. Bellach, mae canolfannau siopa y tu allan i drefi yn gyffredin, ac felly mae siopau CBD yn methu cystadlu. Mae siopau cadwyn fel Marks and Spencer wedi lleoli eu siopau fwyfwy mewn canolfannau siopa newydd, gan arwain at gau siopau ar y stryd fawr.

Mae hyn yn gadael ardal wag yng nghanol llawer o ddinasoedd y D.U. Dechreuodd yr effaith hon yn U.D.A., ond mae'n dod yn fwyfwy amlwg yn ninasoedd Prydain. Dysgwch y diagram gwych i egluro'r ffenomen hon.

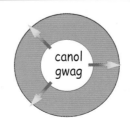

canol gwag

→ gweithgaredd economaidd yn symud tuag at allan

▨ gweithgaredd economaidd yn crynhoi yma

Yr Effaith Toesen — a phroblemau blasus eraill ...

Tudalen ddigon diflas, yn llawn problemau mae'n rhaid i chi eu dysgu. Yn wahanol i ganol rhai dinasoedd, peidiwch chi â mynd o ddrwg i waeth. Dysgwch am broblemau trefol y GMEDd.

Problemau Trefol mewn GLIEDd

Mae gan Ddinasoedd y GLIEDd eu Problemau Defnydd Tir eu hunain

1) Mae problemau trefol y GLIEDd yn deillio o'r ffaith eu bod wedi datblygu mewn ffordd wahanol i ddinasoedd y GMEDd. Mae'r diagram gyferbyn, o ddinas nodweddiadol yn Ne America, yn dangos hyn, ond mae'n bwysig cofio nad yw pob dinas yn y GLIEDd yn union yr un fath.

2) Sylwch fod y tai drud i'w cael ger CBD, a hynny fel arfer ar ffurf blociau o fflatiau modern. Mae'r tai tlotach ymhellach i ffwrdd, gan olygu bod cyrraedd at fwynderau a gwaith yn anos fyth.

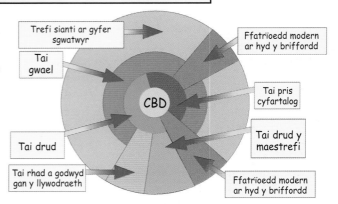

Trefi sianti ar gyfer sgwatwyr

Tai gwael

CBD

Ffatrïoedd modern ar hyd y briffordd

Tai pris cyfartalog

Tai drud y maestrefi

Ffatrïoedd modern ar hyd y briffordd

Tai drud

Tai rhad a godwyd gan y llywodraeth

Mae Trefi Sianti yn Gyffredin yn Ninasoedd y GLIEDd

Mae trefi sianti, neu aneddiadau sgwatwyr, yn broblem mewn llawer o ddinasoedd yn y GLIEDd, e.e. y *favelas* yn São Paulo, Brasil, a'r *bustees* yn Calcutta, India. Mae'r aneddiadau hyn yn cael eu codi yn anghyfreithlon gan y bobl dlawd iawn sy'n methu fforddio tai safonol. Mudwyr gwledig-trefol yw'r rhan fwyaf o drigolion y trefi sianti, ac mae eu tai yn sylfaenol iawn, yn aml heb ddŵr na thrydan na system carthffosiaeth. Gydag amser, efallai y bydd y trigolion yn llwyddo i wella eu tai.

Mae Gorlenwi yn Broblem Fawr yn Ninasoedd y GLIEDd

1) Mae'r gystadleuaeth am dir yn ffyrnig. Mae'r ffaith fod poblogaeth y dinasoedd hyn mor fawr, ynghyd â phrinder cludiant addas, yn golygu bod pobl yn dymuno byw yn agos at leoedd tebygol am waith.

2) Mae gorlenwi yn rhoi straen ar wasanaethau fel iechydaeth, gofal iechyd a darparu tai. Nid oes gan y GLIEDd ddigon o arian i fedru darparu'r rhain ar gyfer pawb — mae hyn yn arwain at broblemau cyflenwi dŵr glân a gwaredu sbwriel, sy'n gallu peryglu iechyd trigolion y ddinas yn ddifrifol.

3) Mae prinder tir yn golygu bod trefi sianti yn aml yn cael eu codi ar dir peryglus — ar lethrau serth, er enghraifft, a all lithro ar ôl glaw trwm, neu ar domennydd sbwriel (sy'n ffynhonnell bywoliaeth i rai pobl). Mae gorlenwi yn gwaethygu'r broblem hon.

Mae Mudo Gwledig-Trefol yn Cynyddu Problemau Trefol y GLIEDd

1) Mae'r ffaith fod cymaint yn mudo yn golygu ei bod yn amhosibl dyfalu pa mor gyflym mae'r dinasoedd hyn yn tyfu — dim ond amcangyfrif yw eu cyfanswm poblogaeth yn aml. Mae hyn yn gwneud cynllunio ar gyfer twf yn anodd iawn. Enghraifft: Mae pobl yn parhau i symud i São Paulo yn eu miloedd.

2) Mae'r GLIEDd yn ceisio datrys y problemau hyn gyda chynlluniau hunangymorth a phrojectau wedi'u hariannu gan y llywodraeth, ond mae prinder arian yn ei gwneud hi'n anodd cynnal digon o gynlluniau i ddiwallu anghenion pawb.

3) Tra bo gan y GLIEDd ddyledion mor enfawr, nid oes ganddynt lawer o obaith medru datrys eu problemau trefol gan na allant fforddio'r adnoddau angenrheidiol i wella'r sefyllfa.

Problemau trefol y GLIEDd — clamp o destun ...

Ni ddylai'r dudalen hon fod yn rhy anodd i'w dysgu, ond, er hynny, rhaid i chi fod yn ofalus. Cofiwch fod y GLIEDd a'r GMEDd yn wahanol i'w gilydd. Dysgwch y diagram ar dop y dudalen, a chofiwch sôn am enghreifftiau go iawn yn eich atebion — cewch farciau da amdanynt. Ysgrifennwch baragraff ar orlenwi a'r trefi sianti, a'r rhesymau dros fudo (trowch at dudalen 61).

Cynllunio a'r Ymyl Gwledig-Trefol

Rhaid Cynllunio ar gyfer Twf Trefol

Mae cynllunio yn fodd i atal y dref rhag llyncu cefn gwlad. Rhwystro Blerdwf Trefol yw'r enw ar hyn ac, fel arfer, mae'n digwydd wrth yr Ymyl Gwledig-Trefol — lle mae'r ddinas a chefn gwlad yn cyfarfod.

Mae Blerdwf Trefol yn Arwain at Dwf Cytrefi

1) Mae Blerdwf Trefol yn digwydd pan fydd dinasoedd yn ehangu tuag at allan heb unrhyw rwystr, gan raddol lenwi'r ardaloedd gwledig o'u cwmpas.

2) Mae cytref yn ffurfio pan fydd un ddinas yn ehangu i'r fath raddau nes ei bod yn llyncu trefi eraill o'i hamgylch ac yn ffurfio un ardal drefol anferth. Enghraifft dda yw Cytref Gorllewin Canolbarth Lloegr, lle mae Birmingham wedi ehangu ac uno â Wolverhampton, Dudley, Solihull, West Bromwich, Walsall a Sutton Coldfield.

Lleiniau Glas a Threfi Newydd — Rhwystro Blerdwf Trefol

Ardaloedd o gwmpas dinasoedd a sefydlwyd er mwyn rhwystro blerdwf trefol yw Lleiniau Glas. Cawsant eu sefydlu o gwmpas y rhan fwyaf o ddinasoedd mawr y D.U. yn yr 1940au, ac mae adeiladu o'r newydd y tu mewn iddynt yn cael ei gyfyngu.

Roedd cyfyngu ar flerdwf trefol yn golygu bod prinder tai o fewn y dinasoedd, felly cafodd Trefi Newydd a Threfi Ehangedig eu sefydlu y tu allan i'r Llain Las i letya'r poblogaethau oedd yn gorlifo o'r dinasoedd. Mae Milton Keynes yn enghraifft enwog yn Lloegr a Chwmbrân yng Nghymru, ond erbyn hyn mae mwy na 30 i'w cael yn y D.U. Mae sawl gwlad arall, yn cynnwys rhai GLlEDd, wedi mabwysiadu'r polisi hwn hefyd.

Mae Angen Cynllunio ar gyfer Hamdden yn yr Ymyl Gwledig-Trefol

1) Mae Mwynderau Hamdden ar gyfer pobl y ddinas i'w cael ar yr Ymyl Gwledig-Trefol am eu bod yn hygyrch yno, a hefyd am fod arnynt angen mwy o le nag sydd i'w gael mewn dinasoedd.

2) Mae mwynderau fel cyrsiau golff, parciau gwledig a chanolfannau marchogaeth wedi datblygu dros y blynyddoedd diwethaf wrth i'r cynnydd yn y nifer o bobl sy'n berchen car ei gwneud yn haws i bobl gyrraedd cefn gwlad.

3) Er mwyn cynyddu eu hincwm, mae ffermwyr wedi datblygu gweithgareddau hamdden fel tyfu ffrwythau 'casglu eich hunan' neu ganolfannau rhywogaethau prin, sy'n denu pobl y ddinas am dro i gefn gwlad am y dydd. Mae gweithgareddau fel hyn wedi newid cymeriad yr Ymyl Gwledig-Trefol.

Rhaid i Gynllunwyr Fod yn Glyfar Pan Fo Gofod yn Brin

Rhagor o bobl = angen rhagor o dai. Mae hynny'n amlwg!

1) OSAKA, JAPAN — dinas orlawn (10,000 o bobl fesul km²), sy'n parhau i dyfu, gyda thai bychain iawn. Nid oedd ganddynt ragor o dir gwastad, felly aethant ati i adennill tir o'r môr. Codwyd tai newydd mwy o faint ar yr ynys newydd, gyda chyfleusterau a chysylltiadau cludo da, gan leihau'r pwysau ar ddinas Osaka.

2) SÃO PAULO, BRASIL — mae llawer o'r bobl dlawd sy'n symud i'r ddinas er mwyn cael gwaith yn gorfod byw yn y favelas (y trefi sianti). Mae cynllun hunangymorth newydd yn cynnig gwelliannau rhad i'w tai — pobl leol sy'n gwneud y gwaith, ac mae'r llywodraeth yn darparu defnyddiau, trydan a pheipiau carthion.

3) LERPWL, y D.U. — mae'r cynnydd yn y galw am dai, ynghyd â chymhellion gan y llywodraeth i ddefnyddio safleoedd maes brown, wedi arwain at ailddatblygu'r dociau, sy'n darparu tai, siopau, amgueddfeydd ac ati mewn ardal oedd wedi dirywio.

Blerdwf trefol

Dyma dudalen hawdd i chi ei dysgu. Y pethau pwysig i'w cofio yw bod angen gwarchod yr ardaloedd gwledig rhag cael eu gorchuddio'n llwyr â threfi a dinasoedd, a bod angen cynllunio yr ymyl gwledig-trefol ar gyfer hamdden. Ysgrifennwch baragraff ar flerdwf trefol a sut i'w rwystro.

Crynodeb Adolygu ar gyfer Adran 9

Dyma adran sy'n cynnwys llawer o dermau a modelau anheddiad. Cymerwch eich amser gyda'r cwestiynau hyn nes eich bod wedi eu meistroli. Rhowch atebion llawn i'r cwestiynau. Er mwyn ei wneud yn ymarfer da ar gyfer yr arholiad, treuliwch awr yn ateb cymaint o'r cwestiynau â phosibl.

1) Beth yw'r gwahaniaeth rhwng safle a lleoliad anheddiad?

2) Pa chwe ffactor a arweiniodd at dwf gwahanol fathau o aneddiadau?

3) Beth yw anheddiad cnewyllol?

4) Pa ffactorau sy'n arwain at ddatblygiad patrymau anheddiad gwasgarog?

5) Tynnwch y diagram i ddangos hierarchaeth anheddiad (cofiwch fod saith darn gwahanol).

6) Beth yw cylch dylanwad ardal?

7) Nodwch enghreifftiau o nwyddau uwch-werth ac is-werth.

8) Pam mae cefnwledydd yn cael eu dangos fel hecsagonau mewn diagramau?

9) Nodwch y chwe swyddogaeth sy'n cael eu defnyddio i ddosbarthu aneddiadau.

10) Pa dri ffactor sy'n arwain at newid yn swyddogaeth anheddiad dros gyfnod o amser?
Esboniwch bob un a rhowch enghraifft.

11) Tynnwch y diagramau i ddangos y Model Cylchfaoedd Cydganol a'r Model Sectorau ar gyfer defnydd tir trefol.

12) Diffiniwch y termau hyn: CBD; Cylchfa Trawsnewid, Boneddigeiddio, Pentref noswylio; Safle maes brown.

13) Nodwch chwe nodwedd CBD.

14) Beth yw'r diffiniad o drefoli?

15) Pa dri pheth sy'n achosi trefoli yn y GLIEDd?

16) Beth yw dinasoedd miliwn? Enwch ddwy enghraifft — un o'r GMEDd ac un o'r GLIEDd.

17) Beth yw'r problemau trefoli yn a) cefn gwlad? (nodwch chwech), a b) y ddinas? (nodwch bump)

18) Beth yw gwrthdrefoli? A yw hyn yn digwydd yn bennaf yn y GMEDd neu'r GLIEDd?

19) Nodwch chwe rheswm dros wrthdrefoli.

20) Disgrifiwch broses chwe cham gwrthdrefoli sy'n newid cymeriad pentrefi.

21) Pa strategaethau sy'n cael eu mabwysiadu er mwyn datrys problemau tagfeydd trafnidiaeth yn ninasoedd y GMEDd?

22) Sut mae cau diwydiannau gweithgynhyrchu traddodiadol yn arwain at broblemau yng nghanol dinasoedd?

23) Beth yw'r effaith toesen? Tynnwch ddiagram er mwyn ei hesbonio.

24) Rhowch y labeli isod ar y model gyferbyn o ddinas mewn GLIEDd.

Tref sianti;
CBD;
Tai drud;
Tai gwael;
Ffatrïoedd modern ar hyd y briffordd.

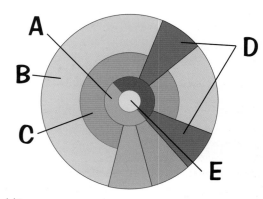

25) Rhowch ddau enw arall ar drefi sianti.

26) Nodwch ddau ganlyniad gwael i orlenwi yn ninasoedd y GLIEDd.

27) Beth yw cytref?

28) Eglurwch pam roedd angen sefydlu a) Lleiniau glas a b) Trefi Newydd?

29) Beth yw'r Ymyl Gwledig-Trefol a beth yw ei nodweddion?

30) Disgrifiwch fentrau cynllunio Osaka, São Paulo a Lerpwl.

Y Fferm fel System

Mae amaethyddiaeth a chynhyrchu bwyd yn sylfaenol i unrhyw gymdeithas.
Mae gallu gwlad i fwydo ei phobl yn hanfodol i ddatblygiad ei diwydiant.

System Fferm — Mewnbynnau, Prosesau ac Allbynnau

1. Gall fferm, yn yr un modd â ffatri, fod yn system (trowch at Adran 11) — cofiwch fod ffermio yn enghraifft o ddiwydiant cynradd. Mae gan y diwydiant yr elfen ychwanegol o'r ffermwr fel yr un sy'n gwneud y penderfyniadau ac sy'n gorfod delio â llawer iawn o wahanol fewnbynnau. Mae'r diagram isod yn dangos rôl y ffermwr — mae penderfyniadau'r ffermwr yn effeithio ar y prosesau.

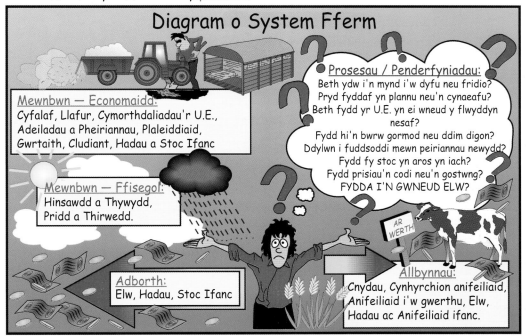

Diagram o System Fferm

2. Rhaid i'r ffermwr wneud penderfyniadau sy'n dibynnu ar ffactorau y tu hwnt i'w reolaeth, e.e. y tywydd, a gall y ffactorau hyn olygu ei fod yn gwneud elw neu golled.

3. Bydd polisi'r Llywodraeth a'r Undeb Ewropeaidd (U.E.) hefyd yn dylanwadu ar ei benderfyniadau, a gall newid ar unrhyw adeg. Gall hyn fod yn broblem fawr i ffermwyr sy'n gorfod cynllunio sawl blwyddyn ymlaen llaw.

4. Mae ffermwyr yn dibynnu ar y prisiau a gânt am eu cynhyrchion, yn lleol ac ar raddfa fyd-eang. Mae'r prisiau hyn yn amrywio o flwyddyn i flwyddyn — os yw'r cynhaeaf yn dda, bydd gormod o gynnyrch yn cyrraedd y farchnad ac felly bydd prisiau'n gostwng; os yw'r cynhaeaf yn wael bydd prisiau'n codi, ond dim ond ychydig fydd gan y ffermwr i'w werthu.

5. Mae ffermwyr yn gorfod delio â pheryglon hefyd. Gall anifeiliaid drud fynd yn sâl ar unrhyw adeg (enghraifft dda yw Clwyf y Traed a'r Genau yn 2001), a gall ffermwr golli ei holl stoc. Mae peryglon hinsoddol fel sychder a llifogydd yn effeithio ar ffermwyr hefyd, a gall plâu ddinistrio cynhaeaf yn gyfan gwbl mewn amser byr.

6. Ffermwyr sy'n penderfynu faint o blaleiddiaid neu wrteithiau sydd i'w defnyddio ar eu tir. Rhaid iddynt bwyso a mesur yr angen i gynhyrchu cymaint â phosibl yn erbyn gofynion diogelwch a gofynion defnyddwyr.

Mae cwestiynau arholiad yn aml yn gofyn am y FFACTORAU ffisegol a dynol sy'n effeithio ar ffermio. Dysgwch y rhestr hon: FFISEGOL = Hinsawdd, Tywydd, Tirwedd, Priddoedd. DYNOL = Arian, Llafur, Dylanwad y Llywodraeth (e.e. cwotâu), Agosrwydd at farchnadoedd, Cludiant, Penderfyniadau'r ffermwr.

Bywyd y ffermwr — nid oedd hi erioed fel hyn ar 'Cefn Gwlad' ...

Er bod hyn yn ymddangos yn anodd, rhaid i chi ddeall sut mae'r system fferm yn gweithio. Mae pob un ohonom yn dibynnu ar ffermwyr, ac rydym yn disgwyl i'n bwyd fod yn rhad ac yn ddiogel — mae'n anodd ar ffermwyr. Cofiwch fod ffermio yn ddiwydiant cynradd — mae'n gweithio ar hyd yr un llinellau sylfaenol ag unrhyw ddiwydiant, gyda mewnbynnau, allbynnau ac elw.

Dosbarthu Ffermio

Mae'r term ffermio yn cyfeirio at lawer o wahanol weithgareddau, o ddyddyn bychan teuluol i blanhigfeydd anferth yn ymestyn dros gannoedd o gilometrau sgwâr. Felly, mae'n rhaid dosbarthu ffermydd. Mae llawer o dermau yma, a rhaid i chi allu eu defnyddio'n gywir yn yr arholiad.

Mae modd Dosbarthu Ffermydd yn ôl Cynnyrch, Mewnbwn ac Amcan

Mae'r diagram isod yn dangos sut i ddosbarthu ffermydd. Ewch ati i ddysgu'r termau.

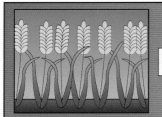

Mae ffermydd âr yn arbenigo mewn tyfu cnydau

Mae ffermydd bugeiliol yn arbenigo mewn magu anifeiliaid

Mae ffermydd cymysg yn rhai Âr a Bugeiliol

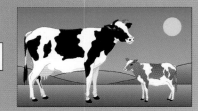

Mae ffermydd arddwys yn defnyddio llawer o fewnbynnau er mwyn cael cynnyrch uchel yr hectar. Gall y mewnbwn hwn fod ar ffurf technoleg, fel mewn garddio masnachol (gwrtaith, tai gwydr, peiriannau) neu ar ffurf llafur, fel mewn ffermio reis yn Ne-ddwyrain Asia (llawer o weithwyr yr hectar).

Dim ond ychydig o fewnbynnau a ddefnyddir gan ffermydd eang a dim ond ychydig a gynhyrchir fesul hectar. Maent yn cael cynnyrch uchel trwy orchuddio llawer iawn o dir sydd yn aml o safon isel, ond gan ddefnyddio ychydig iawn o weithwyr. Mae'r Peithiau gwenith yng Nghanada, a ransiau gwartheg y Pampas yn Ne America yn enghreifftiau.

Pwrpas ffermydd ymgynhaliol yw cynhyrchu bwyd i'r ffermwr a'i deulu yn unig. Efallai y caiff unrhyw weddill (bwyd dros ben) ei werthu er mwyn prynu nwyddau eraill. Er bod llawer o ffermwyr ymgynhaliol yn dlawd iawn, cofiwch nad ydynt i gyd yn dlawd. Mae ffermio symudol yn enghraifft o ffermio ymgynhaliol — caiff darn o dir ei ffermio am gyfnod byr, ac yna caiff ei adael am 20 mlynedd neu fwy cyn ei drin eto.

Pwrpas ffermydd masnachol yw cynhyrchu bwyd i'w werthu. Mae angen i chi ddysgu termau fel Ffermio Planhigfa (ffermydd anferth yn tyfu cnydau gwerthu) a Ffermio Gorddwys (cadw anifeiliaid yn glòs at ei gilydd mewn unedau bychain).

Mae modd defnyddio mwy nag un o'r categoriau hyn wrth ddisgrifio gwahanol fathau o ffermio — er enghraifft, mae Ffermio Mynydd yng Nghymru yn fugeiliol, yn eang ac yn fasnachol; mae ffermio reis yng Ngogledd India yn âr, yn arddwys ac yn ymgynhaliol.

Mae pob math o ffermydd yma — ac eithrio fferm iechyd ...

Dysgwch am y saith math gwahanol o fferm, a chofiwch y gall unrhyw fferm fod yn gyfuniad o'r gwahanol fathau hyn. Rhaid i chi ddysgu'r holl dermau er mwyn gallu disgrifio nodweddion pob fferm — nid oes ffordd arall o'i chwmpas hi, yn anffodus.

Dosbarthu Mathau o Ffermio

Mae ffermio yn dibynnu ar nodweddion ffisegol ardal — yr hinsawdd, y priddoedd a'r tirwedd. Mae mathau gwahanol o ffermio yn gysylltiedig ag ardaloedd gwahanol — ar raddfa fyd-eang a rhanbarthol.

Mae'r Math o Ffermio yn Dibynnu ar yr Hinsawdd

1. Ar raddfa fyd-eang, mae cysylltiad rhwng patrymau ffermio a lleiniau hinsoddol — gyda gwahaniaethau amlwg rhwng y cylchfaoedd hinsoddol tymherus a'r cylchfaoedd hinsoddol trofannol.

2. Ffermio masnachol, yn bennaf, sy'n nodweddu lledredau tymherus y byd — y GMEDd yw'r rhan fwyaf o'r gwledydd — ac mae eu cynnyrch yn cynnwys grawnfwydydd, da byw a ffermio cymysg. Mae ffermio arddwys ac eang i'w cael yma, e.e. garddwriaeth arddwys yng Ngogledd-orllewin Ewrop, a ffermio defaid eang yn Awstralia.

3. Mae ffermio masnachol a ffermio ymgynhaliol i'w cael yn y lledredau trofannol — a'r GLIEDd yw'r rhan fwyaf o'r gwledydd. Mae planhigfeydd yn bwysig, e.e. ceir planhigfeydd coffi a siwgr yn Brasil — ac mae ffermio arddwys ac eang i'w cael yma.

4. Ychydig iawn o ffermio sefydlog (ffermwyr yn aros yn eu hunfan) sydd i'w gael yn y rhanbarthau â hinsawdd eithafol (poeth neu oer), ond ceir helwyr neu fugeiliaid nomadig yno — e.e. yr Inuit yng Ngogledd Canada, neu'r Tuareg i'r de o'r Sahara.

> Cofiwch — nid nodweddion ffisegol yw'r unig ddylanwad ar y mathau o ffermio, ond maent yn cyfyngu ar y mathau o ffermio sy'n bosibl. Mae ffactorau Economaidd a Gwleidyddol hefyd yn bwysig iawn.

Mae Glawiad a Thirwedd yn Effeithio ar Ffermio ar Raddfa Ranbarthol

1. Mae modd adnabod patrymau ffermio o fewn gwledydd oherwydd yr amrywiadau yn y glawiad a'r tirwedd — mae'r achosion i'w gweld yn y patrymau sy'n amlwg yn y D.U.

2. Mae gorllewin y D.U. yn derbyn mwy o law tirwedd oherwydd y tir uchel a'r prifwyntoedd gorllewinol — mae'r dwyrain yn cael llai o law, mae'n fwy gwastad, ac mae'r tymor tyfu yn hwy yno. Mae ffermydd yn y de a'r dwyrain yn fwy arddwys, mae'r caeau yn fwy ac maent yn defnyddio mwy o beiriannau na ffermydd y gogledd a'r gorllewin. Hyn sydd i gyfrif am y patrwm a welir yma. Cofiwch fod mwy o wahanol fathau o ffermio yn y D.U. na hyn, ond mae modd gweld patrwm cyffredinol clir yn ôl rhanbarthau.

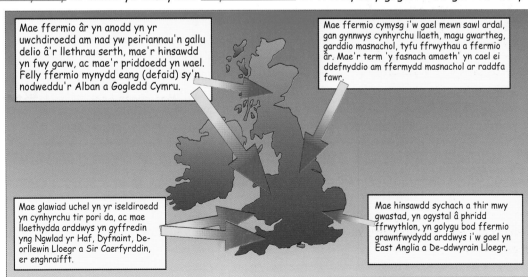

Mae ffermio âr yn anodd yn yr uwchdiroedd am nad yw peiriannau'n gallu delio â'r llethrau serth, mae'r hinsawdd yn fwy garw, ac mae'r priddoedd yn wael. Felly ffermio mynydd eang (defaid) sy'n nodweddu'r Alban a Gogledd Cymru.

Mae ffermio cymysg i'w gael mewn sawl ardal, gan gynnwys cynhyrchu llaeth, magu gwartheg, garddio masnachol, tyfu ffrwythau a ffermio âr. Mae'r term 'y fasnach amaeth' yn cael ei ddefnyddio am ffermydd masnachol ar raddfa fawr.

Mae glawiad uchel yn yr iseldiroedd yn cynhyrchu tir pori da, ac mae llaethydda arddwys yn gyffredin yng Ngwlad yr Haf, Dyfnaint, De-orllewin Lloegr a Sir Caerfyrddin, er enghraifft.

Mae hinsawdd sychach a thir mwy gwastad, yn ogystal â phridd ffrwythlon, yn golygu bod ffermio grawnfwydydd arddwys i'w gael yn East Anglia a De-ddwyrain Lloegr.

Defnyddiwch y dudalen hon er mwyn cael blas ar ffermio ...

Tudalen hawdd, ond un y mae'n rhaid i chi ei dysgu. Cofiwch fod lleoliad fferm yn adlewyrchu nifer o ffactorau — rhai ohonynt yn rhanbarthol, ac eraill yn fyd-eang, a rhaid i chi fod yn siŵr ohonynt. Ysgrifennwch restr o'r ffactorau ffisegol sy'n dylanwadu ar yr hyn y gellir ei dyfu ac ymhle, a sut maent yn dylanwadu ar y math o ffermio yn y lle hwnnw.

Ffermio yn yr Undeb Ewropeaidd (U.E.)

Y Polisi Amaethyddol Cyffredin — y PAC — sy'n rheoli ffermio yn holl wledydd yr U.E. Cafodd ei sefydlu ar ôl yr Ail Ryfel Byd er mwyn cynyddu'r cynnyrch bwyd yn Ewrop drwy wneud ffermio yn fwy modern ac effeithlon.

Un o Dargedau'r PAC yw Cynyddu Effeithlonrwydd Ffermio

Mae ffermwyr yr ardaloedd âr yn defnyddio peiriannau mawr a drud am eu bod yn fwy effeithlon, ac mae hyn wedi arwain at glirio perthi am dri rheswm:

1. Mae caeau mwy o faint yn hwyluso'r defnydd o beiriannau mawr.
2. Mae modd defnyddio tir y perthi ar gyfer cynhyrchu bwyd — gan gynyddu'r cynnyrch.
3. Mae cynnal perthi yn golygu amser ac arian, ac maent yn gynefin i blâu a chwyn.

Mae dros 25% o Berthi y D.U. wedi'u Clirio ers 1945

Mae hyn wedi digwydd yn fwyaf arbennig yn siroedd Dwyrain Lloegr, lle mae ffermio âr yn tra-arglwyddiaethu. Mae pryder ynglŷn â hyn wedi bod yn cynyddu, a hynny am sawl rheswm, fel y gwelir yn y diagram.

PERTHI

Mae perthi yn ddeniadol, ac mae eu colli yn newid cymeriad y tirwedd.

Mae perthi yn rhwystro'r gwynt ac mae eu gwreiddiau yn clymu'r pridd. Gall eu clirio achosi erydiad pridd.

Mae perthi yn gynefin i fywyd gwyllt — gall eu clirio effeithio ar y gadwyn fwyd gyfan a pheryglu llawer o rywogaethau.

Bu'r PAC yn Rhy Llwyddiannus — Cynhyrchwyd Mynyddoedd o Fwyd

1. Ar ôl yr Ail Ryfel Byd, talwyd cymorthdaliadau (arian i'w cynorthwyo) i ffermwyr er mwyn eu hannog i gynhyrchu rhagor.
2. Gwarantodd yr U.E. bris safonol am gynhyrchion ffermwyr, waeth beth fyddai sefyllfa'r farchnad na phrisiau'r un cynhyrchion y tu allan i Ewrop. Roedd hyn yn amddiffyn ffermwyr rhag gorfod cystadlu â mewnforion rhad o dramor.
3. Golygodd y prisiau gwarantiedig a'r cymorthdaliadau fod ffermwyr yr U.E. yn difrodi'r amgylchedd ac yn cynhyrchu GORMOD O FWYD — menyn, llaeth, grawn a gwin yn arbennig — gan ffurfio mynyddoedd bwyd. Bu'n rhaid storio'r holl weddillion hyn gan nad oedd digon o alw amdanynt, ac yna eu dinistrio, gan wastraffu symiau enfawr o arian. Aeth yr U.E. ati mewn pedair ffordd i gwtogi ar orgynhyrchu a gwarchod yr amgylchedd:

(1) Cyflwynodd yr U.E. Gwotâu er mwyn Cwtogi ar Gynhyrchu Llaeth

Ymunodd y D.U. â'r U.E. yn 1973, a chyflwynwyd cwotâu yn 1984 i gwtogi ar gynhyrchu llaeth ledled Ewrop, drwy osod uchafswm cynnyrch i bob ffermwr a'u dirwyo am gynhyrchu mwy na'r uchafswm hwn. Achosodd hyn ddau anhawster:

1. Bu raid i rai ffermwyr gynhyrchu llai gan fod y cwotâu wedi'u seilio ar lefel gynhyrchu is na'r lefel gyfoes.
2. Nid oedd lefel y cwota yn cymryd unrhyw ehangu ar fuches odro i ystyriaeth, felly os oedd nifer y fuches yn is na'r arfer — e.e. oherwydd salwch — yna roedd y cwota yn gostwng y lefel cynhyrchu yn awtomatig. Pan oedd y fuches yn tyfu, byddai'r fferm yn gorgynhyrchu!

Gall ffermwyr gynyddu eu cwota drwy brynu cwota fferm neu ffermwr arall, ond mae hyn yn ddrud, ac ni wyddant beth fydd yn digwydd i gwotâu yn y dyfodol. Mae hyn yn gwneud cynllunio yn anodd.

Ffermio yn yr Undeb Ewropeaidd (U.E.)

② Cyflwynwyd y Cynllun Neilltir er mwyn Cwtogi ar Gynhyrchu Bwyd

1. Mae neilltir yn gynllun gan yr U.E., a gyflwynwyd yn 1988, sy'n talu cymhorthdal i ffermwyr am beidio â thrin tir er mwyn lleihau cynhyrchu yn gyffredinol. Dechreuodd fel cynllun gwirfoddol yn 1988, ond roedd gormod o rawnfwydydd yn cael eu cynhyrchu o hyd yn 1992.

2. Er mwyn parhau i dderbyn cymorthdaliadau'r U.E. rhaid i bob fferm dros 20 hectar neilltuo 15% o dir. Rhaid neilltuo'r tir am bum mlynedd, ac er na ellir ei ffermio, mae modd ei ddefnyddio i ddibenion eraill. Mae'r diagram yn dangos rhai o'r pethau y gellir eu gwneud.

'Ia wir!'

COETIR

ARDALOEDD BYWYD GWYLLT
Mae grantiau ar gael ar gyfer y rhain mewn rhai ardaloedd

TIR BRAENAR
Mae'r ffermwr yn derbyn grant am adael tir yn borfa. Dyma'r opsiwn mwyaf poblogaidd ymysg ffermwyr.

③ Mae Cynlluniau Arallgyfeirio yn Defnyddio Tir Amaethyddol i Ddibenion Eraill

Mae arallgyfeirio yn gynllun sy'n annog ffermwyr i feddwl am ddefnydd arall i'w tir heblaw am ei ffermio. Amcanion arallgyfeirio yw:

1) Cwtogi ar gynhyrchu gormodedd — er mwyn osgoi'r mynyddoedd bwyd.
2) Ymateb i'r galw cynyddol am weithgareddau hamdden yng nghefn gwlad.
3) Lleihau'r difrod mae ffermio modern yn ei achosi i'r amgylchedd.

Mae gan Ffermydd Amrywiaeth o Ddefnydd Tir erbyn hyn

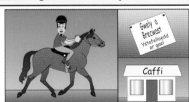

Gwely a Brecwast
Ystafelloedd ar gael

Caffi

1. Rhywogaethau prin neu ganolfannau arbenigol ac anifeiliaid anwes.
2. Meysydd chwarae antur a llwybrau natur.
3. Caffis a siopau crefftau.
4. Gwely a Brecwast a llety gwyliau.
5. Merlota a marchogaeth.

Mae Ffermio Hobi yn derm am ffermydd arbenigol sydd wedi datblygu oherwydd diddordeb y ffermwr (e.e. rhywogaeth neu blanhigyn prin) — mae i'r rhain botensial fel canolfannau ymwelwyr a gallant ehangu ar incwm y ffermwr.

> Mae Ymyl Gwledig-Trefol y dinasoedd mawr yn lleoliad da ar gyfer y gweithgareddau hyn am ei bod yn hygyrch i lawer iawn o bobl, er bod gwyliau ar ffermydd mynydd ac mewn ardaloedd hardd, e.e. Eryri, yn boblogaidd hefyd.

④ Sefydlu Ardaloedd Amgylcheddol Sensitif (AAS)

1. Cafodd Ardaloedd Amgylcheddol Sensitif (e.e. Mynyddoedd Canolbarth Cymru) eu sefydlu ar ddechrau'r 1990au ar ôl i gadwraethwyr bwyso ar y Llywodraeth i warchod yr amgylchedd.

2. Gall ffermwyr yr ardaloedd hyn dderbyn cymorthdaliadau os byddant yn arfer dulliau ffermio sydd o blaid yr amgylchedd. Mae hyn yn aml yn golygu defnyddio ffermio organig ar y cyd â dulliau ffermio traddodiadol — defnyddio ceffylau yn lle tractorau, defnyddio tail yn lle gwrteithiau cemegol, codi waliau cerrig a pherthi. Mae'r cynllun 'Tir Gofal' yn Nghymru yn esiampl o gynllun felly.

Astudio cwotâu llaeth — tipyn i'w ddrachtio ...

Rhaid gallu ateb tri chwestiwn mawr yn gywir: 1) Beth yw'r PAC a pham y cafodd ei gyflwyno? 2) Beth fu canlyniadau ei gyflwyno? 3) Beth gafodd ei wneud i gwtogi ar orgynhyrchu? Cofiwch hefyd am y jargon — cwotâu, AAS, neilltir, mynyddoedd bwyd — gwnewch restr o bob un gyda'r diffiniadau wrth eu hymyl, a darllenwch drwyddynt dro ar ôl tro nes eich bod wedi'u dysgu. Bydd yn werth yr ymdrech er mwyn y marciau.

Ffermio yn y GLlEDd

Amaethyddiaeth yw sector economaidd mwyaf y GLlEDd — ond nid yw pob gwlad yr un fath, ac mae'r mathau o ffermio yn amrywio o ddarnau bach o dir ymgynhaliol i blanhigfeydd masnachol anferth.

Ffermio Ymgynhaliol yw'r Math Mwyaf Cyffredin o Ffermio yn y GLlEDd

Mae ffermio ymgynhaliol yn gallu bod yn arddwys (e.e. ffermio reis yn Ne-ddwyrain Asia) ac yn eang (e.e. triniad mudol). Mae tair nodwedd gyffredin i bob math:

1. Mae buddsoddiad cyfalaf a lefelau technoleg yn isel, gan olygu felly bod yr allbwn yn isel.
2. Mae'r allbwn yn ceisio bwydo poblogaeth sy'n cynyddu'n gyflym — hyd yn oed os yw'r allbwn yn cynyddu, gall cynnyrch y pen ostwng.
3. Mae'r pwysau ar y tir yn cynyddu — mae angen rhagor o dir wrth i'r boblogaeth dyfu. Mae hyn yn golygu bod ffermwyr nomadig yn dychwelyd i dir cyn ei fod wedi'i adfer (e.e. yn Amazonas); mae ffermydd y ffermwyr sefydlog yn llai, yn aml ar dir ymylol, ac mae'r pridd yn dirywio (e.e. Kenya).

O ganlyniad caiff llawer o ffermwyr eu dal yn y trap tlodi. Edrychwch ar y siart llif gyferbyn.

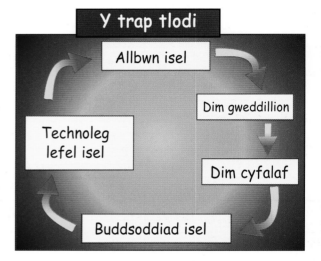

Y trap tlodi

- Allbwn isel
- Dim gweddillion
- Dim cyfalaf
- Buddsoddiad isel
- Technoleg lefel isel

Mae Planhigfeydd yn Bwysig mewn Ardaloedd Trofannol

1. Stadau masnachol mawr, sy'n eiddo i gwmnïau rhyngwladol neu lywodraethau yw planhigfeydd. Maent yn dyddio o'r cyfnod trefedigaethol pan oedd gwledydd Ewropeaidd yn defnyddio llafur rhad y GLlEDd i gynhyrchu cnydau gwerthu i'w hallforio i Ewrop.
2. Mae llawer o gnydau cyfarwydd yn cael eu tyfu ar blanhigfeydd — e.e. rwber (Malaysia), te (Tanzania), coffi (Colombia) a siwgr (Brasil). Dim ond enghreifftiau yw'r rhain — mae llawer mwy i'w cael.
3. Mae gan blanhigfeydd fanteision ac anfanteision i'r GLlEDd:

Manteision

1. Maent yn ennill arian tramor i'r GLlEDd sydd, yn aml, yn cael trafferth gwerthu eu cynhyrchion i farchnadoedd tramor.
2. Maent yn cynnig gwaith rheolaidd i bobl mewn gwledydd lle mae dod o hyd i waith yn gallu bod yn anodd.
3. Maent yn defnyddio peiriannau modern sy'n gwella effeithlonrwydd ac yn cynnig cyfle i weithwyr ddysgu sgiliau'r dechnoleg ddiweddaraf.

Anfanteision

1. Mae planhigfeydd yn arwain at ddibynnu ar un cnwd yn unig — sef y dull ungnwd. Mae hyn yn beryglus gan fod prisiau'n amrywio yn ôl y galw yn y GMEDd, a gall cnwd cyfan gael ei ddinistrio gan blâu neu'r hinsawdd.
2. Mae'r gweithwyr yn derbyn cyflogau isel, ac mae ffermwyr ymgynhaliol yn cael eu gorfodi o'u tir er mwyn i'r blanhigfa gael digon o dir.
3. Aiff elw'r blanhigfa i gwmnïau rhyngwladol, nid i'r wlad lle mae'r blanhigfa.

Testun mawr — peidiwch â'i gyffredinoli ...

Mae hwn yn glamp o bwnc a'r perygl mwyaf yw cyffredinoli yn eich atebion. O ran eu maint a'u poblogaeth, mae'r GLlEDd yn bwysig iawn, ond maent yn wahanol iawn i'w gilydd. Cofiwch roi enghreifftiau go iawn yn eich atebion a defnyddio'r termau cywir er mwyn taro deuddeg gyda'r arholwr. Ysgrifennwch nodiadau ar ffermio ymgynhaliol a phlanhigfeydd — rhaid i chi fynd ati ar unwaith i briodi'r termau technegol sydd yma â'ch astudiaeth achos.

Y Chwyldro Gwyrdd

Erbyn yr 1960au, roedd cynnydd poblogaeth a ffermio ymgynhaliol yn y GLlEDd yn golygu bod yn rhaid iddynt <u>gynhyrchu rhagor o fwyd</u> i fwydo'r bobl a gwella eu safon byw. Rhaglen bridio planhigion oedd y <u>Chwyldro Gwyrdd</u> yn rhannol, er mwyn datblygu <u>rhywogaethau newydd</u> o blanhigion a fyddai'n <u>fwy cynhyrchiol</u>.

Cnydau Cynnyrch Uchel yn Cynyddu Swm y Bwyd

Yn <u>México</u> y cafodd y Mathau Cynnyrch Uchel (MCU) eu datblygu gyntaf, lle <u>treblodd y cynnyrch gwenith</u> a <u>dyblodd y cynnyrch India corn</u> — yn cael eu dilyn gan rywogaeth reis newydd (IR8) yn y <u>Pilipinas</u> a dreblodd y cynnyrch reis yno. Yna, lledaenodd y Chwyldro Gwyrdd i <u>India</u> a ledled <u>De-ddwyrain Asia</u>.

Cynyddodd y Cynnyrch mewn Pedair Ffordd

1. Mae modd tyfu <u>corblanhigion</u> yn <u>agosach at ei gilydd</u> heb iddynt rwystro golau'r haul, ac nid yw'r gwynt yn eu difrodi am eu bod yn fyrrach.
2. Mae MCU wedi'u cynllunio i wneud y <u>defnydd gorau</u> o <u>wrtaith</u>, felly mae eu <u>gwreiddiau'n fyrrach</u>. Mae hyn yn golygu nad ydynt yn dibynnu gymaint ar bridd ffrwythlon.
3. Mae MCU wedi'u cynllunio i <u>wrthsefyll clefydau cyffredin</u> sy'n gallu dinistrio cnydau.
4. Mae <u>tymhorau tyfu byrrach</u> yn golygu bod modd cael dau neu dri chynhaeaf y flwyddyn — e.e mewn sawl rhan yn Ne-ddwyrain Asia maent yn tyfu dau neu dri chnwd o reis y flwyddyn yn lle un.

Nid yw'r Chwyldro Gwyrdd Wedi Bod yn Llwyddiant i Bawb

Mae'r Chwyldro'r Gwyrdd wedi <u>cynyddu'r cynnyrch</u> mewn sawl man, ond <u>nid</u> yw wedi bod o fudd i holl ffermwyr y GLlEDd. Dysgwch y tabl canlynol:

Llwyddiannau

a) Mae ffermwyr sy'n gallu cynhyrchu rhagor yn ennill mwy o arian ac yn mwynhau gwell safon byw.

b) Mae diwydiannau newydd, sy'n cynhyrchu gwrteithiau a phlaleiddiaid, wedi datblygu mewn ardaloedd gwledig.

c) Mae technoleg fel dyfrhau wedi cynyddu.

ch) Mae systemau cludo wedi gwella mewn rhai ardaloedd gwledig.

d) Mae pobl yn bwyta gwell amrywiaeth o fwyd oherwydd y MCU.

Methiannau

a) Mae'r peiriannau, y plaleiddiaid a'r gwrteithiau sydd eu hangen yn rhy ddrud i lawer o ffermwyr.

b) Mae ffermwyr ymgynhaliol, sy'n gorfod crafu byw, yn ofni rhoi cynnig ar dechnegau newydd gan na allant fforddio mentro.

c) Mae angen Cynlluniau Credyd i wneud benthyg arian yn haws i ffermwyr.

ch) Nid yw'r tanwydd na'r cynnal a chadw sydd eu hangen ar beiriannau ar gael bob amser.

d) Mae cynhyrchu mwy yn gallu arwain at brisiau is — mae ffermwyr tlawd yn mynd yn dlotach.

e) Mae cynnydd yn y defnydd o beiriannau yn cynyddu diweithdra a mudo gwledig-trefol yn yr ardaloedd gwledig.

Mae llawer o'r methiannau yn ganlyniad i'r defnydd o <u>dechnoleg amhriodol</u>.
Mae'r offer diweddaraf yn helpu ffermwyr <u>cyfoethog</u> y <u>GMEDd</u> i gynhyrchu'r mwyafswm posibl. Ni fydd yr un math o offer gystal ar gyfer fferm dlawd mewn GLlEDd, yn enwedig os oes modd defnyddio <u>llafur rhad</u>.

> <u>Technoleg briodol</u> yw lefel o dechnoleg y gall y bobl sy'n ei defnyddio ei <u>chynnal a'i chadw</u> — credir mai dyma sut mae delio â'r problemau hyn a gwella safon byw pobl y GLlEDd.

(Mae mwy am dechnoleg briodol ar dudalen 109.)

Y Chwyldro Gwyrdd

Mae pedair agwedd i'r Chwyldro Gwyrdd — <u>pam oedd ei angen</u>, <u>sut</u> y cafodd ei wireddu, ei <u>lwyddiannau</u>, a'r ffaith iddo fod yn <u>llai llwyddiannus</u> mewn rhai ardaloedd. Os cewch chi astudiaeth achos yn yr arholiad sy'n sôn am <u>fan penodol</u> lle mae ffermio wedi gwella, gwnewch yn siŵr eich bod yn gallu nodi a yw'r Chwyldro Gwyrdd wedi <u>methu</u> neu <u>lwyddo</u> yno, gan ddefnyddio'r dudalen hon. Cofiwch sôn am '<u>dechnoleg briodol</u>' — mae'r arholwyr yn gwirioni arni!

Ffermio ac Erydiad Pridd

Rhywbeth o waith dyn yw tirwedd amaethyddol, felly mae pob math o ffermio yn effeithio ar yr amgylchedd i ryw raddau.

Gall Ffermio Achosi Erydiad Pridd

1. Mae erydiad pridd yn broblem yn y GLlEDd (e.e erydiad gan ddŵr yn Nepal), ac yn y GMEDd (e.e. erydiad gan wynt yn Oklahoma), ac mae'n gysylltiedig â chamddefnydd o'r amgylchedd, yn aml oherwydd dulliau ffermio. Mae'n broblem fawr iawn am fod pridd yn cymryd cannoedd o flynyddoedd i'w ffurfio, ac wedi ei golli, mae'n anodd iawn cael pridd newydd yn ei le.

2. Gwynt a dŵr sy'n erydu pridd. Unwaith y bydd y pridd yn noeth, mae mewn perygl o gael ei chwythu neu ei olchi i ffwrdd. Gall hyn ddigwydd fel a ganlyn:

Datgoedwigo yn symud gwreiddiau sy'n clymu pridd, gan ganiatáu i wynt a dŵr ddifrodi'r pridd.

Aredig yn cywasgu'r pridd ac yn creu sianelau sy'n cyflymu'r llif dŵr, yn arbennig ar lethrau.

Dulliau ungnwd a'r defnydd o wrteithiau cemegol — ni all y pridd ei adfer ei hun yn naturiol.

ACHOSION ERYDIAD PRIDD

Clirio perthi a rhwystrau eraill yn cynyddu'r perygl o erydiad pridd gan wynt.

Gorbori — llystyfiant yn diflannu'n gyflymach nag y gall aildyfu.

Wps! Dw i wedi bwyta'r cae i gyd!

TECHNEGAU I LEIHAU ERYDIAD PRIDD

Dyma'r chwe phrif ddull o leihau erydiad pridd:

Terasu — ffurfio grisiau gwastad ar lethrau; y dŵr a'r pridd yn cael eu cynnal gan waliau.

Lleiniau cysgodi — plannu coed — gwreiddiau yn dal pridd a dŵr, gall coed arafu gwynt

Llinellau o gerrig — yn dilyn y cyfuchliniau ac yn lleihau dŵr ffo

Tyfu cnydau mewn rhesi — cynaeafu ar wahanol adegau — llai o bridd noeth

Gadael sofl a phlannu cnydau newydd rhwng y rhesi

Aredig ar hyd y cyfuchliniau — mae aredig ar draws llethrau yn arafu dŵr ffo

Mae Ffermio yn Achosi Diffeithdiro

Soniwyd eisoes am ddiffeithdiro ar dudalen 51. Dyma damaid o adolygu i chi:

Mae diffeithdiro yn digwydd pan fydd diffeithdir yn graddol ymledu i'r lled-ddiffeithdir o'i amgylch ac yn ei newid yn ddiffeithdir go iawn (nad oes modd ei ffermio). Nid pobl sy'n achosi diffeithdiro bob tro, ond mae gweithgaredd dynol yn un o'r prif achosion.

Mae Tri Phrif Achos i Ddiffeithdiro, ac mae'n Broblem Anodd ei Datrys

1. Mae'r cynnydd poblogaeth yn golygu bod rhagor o goed yn cael eu torri ar gyfer tanwydd, ac mae cynnydd yn nifer y gwartheg yn arwain at orbori'r tir — caiff pob darn o lystyfiant ei fwyta, mae'r tir yn cael ei adael yn noeth, ac mae erydiad pridd yn digwydd.

2. Amrywiadau hinsoddol — mae sawl blwyddyn o lawiad digonol yn annog ffermwyr i gynyddu eu stoc o anifeiliaid a thyfu cnydau. Os bydd y blynyddoedd canlynol yn sych, ni all y tir gynnal yr anifeiliaid ychwanegol ac mae erydiad pridd yn digwydd.

3. Mae ffermio masnachol yn defnyddio dŵr prin ac yn gwthio ffermwyr ymgynhaliol i'r tir ymylol sy'n methu cynnal ffermio.

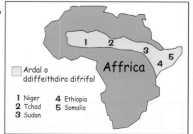

Ardal o ddiffeithdiro difrifol

Affrica

1 Niger 4 Ethiopia
2 Tchad 5 Somalia
3 Sudan

Mae'n anodd datrys y broblem hon gan fod diffeithdiro yn achosi newidiadau mawr i'r amgylchedd. Ond trwy reoli'r tir yn ofalus, a'i ffermio mewn modd sy'n gweddu i hinsawdd ac arferion yr ardal, mae modd osgoi'r broblem ac weithiau adfer y tir. Edrychwch ar dudalen 51.

Rhagor o Gwestiynau am yr Amgylchedd

Mae ffermio yn achosi tair problem amgylcheddol arall sy'n gysylltiedig â dyfrhau, llygru a dinistrio cynefinoedd.

Ystyr Dyfrhau yw Cyflenwi Dŵr trwy Ddulliau Artiffisial

1. Mae GMEDd a GLIEDd yn dyfrhau tir lle nad oes cyflenwad naturiol digonol o ddŵr ar gael i ffermio — ond mae llawer o'r GLIEDd yn dioddef o brinder dŵr, neu mae eu glawiad blynyddol yn disgyn yn ystod un tymor o'r flwyddyn yn unig — y tymor gwlyb.
2. Gall cynlluniau dyfrhau fod ar raddfa fechan, fel y system *shaduf* yn yr Aifft, sy'n dibynnu ar berson yn tynnu rhaff, neu gallant fod yn gynlluniau graddfa fawr fel Argae Aswân yn yr Aifft neu Broject Afon Narmada yn India. Mae nifer o gynlluniau mawr yn gynlluniau amlbwrpas, sy'n cynhyrchu trydan, dŵr yfed a dŵr i ddyfrhau.
3. Gall dyfrhau gynyddu'r cynnyrch, ond gall achosi problemau hefyd.

Gall Dyfrhau achosi Problemau Amgylcheddol

1. Rhaid boddi ardaloedd mawr o dir er mwyn cael cronfeydd dŵr — caiff cynefinoedd bywyd gwyllt eu dinistrio, a rhaid symud pobl o'u cartrefi. Mae llif yr afon islaw'r gronfa yn cael ei effeithio — ac mae gorfod dibynnu ar lai o ddŵr yn broblem i ffermwyr.
2. Gall halwyno (cynnydd yn swm yr halen yn y pridd) fod yn broblem mewn ardaloedd poeth lle mae halen yn cael ei ddyddodi wrth i ddŵr anweddu — mae hyn yn lleihau ffrwythlondeb y pridd.
3. Gall y Lefel Trwythiad ddisgyn os caiff gormod o ddŵr ei dynnu o'r ddaear — e.e. tynnu dŵr o bydewau ar gyfer dyfrhau, a'i golli wedyn drwy anweddiad. Mae hyn yn gwneud yr ardal yn fwy cras.

> Mae'r cyflenwad bwyd wedi cynyddu mewn sawl rhan o'r byd o ganlyniad uniongyrchol i ddyfrhau — e.e. Project Afon Narmada, sydd wedi sicrhau cyflenwad o ddŵr a mwy o fwyd i filiynau o bobl. Mae cynlluniau bychain, hunangymorth yn helpu pobl ledled y byd.

Mae Llygru Cemegol a Dinistrio Cynefinoedd yn Broblemau Mawr

1. Caiff coed, perthi a thir pori eu clirio er mwyn creu caeau anferth sy'n haws eu trin â pheiriannau. Mae hyn yn dinistrio cynefinoedd naturiol llawer o anifeiliaid gwyllt, a gall arwain at erydiad pridd difrifol.
2. Mae defnydd diofal o wrteithiau yn llygru afonydd a llynnoedd a'u troi yn wyrdd, llysnafeddog a ffiaidd.
3. Mae plaleiddiaid yn amharu ar gadwynau bwyd ac yn lleihau niferoedd mawr o bryfed, adar a mamolion.

Algâu

GORDDEFNYDDIO GWRTEITHIAU

Mae nitradau dros ben yn cael eu golchi i'r afon gan achosi i'r planhigion a'r algâu dyfu'n gyflym

Mae rhai planhigion yn dechrau marw oherwydd y gystadleuaeth am olau

Mae'r microbau'n cynyddu ac yn defnyddio'r holl ocsigen yn y dŵr, gan achosi i'r pysgod ac ati farw

Mae Ffermio Cynaliadwy yn Gwarchod yr Amgylchedd

1. Mae ffermio organig yn osgoi defnyddio gwrteithiau a phlaleiddiaid cemegol. Maent yn defnyddio pethau fel tail a'r fuwch goch gota yn eu lle. Mae hyn yn achosi llawer llai o broblemau i'r amgylchedd oddi amgylch. Mae'r cynnyrch yn llai, felly mae'n costio mwy, ond mae mwy a mwy o bobl sy'n pryderu am yr amgylchedd yn prynu cynhyrchion organig.
2. Mae cynlluniau ffermio cynaliadwy yn gwella ecosystemau cyfagos trwy ailblannu perthi, gadael ymylon caeau yn naturiol, creu cynefinoedd (e.e. coedwigoedd), hybu rhywogaethau sydd mewn perygl (e.e. blychau nythu i dylluanod), a chael cyn lleied â phosibl o effaith eu hunain ar yr amgylchedd — mae hyn, fel arfer, yn golygu ffermio organig.

Ewch ati i ddysgu hyn

Dyna ni, felly — effeithiau ffermio'r tir ar yr amgylchedd, a dylech eu dysgu ar unwaith. Cofiwch fod sawl project fel dyfrhau yn gallu bod yn ddrwg ac yn dda i'r tir. Er mwyn cael marciau da yn yr arholiad bydd angen i chi sôn am ddwy ochr y ddadl. Cofiwch ddysgu'r ddau ddarn am ffermio cynaliadwy — mae hyn yn newydd, felly bydd yn sicr o gyffroi'r arholwyr.

Crynodeb Adolygu Adran 10

Bobol bach! Mae'n amlwg bod yna ragor i ffermio na chodi tatws — ond dyna ddaearyddiaeth i chi — mae'n troi testun sy'n ymddangos yn syml ac yn ei wneud yn rhywbeth cymhleth a llawn jargon. Ewch ati i ddysgu'r adran neu fe fyddwch mewn picil. Cymerwch eich amser i fynd trwy'r cwestiynau, gan gywiro unrhyw gamgymeriadau a rhoi cynnig arni eto. Ymarfer da fyddai ceisio eu gorffen mewn awr er mwyn cael rhywbeth tebyg i brofiad arholiad.

1. Rhestrwch y mewnbynnau i fferm dan y penawdau 'Economaidd' a 'Ffisegol'.

2. Rhestrwch dri ffactor sy'n effeithio ar allbwn fferm ac sydd y tu hwnt i reolaeth y ffermwr.

3. Pa beryglon mae ffermwyr yn gorfod delio â hwy?

4. Beth yw ystyr y llythrennau U.E.?

5. Rhestrwch y tri 'ffactor ffisegol' a'r chwe 'ffactor dynol' sy'n effeithio ar ffermio.

6. Beth yw: a) ffermydd âr b) ffermydd bugeiliol c) ffermydd cymysg?

7. Esboniwch ystyr y canlynol: a) ffermydd arddwys b) ffermydd eang

    c) ffermydd ymgynhaliol ch) ffermydd masnachol.

8. Beth yw nodweddion ffermio mewn lledredau trofannol?

9. Brasluniwch fap o'r D.U. (nid oes angen iddo fod yn fanwl) a nodwch arno y prif ardaloedd ffermio defaid, ffermio cymysg, llaethydda a ffermio grawnfwydydd arddwys.

10. Beth yw ystyr y llythrennau PAC?

11. Pryd y cafodd y PAC ei sefydlu, ac am ba resymau?

12. Beth yw mynyddoedd bwyd, a sut oedd y PAC yn eu hachosi?

13. Pa bedwar dull a ddefnyddir i gwtogi ar orgynhyrchu yn yr U.E.?

14. Esboniwch y rhesymau pam mae cwotâu llaeth wedi achosi problemau i lawer o ffermwyr llaeth.

15. Sut mae ffermwyr sy'n cymryd rhan yn y cynllun neilltir yn gallu defnyddio eu tir?

16. Beth yw arallgyfeirio? Disgrifiwch sut mae arallgyfeirio wedi digwydd yn un o'r ffermydd neu'r rhanbarthau a astudiwyd gennych.

17. Tynnwch y diagram i ddangos y cylch tlodi, ac esboniwch sut mae'n effeithio ar gymaint o ffermwyr ymgynhaliol.

18. Pam mae cynyddu eu cyflenwad bwyd mor bwysig i'r GLIEDd? Pam mae treuliant bwyd y pen yn lleihau hyd yn oed os yw'r cynnyrch yn cynyddu?

19. Tynnwch dabl i ddangos manteision ac anfanteision ffermio planhigfa. (Nodwch dair mantais a thair anfantais).

20. Beth yw ystyr y llythrennau MCU?

21. Rhestrwch bedair ffordd y cynyddodd MCU gynnyrch cnydau.

22. Nodwch bum rheswm dros lwyddiant y Chwyldro Gwyrdd a phum rheswm dros ei fethiant.

23. Diffiniwch 'Technoleg briodol'.

24. Pa bum dull o ffermio sy'n achosi erydiad pridd?

25. Tynnwch ddiagram i ddangos y technegau a ddefnyddir i leihau erydiad pridd.

26. Disgrifiwch dair ffordd y gall pobl achosi diffeithdiro.

27. Eglurwch sut mae osgoi diffeithdiro. (Bydd rhaid troi at dudalen 51 i wirio'r ateb.)

28. Sut mae ffermio arddwys yn dinistrio cynefinoedd a llygru afonydd?

29. Esboniwch sut mae ffermio organig a chynlluniau ffermio cynaliadwy yn helpu i warchod yr amgylchedd.

Dosbarthu Diwydiant

Ceir Pedwar Math o Ddiwydiant

1) Diwydiant Cynradd, sy'n Ymwneud â Defnyddiau Crai

Defnyddiau crai yw unrhyw bethau sydd i'w cael yn naturiol yn neu ar y ddaear cyn eu prosesu. Maent yn cael eu casglu mewn tair ffordd:

i) Mae modd cloddio, mwyngloddio neu ddrilio amdanynt o dan wyneb y ddaear — e.e. mwyngloddio am lo neu aur, drilio am olew.

ii) Mae modd eu tyfu — mae ffermio a choedwigaeth yn ddiwydiannau cynradd.

iii) Mae modd eu casglu o'r môr — mae pysgota hefyd yn ddiwydiant cynradd.

DIWYDIANT CYNRADD

Mae'r ffermwr yn tyfu tatws

2) Diwydiant Eilaidd, sy'n Cynhyrchu Cynnyrch

Mae cynnyrch o'r diwydiant cynradd yn cael ei droi'n gynnyrch arall. Ond gall cynnyrch terfynol un diwydiant eilaidd fod yn ddefnydd crai i un arall. Er enghraifft, gall un ffatri fod yn cynhyrchu teiars fydd wedyn yn cael eu hanfon i ffatri gwneud ceir.

DIWYDIANT EILAIDD

Mae'r ffatri'n troi'r tatws yn greision

3) Diwydiant Trydyddol, sy'n Cynnig Gwasanaeth

Cynnig amrywiaeth eang o wasanaethau sydd dan sylw yma, yn hytrach na chynhyrchu pethau, a dyma'r grŵp mwyaf o ddiwydiannau yn y GMEDd. Mae dysgu, nyrsio, yr heddlu, gweithio mewn siop, mewn swyddfa neu dros y cyngor, yn enghreifftiau.

DIWYDIANT TRYDYDDOL

Caiff y creision eu gwerthu yn siop y pentref

4) Diwydiant Cwaternaidd, sy'n cynnwys grŵp bychan o ddiwydiannau Ymchwil a Datblygiad

Dyma'r sector diwydiannol mwyaf diweddar, ac mae'n tyfu'n gyflym oherwydd y datblygiadau ym myd technoleg gwybodaeth a chyfathrebu.

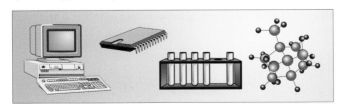

DIWYDIANT CWATERNAIDD

Cyflogi gwyddonwyr i ymchwilio i ddulliau newydd o gynhyrchu

Nid yw Diwydiant yn gyfystyr â Chyflogaeth

Mae diwydiant yn rhan o gadwyn — o'r defnyddiau crai i'r cynnyrch gorffenedig, o'r cynnyrch gorffenedig i'r sector gwasanaeth, ac o'r sector gwasanaeth i ymchwil a datblygiad. Cyflogaeth yw'r gwaith rydych yn ei wneud. Felly, gallech fod â swydd drydyddol fel ysgrifenyddes mewn diwydiant eilaidd fel ffatri deganau. Nid yw hyn mor wirion ag mae'n swnio ...

Diwrnod yn mywyd creision ...

Dyna chi, felly — y pedwar math o ddiwydiant. Cofiwch fod diwydiant cwaternaidd yn llai cyffredin na'r lleill — nid yw'n rhan o'r broses oni bai fod angen i'r cwmni wneud ymchwil o'r newydd. Ysgrifennwch restr o enghreifftiau o'r pedwar math o ddiwydiant.

Diwydiant fel System

Mae gan y *System Ffatri Fewnbynnau, Prosesau* ac *Allbynnau*

1) Y `mewnbynnau` yw'r eitemau sy'n angenrheidiol ar gyfer cynhyrchu. Gall y rhain fod yn <u>ddefnyddiau crai</u>, yn <u>gyfalaf buddsoddi</u>, <u>llafur</u>, <u>adeiladau</u> a <u>pheiriannau</u> — unrhyw beth mae'n rhaid ei gael cyn y gall y broses gynhyrchu ddechrau.

2) Y `prosesau` yw gweithgareddau ffatri sy'n trawsffurfio'r defnyddiau crai yn gynnyrch gorffenedig. Nid <u>gweithgynhyrchu</u>'r nwyddau yw'r unig broses; mae'r term hefyd yn cynnwys <u>gwasanaethau cefnogi</u> fel cynllunio, pacio ac ati — popeth sydd ei angen er mwyn gwneud y cynnyrch.

3) `Allbynnau` yw'r pethau sy'n dod allan o'r ffatri ar ôl i'r cynhyrchu orffen. Mae'r allbynnau'n cynnwys y <u>nwyddau gorffenedig</u> a'r <u>sgil gynhyrchion</u> (cynhyrchion eilaidd a gynhyrchir yn ystod prosesu'r prif gynnyrch), <u>gwastraff</u> ... ac <u>elw</u>, gobeithio.

4) Mae `adborth` yn digwydd pan gaiff rhai o'r allbynnau eu <u>bwydo yn ôl</u> i mewn i'r system fel mewnbynnau — e.e. bydd elw yn aml yn cael ei fuddsoddi eto yn y cwmni, fel buddsoddiad cyfalafol.

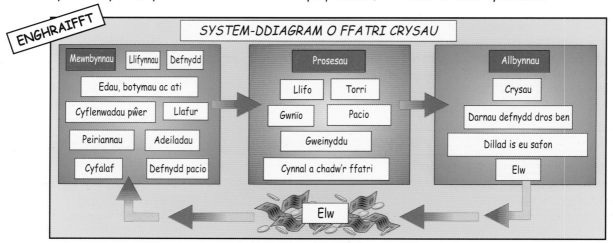

SYSTEM-DDIAGRAM O FFATRI CRYSAU

Cysylltedd yw pan fydd *Un Diwydiant* yn Dibynnu ar *Allbwn Diwydiant Arall*

Gall hyn achosi problemau os bydd problemau cynhyrchu yn y naill ffatri, neu os yw hi'n gorfod cau. <u>Mae'r diwydiant ceir</u> yn enghraifft dda — gall pob cydran yn y diagram isod gael ei gynhyrchu gan <u>gwmni gwahanol</u> cyn iddo gyrraedd y <u>ffatri cydosod</u>.

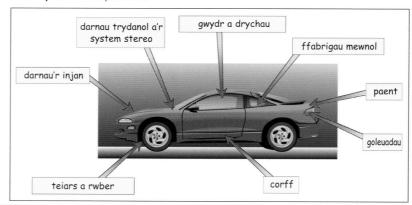

System y diwydiant ceir — rhowch eich brêns mewn gêr...

Ni ddylai hwn fod yn rhy anodd — gwnewch yn siŵr eich bod yn gallu tynnu llun <u>system-ddiagram</u> y ffatri crysau gan fod gallu sôn am <u>enghraifft go iawn</u> o system ddiwydiannol yn yr arholiad yn bwysig neu fe allech golli marciau allweddol. Cofiwch fod <u>cysylltedd</u> yn gallu effeithio ar allu cwmni i wneud elw. A pheidiwch ag anghofio bod diwydiannau yn gallu bod o fudd i'w gilydd, ond bod yna nifer o anfanteision i hyn hefyd.

Lleoliad Diwydiant

Mae lleoliad diwydiant wedi effeithio ar dwf dinasoedd, dosbarthiad poblogaeth, a newidiadau mewn cymdeithas a chyflogaeth. Mae'r dudalen hon a'r un nesaf yn disgrifio'r <u>pedwar</u> prif ddylanwad ar leoliad diwydiant — <u>defnyddiau crai</u>, <u>cyflenwad llafur</u>, <u>cludiant</u> a'r <u>farchnad</u>. Ewch ati i ddysgu …

Mae *Defnyddiau Crai* yn Dylanwadu ar *Leoliad Diwydiant*

1) Yn ystod y Chwyldro Diwydiannol, roedd angen <u>cyflenwadau o bŵer</u> (nentydd cyflym yn wreiddiol) ar y <u>diwydiannau newydd</u>, ynghyd â <u>defnyddiau crai</u> fel glo a mwyn haearn. Datblygodd diwydiant yn y mannau lle roedd yn hawdd cael cyflenwad o'r rhain. Dechreuodd patrwm o leoliad diwydiant ddatblygu, gydag ardaloedd gwahanol yn <u>arbenigo</u> mewn diwydiannau a oedd yn defnyddio <u>adnoddau lleol</u> — e.e. y diwydiant glo a haearn yn Ne Cymru, y diwydiant llechi yng Ngogledd Cymru, y diwydiant dur (cyllyll a ffyrc yn arbennig) yn Sheffield, ac adeiladu llongau yn Newcastle. Gan fod y <u>rhan fwyaf</u> o adnoddau naturiol <u>Cymru</u> yn y <u>De</u>, dyma'r ardal a ddatblygodd yn <u>brif ganolfan ddiwydiannol Cymru</u>.

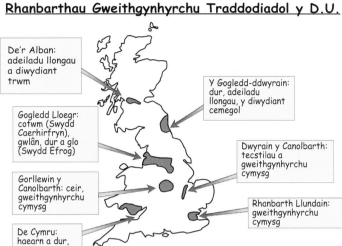

Rhanbarthau Gweithgynhyrchu Traddodiadol y D.U.

De'r Alban: adeiladu llongau a diwydiant trwm

Y Gogledd-ddwyrain: dur, adeiladu llongau, y diwydiant cemegol

Gogledd Lloegr: cofwm (Swydd Caerhirfryn), gwlân, dur a glo (Swydd Efrog)

Dwyrain y Canolbarth: tecstilau a gweithgynhyrchu cymysg

Gorllewin y Canolbarth: ceir, gweithgynhyrchu cymysg

Rhanbarth Llundain: gweithgynhyrchu cymysg

De Cymru: haearn a dur, glo

2) Mae lleoli diwydiant <u>ger</u> defnyddiau crai yn <u>lleihau costau cludo</u>, yn arbennig os yw'r defnyddiau crai yn swmpus neu os ydynt yn colli pwysau yn ystod y broses gynhyrchu.

3) Daeth <u>porthladdoedd</u> yn bwysig hefyd, am eu bod yn ffynhonnell defnyddiau crai wedi'u <u>mewnforio</u>. Mae Lerpwl a Bryste yn enghreifftiau da.

Mae'r *Cyflenwad Llafur* wedi dylanwadu ar *Leoliad Diwydiant*

1) Mae <u>argaeledd cyflenwad llafur</u> yn bwysig i ddiwydiant. Mae ffatri newydd yn fwy tebygol o gael ei lleoli lle mae digon o weithwyr yn chwilio am waith. Mae lefelau diweithdra yn amrywio'n fawr yn ôl rhanbarth, felly gall hyn fod yn ffactor pwysig.

2) Rhaid cael gweithwyr <u>addas</u>. Ceir tri chategori o weithwyr:

   a) <u>Cronfa sylweddol o weithwyr di-grefft</u>: mae rhai diwydiannau yn barod i <u>hyfforddi</u> eu gweithwyr eu hunain, ac felly mae bod â digon o <u>ddarpar weithwyr</u> yn bwysig iddynt.

   b) <u>Gweithlu arbenigol mawr</u>: mae angen <u>gweithlu mawr</u> â <u>sgiliau</u> penodol ar rai diwydiannau, a byddant yn aml yn lleoli yn <u>agos at ddiwydiannau tebyg</u> gan y bydd gweithlu addas yno.

   c) <u>Gweithlu bychan crefftus iawn</u>: mae angen <u>gweithwyr cymwys neu grefftus iawn</u> ar rai diwydiannau, a byddant yn lleoli lle bynnag maent <u>ar gael</u>.

Pa sgiliau?

Faint ohonynt?

Ble gallaf ddod o hyd iddynt?

Faint fyddant yn ei gostio?

3) Mae costau llafur hefyd yn <u>amrywio</u> o le i le, felly mae diwydiannau yn ceisio lleoli mewn ardaloedd lle mae gweithwyr <u>rhatach</u> ar gael. Nid yw'r diwydiannau sydd angen gweithwyr crefftus iawn yn gallu gwneud hyn <u>mor hawdd</u>.

Mae'n well adeiladu llongau ar lan y môr — oni bai mai chi yw Noa …

Dyma'r <u>ddau gyntaf</u> o <u>bedwar</u> prif ddylanwad ar leoliad diwydiant. Mae defnyddiau crai a chyflenwad llafur yn bwysig iawn wrth benderfynu ar leoliad <u>diwydiant trwm</u> (e.e. y diwydiant dur). Nid ydynt mor bwysig yn y D.U. erbyn heddiw, fel y gwelwch ar dudalen 87…

Lleoliad Diwydiant

Mae Cludiant yn Dylanwadu ar Leoliad mewn Tair Ffordd

1) **Cost cludo defnyddiau crai a nwyddau gorffenedig**

   Os yw'n costio mwy i gludo'r defnyddiau crai na'r cynnyrch gorffenedig (am fod llawer o wastraff yn y broses gynhyrchu, er enghraifft) mae'n rhatach lleoli ger y defnyddiau crai.

   Os yw'r cynnyrch gorffenedig yn ddrutach i'w gludo na'r defnyddiau crai (am ei fod yn swmpus, neu'n ddrud i'w yswirio) yna bydd yn rhatach lleoli ger y farchnad.

2) **Y math o gludiant a ddefnyddir**

   Yn y gorffennol, câi nwyddau swmpus eu cludo ar y rheilffyrdd, felly roedd cysylltiadau rheilffordd yn bwysig. Mae'r cynnydd diweddar mewn cludiant ar y ffyrdd wedi newid hyn, ac erbyn heddiw yr hyn sy'n hanfodol yw lleoliad ger y priffyrdd, yn enwedig cyffyrdd traffyrdd. Mae modd cludo eitemau bychain uchel eu gwerth mewn awyren, ond mae hyn yn ddrud. Mae nwyddau sy'n mynd i farchnadoedd tramor yn cael eu cludo mewn llongau, yn aml drwy ddefnyddio lorïau amlwyth a fferïau gyrru mewn ac allan.

3) **Y cyflymder angenrheidiol**

   Mae angen cludo rhai cynhyrchion yn gyflym, hwyrach oherwydd bod iddynt oes fer (llaeth, er enghraifft). Efallai y bydd angen math drutach o gludiant ar eu cyfer.

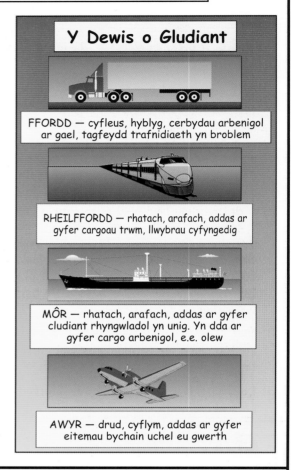

Y Dewis o Gludiant

FFORDD — cyfleus, hyblyg, cerbydau arbenigol ar gael, tagfeydd trafnidiaeth yn broblem

RHEILFFORDD — rhatach, arafach, addas ar gyfer cargoau trwm, llwybrau cyfyngedig

MÔR — rhatach, arafach, addas ar gyfer cludiant rhyngwladol yn unig. Yn dda ar gyfer cargo arbenigol, e.e. olew

AWYR — drud, cyflym, addas ar gyfer eitemau bychain uchel eu gwerth

Mae'r Farchnad yn Dylanwadu ar Leoliad Diwydiant

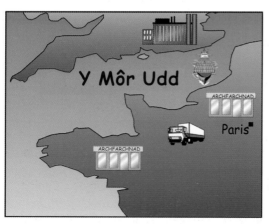

1) Y farchnad yw'r man lle caiff y cynnyrch ei werthu — sy'n golygu nifer o fannau gwahanol fel arfer.

2) Mae'n well lleoli ger y farchnad pan fydd cludo'r cynnyrch yn ddrud. Mae lleoliad yn Ne Lloegr yn ddeniadol ar gyfer diwydiannau sy'n allforio i Ewrop.

3) Pan fydd cynhyrchion yn cael eu hanfon ymlaen o'r naill ddiwydiant i'r llall, mae bod yn agos at ei gilydd yn fanteisiol. Mae hyn yn creu Athyriad Diwydiannol — diwydiannau cysylltiedig yn lleoli yn yr un ardal.

4) Mae angen llawer o weithwyr yn yr ardal er mwyn cynnal athyriad. Mae gweithlu crefftus yn denu mwy o ddiwydiannau i'r ardal. Mae hyn yn arwain at grynhoi gweithwyr a marchnadoedd yn yr un man.

Lleoli diwydiant

Cofiwch y pedwar prif ffactor ar gyfer lleoli diwydiant: defnyddiau crai, cyflenwad llafur, cludiant a'r farchnad. Cofiwch hefyd nad dyma'r unig ddylanwadau ar benaethiaid cwmnïau — maent weithiau yn sefydlu mewn man arbennig am eu bod yn hoffi'r lle. Mae'n werth edrych ar hysbysebion Awdurdod Datblygu Cymru — byddant yn sôn yn aml am brydferthwch cefn gwlad Cymru ...

Diwydiant yn Newid — GMEDd

Mae Gweithgynhyrchu Traddodiadol wedi Dirywio

- ac mae'r Sector Gwasanaeth wedi Tyfu

1) Mae'r defnyddiau crai wedi dechrau dod i ben

Mae llawer o <u>adnoddau naturiol</u> wedi <u>dod i ben</u>, ac mae'n <u>rhy ddrud</u> i barhau i gloddio am eraill. Erbyn hyn, caiff rhai defnyddiau eu <u>mewnforio</u> o dramor.

2) Mae'r gystadleuaeth o wledydd eraill wedi cynyddu

Mae llawer o wledydd, tebyg i'r <u>GLIEDd</u>, yn gweithgynhyrchu nwyddau yn <u>rhatach</u> nag y gallwn ni.
Mae hyn yn aml yn ganlyniad i <u>gyflogau is</u>, <u>amodau gwaith gwaeth</u>, a mesurau rheoli llygredd <u>llai llym</u>.

Mae hyn yn Effeithio ar Leoliad Diwydiant Mewn Dwy Ffordd

1. Mae llawer o ddiwydiannau wedi <u>ail-leoli</u> yn <u>agos at borthladdoedd</u> sydd bellach yn <u>mewnforio</u> eu defnyddiau crai (e.e. puro olew a haearn a dur Margam yn Ne Cymru). Mae llawer o ddiwydiannau wedi symud i Dde Lloegr.
2. Mae diwydiannu newydd yn aml yn <u>droedrydd</u>, sy'n golygu <u>nad</u> oes raid iddynt fod yn agos at eu defnyddiau crai a'u bod yn gallu lleoli mewn mannau dymunol <u>ger llwybrau cludo</u> ac yn <u>agos at farchnadoedd</u> (e.e. diwydiannau uwch-dechnoleg fel cyfrifiadura).

Y Sector Gwasanaeth yw'r prif gyflogwr erbyn hyn

Mae cynnydd yn nifer y <u>diwydiannau trydyddol</u> fel cyllid, yswiriant, gofal iechyd ac ati yn golygu bod cyfran lai o'r boblogaeth weithio yn cael ei chyflogi mewn <u>gweithgynhyrchu</u>. Mae'r diagramau cylch hyn yn dangos y newidiadau:

Cyflogaeth y D.U. yn 1945

- cynradd
- eilaidd
- trydyddol

Cyflogaeth y D.U. yn 1995

- cynradd
- eilaidd
- trydyddol

Mae'r Llywodraeth yn Effeithio ar Ddiwydiant yn y D.U.

Mae'r llywodraeth Brydeinig yn ceisio newid diwydiant mewn <u>pedair ffordd</u>:
1) Sefydlu <u>ardaloedd diwydiannol</u> (stadau masnachol) a <u>Chylchfaoedd Menter</u> i hybu busnesau diwydiannol a masnachol newydd.
2) Annog cwmnïau i sefydlu lle mae <u>diweithdra'n uchel</u> trwy gynnig <u>cymhellion</u> fel rhent isel.
3) Annog datblygiad ardaloedd <u>diffaith</u>, e.e. hen ddociau Llundain a Chaerdydd.
4) Annog <u>buddsoddiad tramor</u> yn y D.U.

Mae Diwydiannau Troedrydd yn aml yn Lleoli mewn Parciau Gwyddoniaeth

Stadau o ddiwydiannau modern, fel defnyddiau fferyllol a chyfrifiaduron sydd, fel arfer, yn droedrydd, yw <u>parciau gwyddoniaeth</u>. Maent wedi datblygu ar gyrion trefi yn ystod y blynyddoedd diwethaf am dri phrif reswm:
1) Erbyn hyn, mae'n bwysicach lleoli ger <u>canolfannau ymchwil</u>, fel prifysgolion a diwydiannau tebyg, yn hytrach na ger <u>defnyddiau crai</u>. Mae'r diwydiant uwch-dechnoleg yn datblygu mor gyflym nes bod rhaid i gwmnïau fod ar flaen y gad er mwyn aros mewn busnes.
2) Mae tir yn aml yn <u>rhatach</u> ar <u>gyrion trefi</u> nag yn yr hen ardaloedd diwydiannol canolog, ac mae'r cyrion yn fwy hygyrch.
3) Mae <u>Technoleg Gwybodaeth</u> yn ei gwneud yn haws i'r diwydiant uwch-dechnoleg leoli ymhellach i ffwrdd o'r ardaloedd poblog — e.e. 'Silicon Glen' yn yr Alban.

Diwydiannau troedrydd — daliwch yn sownd ...

Chewch chi ddim trafferth gyda hwn. Gwnewch yn siŵr eich bod yn gallu esbonio dirywiad y diwydiannau <u>traddodiadol</u> a thwf y <u>diwydiannau troedrydd</u> a'r <u>sector gwasanaeth</u>. Y ffordd orau o ennill marciau uchel fan hyn yw cadw golwg ar y newyddion ar y teledu er mwyn cael <u>enghreifftiau diweddar</u> o'r newidiadau hyn.

Diwydiant yn y GLIEDd

Mae <u>nodweddion</u> diwydiant yn y <u>GLIEDd</u> a'r <u>GMEDd</u> yn wahanol i'w gilydd.

Gall Diwydiant mewn GLIEDd fod yn Ffurfiol neu'n Anffurfiol

1) <u>Y Sector Ffurfiol</u> yw <u>gwaith</u> rheolaidd <u>am gyflog</u>, sef <u>gweithgynhyrchu</u> fel arfer. Mae'r cyflogau yn aml yn isel a gall yr oriau fod yn hir, ond mae'n sicrhau incwm rheolaidd.

2) Fel arfer, mae'r <u>Sector Anffurfiol</u> yn golygu gwaith mewn <u>diwydiant gweithgynhyrchu graddfa fechan</u> neu'r <u>diwydiannau gwasanaeth</u> — lle mae pobl wedi <u>creu</u> eu gwaith eu hunain er mwyn bodloni <u>galw</u> lleol. Mae enghreifftiau yn cynnwys cludo nwyddau y gweithgynhyrchwyr bychain, gwerthwyr blodau, adeiladwyr, ac ati.

3) <u>Mewn sawl GLIEDd</u> mae mwy o bobl yn <u>chwilio</u> am swyddi yn y sector ffurfiol nag sydd o swyddi ar eu cyfer, felly mae'r sector anffurfiol yn chwarae rhan hanfodol yn economi sawl gwlad, gan <u>gyflogi</u> mwy o bobl na'r sector ffurfiol.

4) <u>Ychydig iawn</u> o sicrwydd gwaith sydd yn y sector anffurfiol, ac mae llawer o'r bobl yn gaeth i <u>brinder cyfle</u> i wella eu byd. Mae'r diagram hwn yn dangos hyn.

5) Mae hi wedi bod yn anodd i'r <u>GLIEDd</u> ddatblygu eu sector ffurfiol am <u>nad oes ganddynt</u> yr arian i <u>fuddsoddi</u> ynddo, ac nid oes ganddynt yr <u>isadeiledd</u> (cyflenwadau pŵer a rhwydweithiau cludo) sydd ei angen i lwyddo. Mae llawer o'r cwmnïau mawr yn y GLIEDd yn <u>gwmnïau rhyngwladol</u> (edrychwch ar dudalen 89).

Mae Rhai GLIEDd wedi datblygu'n Wledydd Newydd eu Diwydiannu (GND)

Nid yw pob GLIEDd yn rhannu'r un nodweddion â'r rhai a ddisgrifiwyd uchod. Mae gwledydd <u>Ymyl y Cefnfor Tawel</u> yn wahanol, felly peidiwch â'u cymysgu i gyd gyda'i gilydd yn yr arholiad. Mae'r gwledydd hyn wedi cael label newydd: <u>Gwledydd Newydd eu Diwydiannu (GND)</u>. Onid yw'r holl dermau hyn yn mynd ar eich nerfau?

1) Mae diwydiannu yng ngwledydd <u>De-ddwyrain Asia</u> wedi cynyddu'n aruthrol dros y degawdau diwethaf, a chânt eu hadnabod bellach wrth yr enw <u>GND — Gwledydd Newydd eu Diwydiannu</u>.

2) Mae'r datblygiad mwyaf wedi digwydd yn <u>Ne Korea</u>, <u>Taiwan</u> a <u>Singapore</u>, (edrychwch ar y map) — dyma'r <u>Tri Theigr</u>. <u>Hong Kong</u> oedd y pedwerydd teigr ar un adeg, ond nid yw'n annibynnol ar China mwyach.

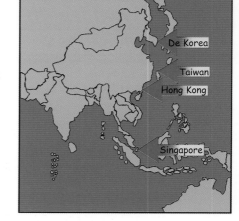

3) Er bod yr amgylchiadau ym mhob gwlad yn amrywio, roedd ganddynt sawl peth yn <u>gyffredin</u> a hybodd y datblygiad hwn:
   i) <u>Buddsoddi</u> mewn <u>isadeiledd</u> yn ystod yr 1960au.
   ii) Er gwaethaf prinder eu defnyddiau crai, buddsoddodd cwmnïau o <u>America</u> a <u>Japan</u> yn y Tri Theigr am fod ganddynt weithlu <u>awyddus</u> a <u>rhad</u>.
   iii) Roeddent yn graff iawn yn buddsoddi arian mewn cynhyrchion <u>uwch-dechnoleg</u> newydd.
   iv) Mae ganddynt <u>boblogaethau mawr</u> — sy'n gallu bod yn <u>farchnad</u> yn ogystal ag yn <u>weithlu</u>.

4) O ganlyniad, mae <u>GND</u> Ymyl y Cefnfor Tawel yn <u>cystadlu</u>'n ffyrnig â diwydiannau gweithgynhyrchu'r <u>GMEDd</u>, ac <u>erbyn hyn</u>, <u>nid</u> oes ganddynt y nodweddion a gysylltir â'r <u>GLIEDd</u>. (Enghraifft: De Korea — Samsung a Hyundai)

GLIEDd ... GND ... peidiwch â drysu ...

Mae'n bwysig eich bod yn cofio bod diwydiannau <u>gwahanol</u> gan y <u>GLIEDd</u> a'r <u>GND</u>. Byddwch yn ofalus iawn rhag gwneud camgymeriad yn yr arholiad neu fe gollwch lawer o farciau. Mae'r <u>GND</u> yn <u>newid</u> patrwm diwydiant y byd. Mae'n debyg eich bod yn berchen ar rywbeth a gafodd ei gynhyrchu yn un o'r GND Ymyl y Cefnfor Tawel — dillad neu offer chwaraeon. Gwnewch restr o'r rhesymau dros ddatblygiad cyflym eu diwydiannau yn ystod y blynyddoedd diwethaf, a beth fu prif ganlyniad hyn.

Cwmnïau Rhyngwladol

Corfforaethau mawr yw'r Cwmnïau Rhyngwladol, neu'r CRh, gyda changhennau mewn sawl gwlad. Maent wedi tyfu'n enfawr ym myd masnach a gweithgynhyrchu dros y 30 mlynedd diwethaf. I gymhlethu bywyd, mae modd eu galw'n Gwmnïau Trawsgenedlaethol (CTG) hefyd. Dysgwch y ddau derm.

Mae Cwmnïau Rhyngwladol yn hanfodol i Weithgynhyrchu Byd-eang

1) Mae'r cwmnïau rhyngwladol yn lleoli gwahanol rannau eu cwmnïau yn y mannau mwyaf manteisiol iddynt hwy. Fel arfer, mae eu canolfannau Ymchwil a Datblygiad (Y a D) yn y GMEDd, lle mae gwell adnoddau ymchwil ac arbenigedd staff ar gael, a chaiff y nwyddau eu cynhyrchu yn y GLlEDd neu'r GND am fod cyflogau, ac felly y costau cynhyrchu, yn is yno.

2) Mae'r cwmnïau rhyngwladol yn bwerus iawn. Mae gan y rhai mwyaf — y cwmnïau olew a'r cwmnïau ceir — drosiant blynyddol sy'n fwy na Chynnyrch Gwladol Crynswth (CGC) y rhan fwyaf o'r GLlEDd. Yn 1990, amcangyfrifwyd bod y can cwmni rhyngwladol mwyaf yn rheoli tua hanner gweithgynhyrchu'r byd.

3) Am eu bod yn dod â buddsoddiad cyfalaf i'r wlad, mae llawer o'r GLlEDd yn ceisio denu'r cwmnïau hyn trwy gynnig llawer o ryddid iddynt. Mae llai o gyfyngiadau wedi cynyddu grym y cwmnïau rhyngwladol hyn hyd yn oed yn fwy.

4) Yn y gorffennol, cwmnïau o Ewrop ac America oedd yn rheoli economi'r byd, ond erbyn hyn, mae cwmnïau o Asia yn dechrau tra-arglwyddiaethu. Yn 1972, dim ond un cwmni Japaneaidd oedd yn y D.U. — erbyn 1991, roedd 220 ar gael. Oherwydd cystadleuaeth o Japan, aeth diwydiant beiciau modur y D.U. allan o fusnes yn gyfan gwbl ar un cyfnod. Mae cystadleuaeth o'r GND yn tyfu hefyd — mae cwmnïau fel Proton yn cynyddu eu cyfranddaliadau ym marchnad geir Ewrop.

Manteision ac Anfanteision i'r Wlad Letyol

Manteision	Anfanteision

Mae Cwmnïau Rhyngwladol yn ...

Manteision

1) darparu swyddi a hyfforddiant i bobl leol.
2) dod â buddsoddiad i'r wlad.
3) darparu peiriannau ac offer drud na all y wlad letyol eu fforddio.
4) cynyddu masnach ryngwladol a dod ag arian tramor i'r wlad.
5) darparu gofal iechyd ac addysg i'w gweithwyr a'u teuluoedd.
6) cynyddu cyfoeth y wlad, gan greu marchnad fewnol ar gyfer nwyddau traul, sydd, o ganlyniad, yn creu mwy o ddiwydiannau.

Anfanteision

1) darparu swyddi sydd, ar y cyfan, yn talu cyflog gwael am oriau gwaith hir.
2) cyflogi pobl dramor yn y swyddi rheoli a'r swyddi cyflogau uwch.
3) tynnu llawer o'r elw allan o'r wlad letyol.
4) cynhyrchu nwyddau i'w hallforio yn hytrach nag ar gyfer y farchnad fewnol.
5) gallu tynnu allan o'r wlad letyol ar unrhyw adeg — a gall y wlad letyol fod yn dibynnu ar y gwaith maent yn ei gynnig.
6) gallu bod yn ddi-hid ynglŷn â gwarchod amgylchedd y wlad letyol.

Byd o laeth a mêl — os ydych chi'n gwmni rhyngwladol ...

Mae'n bwysig eich bod yn dysgu manteision ac anfanteision y CRh i'r wlad letyol. Dysgwch un pwynt ar y tro ac yna nodwch yr hyn rydych yn ei gofio heb edrych ar y dudalen. Ewch ati!

Problemau Cludo

Mae datblygu diwydiant a datblygu systemau cludo yn mynd law yn llaw.

Mae Tagfeydd yn Broblem yn Ardaloedd Trefol y GMEDd

Mae tagfeydd yn ganlyniad i'r cynnydd yn nifer y cerbydau ar y ffyrdd yn ystod y degawdau diwethaf. Mae dau reswm dros y cynnydd hwn:

1) Cynnydd yn nifer perchenogion ceir — mae sawl car gan lawer o deuluoedd, ac mae llawer o gwmnïau yn darparu ceir ar gyfer eu gweithwyr.

2) Erbyn hyn, caiff nwyddau eu cludo ar y ffyrdd yn hytrach nag ar y rheilffyrdd, yn enwedig ers datblygu lorïau amlwyth arbenigol (fel lorïau rheweiddiedig).

Mae'r holl amser mae pobl yn ei dreulio mewn tagfeydd trafnidiaeth wrth fynd yn ôl a blaen i'w gwaith yn arwain at lawer o lygredd a cholli amser yn y gwaith, yn enwedig i'r cwmnïau sy'n dosbarthu nwyddau. Mae hyn yn newyddion drwg i fusnes ac i'r economi. Mae llawer o ddinasoedd wedi cyflwyno strategaethau trafnidiaeth i ddelio â'r broblem hon, e.e. erbyn hyn rhaid talu i fynd â cheir i ganol Llundain yn ystod oriau gwaith.

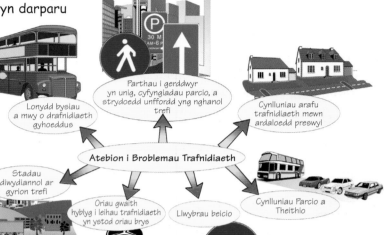

Lonydd bysiau a mwy o drafnidiaeth gyhoeddus

Parthau i gerddwyr yn unig, cyfyngiadau parcio, a strydoedd unffordd yng nghanol trefi

Cynlluniau arafu trafnidiaeth mewn ardaloedd preswyl

Atebion i Broblemau Trafnidiaeth

Stadau diwydiannol ar gyrion trefi

Oriau gwaith hyblyg i leihau trafnidiaeth yn ystod oriau brys

Llwybrau beicio

Cynlluniau Parcio a Theithio

Gall Adeiladu Ffyrdd Achosi

Problemau Tymor Hir i'r Amgylchedd

1) Mae adeiladu ffyrdd a dyfodiad diwydiannau newydd sy'n cael eu denu gan y rhwydwaith ffyrdd newydd yn dinistrio cynefinoedd bywyd gwyllt.

2) Mae ffyrdd newydd yn denu rhagor o gerbydau, sy'n creu mwy o lygredd aer, sŵn a thagfeydd.

Mae Llwybrau Cludo Gwael yn Broblem yn y GLlEDd

1) Oherwydd eu ffyrdd gwael, mae gan lawer o'r GLlEDd broblemau wrth gludo nwyddau a phobl. Mae hyn yn gallu rhwystro datblygiad diwydiant, ac yn esbonio pam mae diwydiannau newydd yn y GLlEDd yn aml yn datblygu ger porthladdoedd, lle mae modd allforio'r nwyddau yn rhwydd.

2) Pan fo'r hinsawdd yn wlyb neu'n boeth, mae hyn yn gwaethygu'r broblem gan fod y ffyrdd yn cael eu golchi i ffwrdd neu'n troi'n llychlyd ac yn llawn tyllau.

3) Mewn rhai gwledydd, mae'n anodd cyrraedd ardaloedd ar dir uchel oherwydd anhawster adeiladu a chynnal a chadw ffyrdd mewn ardaloedd mynyddig. Gall hyn olygu bod cyrraedd adnoddau naturiol yn anodd, a datblygu diwydiant yn anos fyth.

4) Mae tagfeydd, sŵn a llygredd yn broblemau yn y GLlEDd hefyd — e.e. Ciudad de México.

Ar dy feic! — dyma broblem fawr ...

Cofiwch fod angen system gludo dda ar ddiwydiant, ond po fwyaf y ceir ar y ffyrdd, gwaethaf yw'r system. A pheidiwch ag anghofio'r problemau amgylcheddol a achosir o ganlyniad i adeiladu ffyrdd. Mae'n bwysig eich bod yn gallu ysgrifennu am broblemau gwahanol y GMEDd a'r GLlEDd o ganlyniad i peidiwch â'u cymysgu. Gwnewch restr o'r rhesymau dros broblemau cludo yn y GLlEDd a'r GMEDd.

Crynodeb Adolygu Adran 11

Gall y testun diwydiant godi ei ben mewn sawl adran o'r papur arholiad. Mae'n hynod bwysig am ei fod yn gorgyffwrdd ag Anheddiad, Datblygiad a Rheoli Adnoddau. Pwrpas y cwestiynau hyn yw eich galluogi i brofi eich hun er mwyn gwybod a ydych wedi deall y gwaith ai peidio. Nid ydynt yn hawdd, ac felly ni fyddwch yn debygol o wibio drwyddynt y tro cyntaf. Os ewch chi 'oddi ar y ffordd', fel y bydd llawer o bobl yn y GLIEDd, ewch yn ôl i adolygu'r pwnc sy'n achosi anhawster. A pheidiwch â gorffen gyda'r cwestiynau unwaith y byddwch yn gallu eu hateb i gyd — byddai'n ddefnyddiol i chi ddod yn ôl atynt eto yn nes ymlaen i weld a ydych yn cofio'r atebion.

1) Diffiniwch y pedwar math o ddiwydiant yn fanwl, gan roi dwy enghraifft o bob un.

2) Rhowch y swyddi canlynol o dan y pennawd cywir: cynradd, eilaidd, trydyddol neu gwaternaidd. Nyrs, trydanwr, ffermwr, gwyddonydd ymchwil, pysgotwr, gwneuthurwr telyn, dyn gwerthu ffenestri dwbl, gweithiwr mewn ffatri ceir, glöwr, llyfrgellydd, coedwigwr, cyfreithiwr, gyrrwr tacsi.

3) Mewn system ffatri, beth yw ystyr mewnbynnau, prosesau, allbynnau ac adborth?

4) Beth yw 'cysylltedd', a beth yw ei fanteision a'i anfanteision i ddiwydiant?

5) Pam mai yn Ne Cymru y cafwyd y datblygu mwyaf yn ystod y Chwyldro Diwydiannol?

6) Pam mae porthladdoedd yn ddylanwad pwysig ar leoliad diwydiant?

7) Nodwch dair ffordd y gall cyflenwad llafur ddylanwadu ar leoliad diwydiant.

8) Nodwch dair mantais ac un anfantais i gludo ar y ffyrdd.

9) Nodwch ddau reswm pam mae gweithgynhyrchu traddodiadol wedi dirywio yn y GMEDd.

10) Disgrifiwch sut mae patrwm cyflogaeth y D.U. wedi newid ers 1945. Soniwch am y sectorau cynradd, eilaidd a thrydyddol yn eich ateb.

11) Esboniwch y pedair ffordd mae llywodraeth Prydain yn ceisio newid diwydiant yn y D.U.

12) Beth yw diwydiant 'troedrydd'?

13) Beth yw sectorau ffurfiol ac anffurfiol diwydiant y GLIEDd?

14) Nodwch ddau reswm pam mae llawer o'r GLIEDd yn cael problemau wrth ddatblygu man cychwyn diwydiant.

15) Beth yw'r GND? Nodwch dri rheswm pam mae gwledydd Ymyl y Cefnfor Tawel wedi dod mor bwysig i ddiwydiant y byd.

16) Beth yw'r manteision i'r CRh o fedru gweithredu mewn gwahanol rannau o'r byd?

17) Lluniwch dabl i ddangos 6 mantais a 6 anfantais CRh i'r wlad letyol.

18) Pam mae mwy o gerbydau ar y ffyrdd heddiw nag oedd yn yr 1960au?

19) Nodwch ddwy ddadl yn erbyn adeiladu mwy o ffyrdd.

20) Pam mae prinder rhwydweithiau cludo yn broblem i lawer o'r GLIEDd?

Defnyddio a Chamddefnyddio Adnoddau

Mae twf y boblogaeth a gwelliannau mewn safon byw yn cynyddu'r straen ar adnoddau'r byd. Mae'r cynnydd ym mhoblogaeth y byd yn golygu bod angen mwy o adnoddau — rhaid i bobl gael cyflenwadau o fwyd a dŵr o leiaf. Mae gwelliannau mewn safon byw yn arwain at gynnydd yn y galw am nwyddau a gwasanaethau, gan achosi i adnoddau gael eu defnyddio'n gynt.

Ystyr Chwarela yw Cloddio am Adnoddau Tir

1) Mae chwareli yn dinistrio'r tirwedd, ac nid oes modd adennill y tir bob tro.

2) Mae cerrig, tywod a graean yn adnoddau pwysig, ond rhaid symud llawer o ddefnydd na ellir ei ddefnyddio cyn medru eu cyrraedd.

3) Cyfran fechan yn unig o'r creigiau sy'n eu cynnwys sy'n fwynau metel — gwastraff yw'r gweddill. Caiff gwastraff arall ei ddympio mewn chwareli.

4) Mae rhai chwareli segur wedi datblygu'n gynefinoedd bywyd gwyllt pwysig iawn — ac maent hefyd yn lleoedd da i ddysgu am ddaeareg.

Mae Cadwraeth ac Ailgylchu yn Darparu ar gyfer y Dyfodol

1) Mae cwtogi ar y galw am danwyddau ffosil yn golygu y byddant yn para am fwy o amser ac yn lleihau yr effeithiau niweidiol o'u defnyddio — e.e. mae ceir llai o faint gydag injans mwy effeithlon yn defnyddio llai o danwydd; mae ynysu llofftydd tai yn lleihau'r defnydd o danwydd gwresogi.

2) Bydd diogelu'r pridd trwy rwystro erydiad yn sicrhau cyflenwad o fwyd i genedlaethau'r dyfodol.

3) Mae ailgylchu metelau a phapur yn golygu defnyddio llai o adnoddau crai ac egni — e.e. mae modd ailgylchu metelau a gwydr o hen geir, ac ailbrosesu hen bapur yn fagiau papur a phapur toiled.

Proses o Bwyso a Mesur yw Rheoli Adnoddau

1) Nid yw pob adnodd wastad ar gael yn y man lle mae ei angen fwyaf — mae'r galw am ddŵr yn cynyddu gyflymaf yn ne-ddwyrain Lloegr, ond mae'r glawiad uchaf yng ngogledd a gorllewin Prydain.

2) Ni fydd digon o adnoddau i bawb bob amser — er mai'r GLIEDd sy'n cynhyrchu llawer o adnoddau'r byd, y GMEDd sy'n defnyddio'r rhan fwyaf ohonynt. Wrth i'r GLIEDd ddatblygu, bydd angen rhagor o adnoddau arnynt hwythau.

3) Mae'r CRh yn pryderu y bydd gostyngiad yn y defnydd o adnoddau yn lleihau eu helw — e.e. mae cwmni olew BP yn chwilio am gyflenwadau newydd o olew ger Ynysoedd Falkland.

4) Mae ymchwilio i ddefnyddiau ac adnoddau egni amgen yn cymryd amser, ac mae'n ddrud.

Mae Defnydd Cynaliadwy o Adnoddau yn Dibynnu ar Stiwardiaeth Dda

Ystyr stiwardiaeth yw defnyddio adnoddau mewn modd cyfrifol fel bod rhai ar ôl, ac felly mae'r difrod a achosir yn finimol.

1) Cadwraeth adnoddau — defnyddio adnoddau'n ofalus er mwyn arafu ein defnydd ohonynt, e.e. cynhyrchu ceir a gorsafoedd pŵer mwy effeithlon fel eu bod yn defnyddio llai o danwydd.

2) Amnewid adnoddau — newid adnoddau am rai mwy cynaliadwy, e.e. defnyddio alwminiwm y mae modd ei ailgylchu yn lle dur ar gyfer caniau, neu ddefnyddio pŵer gwynt yn lle glo.

3) Rheoli llygredd — cyfyngu ar lygredd er mwyn lleihau problemau fel cynhesu byd-eang a glaw asid.

4) Ailgylchu — er mwyn lleihau swm y gwastraff a gynhyrchir, ac fel rhan o gadwraeth adnoddau.

Mae rheoli adnoddau yn waith blinedig — felly peidiwch â gwastraffu eich egni …

Mae angen i chi wybod beth yw adnoddau, sut maent yn cael eu camddefnyddio, a'r anawsterau sy'n codi wrth eu rheoli.

Egni a Phŵer

Rhaid i ni gael egni. Fel arfer, daw egni o adnoddau naturiol sy'n cael eu trawsnewid yn gyflenwadau pŵer mewn gorsafoedd pŵer — fel arfer ar ffurf trydan neu nwy.

Mae Adnoddau Egni yn Adnewyddadwy neu'n Anadnewyddadwy

1) Mae ADNODDAU ANADNEWYDDADWY yn cymryd cymaint o amser i ffurfio fel nad yw'n bosibl eu hamnewid unwaith y byddant yn dod i ben. Mae'r rhain yn cynnwys TANWYDDAU FFOSIL — glo, olew a nwy — sydd wedi bod yn ffynonellau egni traddodiadol. Nid ydynt yn gynaliadwy, ac maent yn un o'r prif ffynonellau o lygredd.

2) Mae ADNODDAU ADNEWYDDADWY — dŵr, gwynt a'r haul — yn gynaliadwy, ac ni fyddant yn dod i ben. Gall coed fod yn adnewyddadwy hefyd, os caiff ailblannu ei reoli'n dda.

3) Mae'r GLIEDd yn dibynnu'n helaeth ar goed fel tanwydd. Mae hyn yn datblygu'n broblem am fod twf poblogaeth yn cynyddu'r galw am danwydd, gan arwain at ddatgoedwigo wrth i fwy o goed gael eu cymynu. Mae hyn yn gallu cynyddu erydiad pridd gan fod y ddaear yn colli ei gorchudd o goed.

4) Mae cysylltiad pwysig rhwng egni a datblygiad — mae'r GMEDd yn cynrychioli 25% o boblogaeth y byd, ond maent yn treulio 80% o gyflenwadau egni'r byd. Nid oes angen bod yn athrylith i weld y byddai gennym broblem amgylcheddol anferth pe byddai pobl y GLIEDd yn defnyddio cymaint o egni â phobl y GMEDd.

Mae Ffynonellau Egni Amgen yn Cael eu Datblygu

Wrth i danwyddau ffosil ddechrau dod i ben, mae ffynonellau egni amgen wedi cael eu hawgrymu.

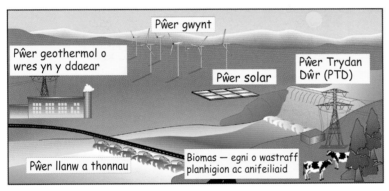

Pŵer gwynt

Pŵer geothermol o wres yn y ddaear

Pŵer solar

Pŵer Trydan Dŵr (PTD)

Pŵer llanw a thonnau

Biomas — egni o wastraff planhigion ac anifeiliaid

Mae'r ffynonellau egni hyn yn defnyddio egni adnewyddadwy, felly ni fyddant yn dod i ben, ond ar hyn o bryd mae dwy broblem fawr ynglŷn â'u defnyddio:

1) Heb iddynt fod yn rhai anferth, nid yw'r ffynonellau egni hyn yn gallu cynhyrchu cymaint o egni â gorsafoedd pŵer sy'n llosgi tanwyddau ffosil.

2) Gallant fod yn ddrud iawn.

Mae'r Defnydd o Egni Niwclear wedi Cynyddu'n Ddiweddar

Mae llawer o anghytuno ynghylch ei fanteision fel pŵer rhatach a glanach na thanwyddau ffosil, a'i anfanteision oherwydd y peryglon difrifol, i bobl ac i'r amgylchedd, o ymbelydredd yn gollwng ac o ddympio cynhyrchion gwastraff niwclear. Mae hwn yn bwnc llosg — cofiwch fod dwy ochr i'r ddadl.

Mae Tri Mater Pwysig yn y Ddadl Egni

1) Cadw cydbwysedd rhwng yr angen am bŵer a'r angen i amddiffyn yr amgylchedd rhag llygredd.

2) Rhaid datblygu technoleg er mwyn dod o hyd i a gwella'r defnydd o ffynonellau egni amgen.

3) Rhaid defnyddio egni mewn modd mwy effeithlon, fel bod llai yn cael ei wastraffu.

Defnyddiwch ychydig o bŵer eich ymennydd — dysgwch y gwaith hwn ...

Rhaid i chi wybod y ffeithiau am danwyddau ffosil a ffynonellau egni amgen. Mae gan bawb safbwyntiau gwahanol ar gynhyrchu egni a'i effaith ar yr amgylchedd, ond bydd angen i chi ddysgu am bob ochr i'r ddadl ar gyfer yr arholiad. Dysgwch y pwyntiau wedi'u rhifo a diagram y ffynonellau egni amgen ar eich cof.

Glaw Asid

Glaw asid yw glaw sydd yn <u>fwy asidig</u> na glaw normal (pH isel).

Mae Glaw Asid yn Ganlyniad i Losgi Tanwyddau Ffosil

1) Mae <u>llosgi</u> glo, olew a nwy naturiol mewn gorsafoedd pŵer yn rhyddhau'r <u>nwy sylffwr deuocsid</u>.

2) Mae <u>llosgi</u> petrol ac olew mewn injans cerbydau yn rhyddhau <u>ocsidau nitrogen</u> fel nwyon.

3) Mae'r nwyon hyn yn <u>cymysgu</u> ag <u>anwedd dŵr</u> a <u>dŵr glaw</u> yn yr atmosffer i gynhyrchu <u>asid sylffwrig</u> ac <u>asid nitrig</u> gwan — sy'n disgyn fel glaw asid.

SO_2 + NO_x

Cwmwl Glân + = Cwmwl Asid

Glaw Asid

Gall Glaw Asid Deithio'n Bell

Yn aml, <u>nid</u> yw'r glaw yn disgyn lle cafodd y nwyon eu <u>cynhyrchu</u> — gall simneiau uchel <u>wasgaru</u>'r nwyon a gwyntoedd eu chwythu'n <u>bell iawn</u> cyn eu bod yn <u>hydoddi</u> a <u>disgyn i'r ddaear</u> fel glaw, e.e. gall nwyon o Loegr a Gorllewin Ewrop gynhyrchu glaw asid yn yr Alban a Sgandinafia.

Mae Glaw Asid yn Difrodi Natur ac Adeiladau

1) Gall <u>dail</u> a <u>gwreiddiau coed farw</u> o ganlyniad i'r glaw gwenwynig.

2) Mae <u>lefelau uchel o asid</u> yn gwneud afonydd a llynnoedd yn anaddas ar gyfer <u>pysgod</u>.

3) Mae glaw asid yn cynyddu '<u>trwytholchiad</u>', sy'n golchi <u>maetholynnau</u> o'r <u>pridd</u> — mae hyn yn <u>lleihau</u> cynnyrch cnydau.

4) Gall rhai o'r <u>maetholynnau</u> sy'n cyrraedd afonydd a llynnoedd <u>ladd planhigion</u> ac <u>anifeiliaid</u>. Gelwir y gorlwyth hwn o faetholynnau yn '<u>ewtroffigedd</u>'.

5) Mae glaw asid yn <u>hydoddi</u>'r gwaith carreg a'r morter mewn <u>adeiladau</u>.

<u>Enghreifftiau pwysig</u> — coedwigoedd yn yr Almaen a Sgandinafia wedi'u dinistrio, llynnoedd marw yng Nghanolbarth Cymru a gogledd Prydain, tir pori uwchdiroedd yr Alban bellach yn ddiffrwyth, llawer o waith carreg Eglwys Gadeiriol Efrog yn briwsioni.

Gan ei fod yn niwtraleiddio asid, gall calch leihau effeithiau glaw asid wrth ei ychwanegu at afonydd, llynnoedd a phridd — ond mae'n ddrud, ac nid yw'n gweithio bob tro.

Mae Modd Lleihau Glaw Asid

1) Mae modd <u>tynnu sylffwr deuocsid</u> o simneiau gorsafoedd pŵer, ond mae hyn yn ddrud.

2) Bydd <u>llai o sylffwr deuocsid</u> yn cael ei gynhyrchu os bydd <u>llai</u> o drydan yn cael ei <u>ddefnyddio</u>, neu os caiff ei <u>gynhyrchu mewn ffordd arall</u>.

3) Mae <u>catalyddion</u> ar bibellau gwacáu cerbydau yn <u>cael gwared â'r ocsidau nitrogen</u>.

4) Byddai <u>cyfyngu</u> ar nifer y <u>cerbydau ffyrdd</u> a gwella <u>trafnidiaeth gyhoeddus</u> yn lleihau llygredd o bibellau gwacáu cerbydau.

Glaw asid — stwff gwael ...

Mae'n werth i chi fynd ati i ddysgu'r testun hwn yn drylwyr gan y gallwch ennill marciau uchel yn yr arholiad. Dechreuwch drwy ysgrifennu paragraff ar sut mae glaw asid yn <u>ffurfio</u> a beth yw'r <u>difrod</u> mae'n ei achosi wrth ddisgyn. Cofiwch ddysgu am sut y gellir ei <u>leihau</u>.

Cynhesu Byd-Eang

Mae tymheredd cyfartalog y byd wedi cynyddu dros 0.5°C yn ystod y ganrif ddiwethaf — a'r blynyddoedd ers 1980 yw'r rhai poethaf a gofnodwyd.

Cynnydd yn y Defnydd o Danwyddau Ffosil sy'n Achosi Cynhesu Byd-Eang

1) Ers y Chwyldro Diwydiannol, mae ein defnydd o egni — yn y cartref ac yn y gwaith — wedi cynyddu — ac mae wedi dod o losgi mwy o danwyddau ffosil, yn arbennig olew a glo.

2) Mae'r llosgi hwn yn rhyddhau rhagor o garbon deuocsid a methan i'r atmosffer, gan gynyddu'r Effaith Tŷ Gwydr.

Mae'r Ddaear fel Tŷ Gwydr Anferth

Mae egni o'r haul yn pasio trwy'r atmosffer fel golau ac yn cynhesu'r ddaear. Pan gaiff yr egni ei belydru a'i adlewyrchu'n ôl o arwyneb y ddaear fel gwres, caiff ei ddal gan yr atmosffer ac nid yw'n gallu dianc yn ôl i'r gofod — dyma sut mae tŷ gwydr yn dal y gwres o'i fewn. Mae cynyddu'r nwyon tŷ gwydr yn cynyddu'r Effaith Tŷ Gwydr, sy'n golygu bod y ddaear yn poethi.

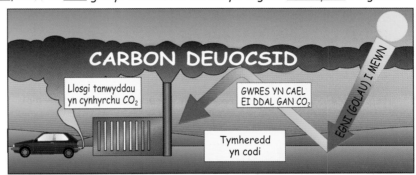

CARBON DEUOCSID

Llosgi tanwyddau yn cynhyrchu CO_2

GWRES YN CAEL EI DDAL GAN CO_2

EGNI (GOLAU) I MEWN

Tymheredd yn codi

Mae Angen Lleihau Nwyon Tŷ Gwydr

1) Mae Prydain ac Ewrop am leihau allyriannau nwy — maent yn defnyddio llawer iawn o danwyddau ffosil.
2) Nid yw India na'r GLlEDd eraill am leihau allyriannau gan y byddai hyn yn arafu cyfradd eu datblygiad.
3) Nid yw gwledydd cynhyrchu olew y Dwyrain Canol am leihau allyriannau gan y byddai eu hincwm o werthu olew yn lleihau.
4) Nid yw U.D.A. am leihau allyriannau gan nad yw am weld gostyngiad mewn safonau byw.

Mae Cynhesu Byd-Eang yn Achosi Codiad yn Lefel y Môr

1) Mae llenni iâ a rhewlifau yn dechrau ymdoddi.
2) Mae lefel y môr wedi codi 0.25 m yn ystod y 100 mlynedd diwethaf.
3) Ymhen 100 mlynedd, bydd lefel y môr yn debygol o godi 0.5 m arall.
4) Mae iseldiroedd y byd mewn perygl o lifogydd — e.e. rhannau o Dde-ddwyrain Lloegr, deltâu y Nîl a'r Ganga, a'r rhan fwyaf o ddinasoedd mawr y byd.

Mae Hinsoddau'r Byd yn Newid Hefyd

1) Gallai sychderau, llifogydd a stormydd ddod yn fwy difrifol, ac yn fwy cyffredin ledled y byd.
2) Gallai rhanbarth tyfu gwenith Hemisffer y Gogledd fynd yn fwy cras ac yn llai cynhyrchiol.
3) Gallai'r Twndra gynhesu a bod yn addas ar gyfer tyfu cnydau.
4) Gallai'r Sahara ledaenu tua'r gogledd i Dde Ewrop.
5) Gallai Drifft Gogledd yr Iwerydd gael ei newid, gan wneud Prydain yn llawer oerach.

Cynhesu Byd-Eang — peidiwch â dechrau chwysu eto ...

Os dysgwch chi'r testun arholiad poblogaidd hwn, fydd dim eisiau i chi chwysu. Cofiwch fod gan wledydd gwahanol safbwyntiau gwahanol, ac nid pawb sydd am leihau allyriannau nwyon tŷ gwydr. Rhaid cofio dwy ochr y ddadl, hyd yn oed os nad ydych chi'n cytuno ag un ohonynt. Ysgrifennwch draethawd byr ar achosion ac effeithiau cynhesu byd-eang.

Llygredd

Ystyr llygredd yw unrhyw ddifrod sy'n cael ei achosi i'r amgylchedd — i'r aer, i ddŵr neu i'r tir.

Mae Llygredd yn Broblem Fyd-eang

1) Mae llygredd yn broblem ledled y byd — gall creu llygredd mewn un rhan o'r byd effeithio ar rannau eraill o'r byd, e.e. effeithiodd ymbelydredd o drychineb niwclear Chernobyl yn yr Ukrain ar ffermydd defaid yng Ngogledd Cymru.

2) Gall diwydiant, cludiant ac amaethyddiaeth — bron unrhyw weithgaredd dynol — achosi llygredd. Mae adeiladau hyll, tomennydd a chwareli — a thyrbinau gwynt yn ôl rhai — yn achosi llygredd gweledol, a gall awyrennau achosi llygredd sŵn.

Pedwar Math Cyffredin o Lygredd

1) LLYGREDD AER — canlyniad llosgi tanwyddau ffosil ar gyfer eu defnyddio mewn diwydiant, cartrefi a cherbydau — sy'n cynhyrchu nwyon fel sylffwr deuocsid a carbon monocsid, mwg, gronynnau bach a defnynnau. Mae cemegau amaethyddol yn mynd i'r aer hefyd.

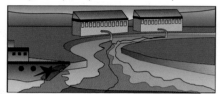

2) LLYGREDD AFON — canlyniad gwastraff diwydiannol heb ei drin, a dŵr budr/brwnt. Hefyd, caiff gwrteithiau a phlaleiddiaid amaethyddol eu golchi i mewn i gyrsiau dŵr. Mae dŵr poeth o orsafoedd pŵer yn achosi llygredd thermol.

3) LLYGREDD MÔR — canlyniad dŵr budr/brwnt o ddiwydiant gan amlaf, stribiau olew neu olew wedi'i dywallt o longau, a charthion dynol heb eu trin. Weithiau, caiff gwastraff tai ei ddympio yn y môr.

4) LLYGREDD TIR — gan gemegau amaethyddol, gwastraff o fwyngloddiau a chwareli, sgrap, gwastraff diwydiannol a gwastraff tai.

Mae Effeithiau Llygredd yn Andwyol a Difrifol

1) Mae llygredd aer yn achosi glaw asid, yn cynyddu'r Effaith Tŷ Gwydr, ac yn gysylltiedig ag afiechydon fel asthma.

2) Gall llygredd dŵr wenwyno'r cyflenwad dŵr a dinistrio cynefinoedd afonydd — e.e. mae nitradau yn hybu twf cyflym algâu, sy'n tynnu'r ocsigen o'r dŵr, gan felly achosi i'r pysgod farw; mae carthion heb eu trin yn lledaenu afiechydon.

3) Gall llygredd tir ladd bywyd gwyllt — e.e. mae pryfleiddiaid yn lladd pryfed a'r anifeiliaid sy'n eu bwyta.

4) Mae llawer o lygryddion yn para am flynyddoedd, ac maent yn cyrraedd cadwynau bwyd pobl ac anifeiliaid, e.e. bu farw pobl ym Mae Minamata, Japan oherwydd iddynt fwyta pysgod oedd wedi bwyta gwastraff mercwri o ddiwydiant.

5) Mae rhai cynhyrchion gwastraff cemegol o ddiwydiant yn wenwynig — e.e. mae asbestos (sy'n cael ei ddefnyddio i ynysu) yn cynhyrchu llwch sy'n achosi canser.

6) Nid oes modd dinistrio gwastraff ymbelydrol y diwydiant pŵer niwclear. Mae gwastraff lefel uchel yn achosi canser a namau genetig yn y rhan fwyaf o fodau byw.

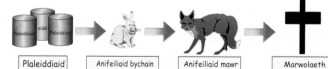

Plaleiddiaid → Anifeiliaid bychain → Anifeiliaid mawr → Marwolaeth

Mae lleihau llygredd yn fusnes drud, ac mae'n gofyn am aberth — talu mwy am drydan o orsafoedd pŵer mwy gwyrdd, a defnyddio llai ar ein ceir er mwyn gostwng allyriannau pibellau gwacáu. Mae hyn yn ormod o drafferth i rai.

Lleihau llygredd — glanhau ein gwaith budr/brwnt ...

Dysgwch am y pedwar math mwyaf cyffredin o lygredd, ynghyd â'r rhestr o'u heffeithiau andwyol. Peidiwch ag anghofio mai problem fyd-eang yw llygredd, a dim ond drwy edrych arni ar raddfa fyd-eang mae modd ei datrys. Y broblem yw fod gormod o bobl heb fod yn poeni'r un ffuen. Ble ydych chi'n sefyll ar hyn?

Parciau Cenedlaethol

Cafodd parciau cenedlaethol eu sefydlu yng Nghymru a Lloegr er mwyn gwarchod amgylcheddau gwyllt gwahanol a chadw eu cymeriad.

Ardaloedd sy'n Cael eu Gwarchod yw Parciau Cenedlaethol

1) Mae 12 parc cenedlaethol mewn bod yn y D.U., y rhan fwyaf ohonynt yn eithaf pell o ganolfannau sydd â phoblogaethau mawr. Mae gan Downs y De a'r Fforest Newydd yr un statws, ac maent yn aros i gael eu galw'n barciau cenedlaethol.

2) Maent yn ardaloedd o brydferthwch naturiol neilltuol, ac yn cynnwys ardaloedd eang o fynyddoedd a gweundir. Cânt eu diogelu o dan y gyfraith er mwyn i'r cyhoedd eu mwynhau.

3) Mae llawer o'r tir yn nwylo perchenogion preifat.

4) Mae'r parciau'n cynnwys llawer o aneddiadau parhaol, fel pentrefi.

5) Awdurdodau'r Parciau Cenedlaethol sy'n gofalu amdanynt.

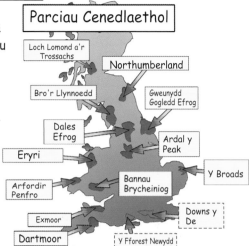

Parciau Cenedlaethol

Loch Lomond a'r Trossachs
Northumberland
Bro'r Llynnoedd
Gweunydd Gogledd Efrog
Dales Efrog
Ardal y Peak
Eryri
Arfordir Penfro
Bannau Brycheiniog
Y Broads
Exmoor
Downs y De
Dartmoor
Y Fforest Newydd

Mae Tair Swyddogaeth gan yr Awdurdodau Hyn

1) Mae awdurdodau'r parciau cenedlaethol yn gwarchod yr amgylchedd.

2) Maent yn hyrwyddo mwynhad a dealltwriaeth pobl o'r parciau.

3) Maent yn diogelu buddiannau preswylwyr y parciau.

> Mae llawer o bobl yn dod i'r parciau ar gyfer gweithgareddau awyr agored ac er mwyn mwynhau eu llonyddwch a'u prydferthwch naturiol — mae'n hawdd eu cyrraedd ar hyd y traffyrdd.

Mae Defnyddio'r Parciau yn Achosi Gwrthdaro

1) Mae rheoliadau cynllunio yn llym iawn, ac mae'n anodd cael caniatâd i ddatblygu tir.

2) Mae rhai diwydiannau o'u mewn yn dinistrio cymeriad y parciau — e.e. chwareli calchfaen yn Ardal y Peak, sy'n creu gwaith i bobl leol ond sy'n dinistrio'r union dirwedd sy'n denu pobl i'r ardal.

3) Ymwelwyr a thwristiaid sy'n creu'r nifer mwyaf o swyddi ac incwm i bobl leol, ond maent yn achosi tagfeydd trafnidiaeth, llygredd a sbwriel, ac yn erydu llwybrau.

4) Gall ymwelwyr achosi difrod i dir amaeth ac anifeiliaid, gan ddinistrio bywoliaeth ffermwyr.

Ardaloedd pot mêl yw mannau poblogaidd sy'n cael eu tagu gan dwristiaid i'r fath raddau fel eu bod yn dechrau newid (e.e. adeiladu archfarchnadoedd a gwestai ar gyfer yr ymwelwyr), ac yn colli'r cymeriad a arferai eu gwneud yn arbennig, e.e. Bowness-on-Windermere ym Mro'r Llynnoedd.

Mae Modd Datrys Gwrthdaro — Yn Araf

1) Mae Awdurdodau'r Parciau Cenedlaethol yn ceisio datrys gwrthdaro trwy gynnal ymchwiliadau cyhoeddus.

2) Gall cyfyngiadau cynllunio a datblygu reoli'r hyn sy'n digwydd — e.e. mae cynlluniau Parcio a Theithio wedi cyfyngu ar nifer y cerbydau sy'n gallu mynd i rannau o Barc Cenedlaethol Ardal y Peak.

Y Parciau Cenedlaethol — diogelu'r hyn sy'n dod yn naturiol ...

Mae deuddeg o Barciau Cenedlaethol ym Mhrydain, ac nid yw'n hawdd eu rhedeg. Cofiwch mai'r pwynt allweddol yma yw sicrhau cydbwysedd rhwng denu mwy o ymwelwyr a'u rhwystro rhag dinistrio amgylchedd sy'n cael ei warchod. Gwnewch restr fanwl o dair swyddogaeth bwysig Awdurdodau'r Parciau, y prif wrthdrawiadau ynglŷn â defnyddio'r parciau, a sut mae datrys y problemau hyn.

Y Diwydiant Hamdden

Mae'r Diwydiant Hamdden yn Datblygu'n Gyflym

1) Mae gan bobl fwy o <u>amser hamdden</u> y dyddiau hyn — am fod yr wythnos waith yn fyrrach nag yr oedd 40 mlynedd yn ôl. Mae cyfreithiau newydd yn sicrhau mwy o hawliau i weithwyr.

2) Ar yr un pryd, mae <u>cyflogau wedi codi</u>'n gyflymach na chostau byw — felly mae gan bobl <u>fwy o arian</u> i'w wario.

3) Mae'r diwydiant hamdden yn <u>darparu</u> ar gyfer awydd pobl i ymlacio a gwneud y pethau maent yn eu mwynhau, ond mae hefyd yn <u>dyfeisio gweithgareddau newydd</u> fel beistonna barcud.

4) Mae <u>canolfannau hamdden</u> a <u>chlybiau ffitrwydd</u> wedi datblygu mewn trefi am fod galw cynyddol amdanynt.

5) Mae <u>oriau gwaith hyblyg</u> yn golygu bod pobl yn gallu hamddena ar adegau gwahanol, ac nid yw dydd Sul yn cael ei ystyried yn ddydd o orffwys i lawer bellach.

Mae ystyr y gair 'hamdden' yn newid — mae llawer o bobl y dyddiau hyn yn ystyried Addysg a Siopa yn weithgareddau hamdden yn hytrach na phethau y mae'n rhaid eu

Twristiaeth — Diwydiant Hamdden sy'n Ehangu

Mae pobl yn cymryd gwyliau <u>hwy</u> a <u>drutach</u>.

1) Mae gan bobl fwy o <u>incwm i'w wario</u> y dyddiau hyn.

2) Mae'r rhan fwyaf o swyddi yn cynnig o leiaf dair wythnos o <u>wyliau ar gyflog</u> y flwyddyn — mae llawer yn cynnig cymaint â phum wythnos.

3) Mae llawer o bobl yn mynd ar wyliau <u>fwy nag unwaith</u> y flwyddyn.

4) Mae teithio, ac yn arbennig mewn awyren, yn <u>rhatach</u>.

5) Mae modd cyrraedd pob cornel o'r byd mewn <u>awyren jet</u>.

6) Mae twristiaeth yn <u>ddiwydiant</u> enfawr ledled y byd. Mae'n darparu swm enfawr o'r <u>arian</u> sydd ei angen ar wledydd ar gyfer pethau fel ysgolion, ysbytai a ffyrdd.

Mae Pobl am Roi Cynnig ar Fathau Newydd o Wyliau

1) Mae pobl wedi derbyn <u>gwell addysg</u>, ac felly maent yn chwilio am <u>brofiadau newydd</u> a <u>chyffrous</u>.

2) Mae pobl yn <u>fwy mentrus</u> ac yn <u>disgwyl rhagor</u> — pythefnos yn haul y Caribî amdani felly, yn hytrach nag wythnos ym Mhorthcawl neu'r Rhyl, fel eu rhieni.

3) Mae modd cael <u>gwyliau arbenigol</u> erbyn hyn, e.e. coginio, hwylio ac ati.

4) Mae'r <u>GLlEDd</u> yn awyddus i sicrhau cyfran o <u>elw anferthol</u> y diwydiant hwn, felly maent yn datblygu <u>twristiaeth</u> er mwyn cyllido <u>datblygiad</u>, ac mae iddynt y fantais o fod yn <u>llawer rhatach</u> na nifer o gyrchfannau gwyliau y GMEDd. Mae Goa, y Gambia a Kenya yn enghreifftiau da.

Cymerwch hoe — dysgwch am y diwydiant hamdden ...

Codwch eich calon! — dim ond dwy adran o'r llyfr sydd ar ôl. Mae'r adran hon yn un bwysig i'w dysgu. Cofiwch fod y diwydiant hamdden wedi datblygu am fod gan bobl <u>ragor</u> o <u>amser hamdden</u> — ac am eu bod yn awyddus i roi cynnig ar <u>rywbeth newydd</u>. Ysgrifennwch baragraff byr i esbonio pam mae'r <u>diwydiant gwyliau</u> wedi datblygu i'r fath raddau, a pham mae mathau newydd o wyliau wedi dod mor boblogaidd.

Twristiaeth yn y GLIEDd

Mae twristiaeth yn y GLIEDd yn dod yn fwyfwy pwysig. Dyma brif ddiwydiant rhai o'r GLIEDd erbyn hyn.

Un Llwybr i Ddatblygiad yw Twristiaeth

1) Mae twristiaeth yn dod ag arian tramor a buddsoddiad newydd i'r GLIEDd — mae cwmnïau mawr yn codi gwestai a meysydd awyr er mwyn elwa ar y diwydiant twristiaeth.

2) Mae swyddi newydd ar gael i'r bobl, e.e. mewn gwestai a bwytai — a chaiff busnesau lleol hwb, e.e. mae ffermwyr lleol yn cyflenwi bwyd i'r gwestai.

3) Mae effaith twristiaeth yn gynyddol — mae diwydiannau eraill yn dechrau symud i'r GLIEDd am fod yr isadeiledd wedi'i ddatblygu, ac am fod costau llafur yn parhau yn is nag yn y GMEDd.

Mae Sawl Anfantais i Dwristiaeth

1) Mae datblygu'r isadeiledd sylfaenol — yn enwedig ffyrdd a systemau carthion — yn ddrud.

2) Mae llawer o'r elw yn gadael y wlad — mae pobl yn talu am hedfan yn eu gwledydd eu hunain ac, fel arfer, cwmnïau rhyngwladol piau'r gwestai.

3) Mae'r elw yn cael ei gyfyngu i'r ardal leol yn aml, tra bod gweddill y wlad yn dal yn dlawd.

4) Mae twristiaeth dorfol yn anghynaliadwy (mae'n niweidio'r amgylchedd), ac yn y diwedd bydd pobl yn syrffedu ar y torfeydd, y llygredd, y traethau wedi'u difwyno a'r carthion heb eu trin, a byddant yn codi eu pac.

5) Gall traddodiadau a diwylliannau lleol gael eu hecsploetio neu ddiflannu.

Ardaloedd Gwarchod Bywyd Gwyllt yw Parciau Helfilod

1) Mae modd gweld yr anifeiliaid yn eu cynefin naturiol mewn parciau helfilod — maent yn denu llawer iawn o ymwelwyr.

2) Mae pobl yn cysgu mewn pebyll ac adeiladau traddodiadol yn aml, yn hytrach nag mewn gwestai.

3) Ceir amrywiaeth o gyfleoedd hamddena, e.e. mynd ar saffari, hedfan mewn balŵn, a chwaraeon dŵr ar lynnoedd.

4) Mae llynnoedd a rhaeadrau yn denu llawer o bobl.

5) Mae Gwarchodfa Maasai Mara yn Kenya, a Pharc Cenedlaethol y Zambezi yn Zimbabwe yn enghreifftiau o barciau helfilod.

Cysgu mewn pebyll yn gyffredin

Gweld anifeiliaid yn eu cynefin naturiol

Teithio mewn grwpiau bychain

Mae Ecodwristiaeth yn Lleihau Effaith Twristiaeth

Syniad diweddar yw ecodwristiaeth — sef gwyliau arbenigol ar gyfer grwpiau bychain sy'n byw mewn gwarchodfeydd natur, gan fwyta bwyd lleol ac aros mewn llety lleol syml. Mae hyn yn ei gwneud yn haws iddynt fynd yn agos iawn at natur ac, yn wahanol i dwristiaeth dorfol, mae ecodwristiaeth yn ceisio bod yn gynaliadwy trwy gael cyn lleied o effaith â phosibl ar yr amgylchedd.

1) Am eu bod mewn grwpiau bychain, mae modd iddynt fynd i ardaloedd sensitif — lle na all y rhan fwyaf o bobl fynd.

2) Mae'r gwyliau hyn yn ddrutach, felly mae'r GLIEDd yn ennill yr un faint o arian.

3) Pobl sy'n ymddiddori mewn cadwraeth ydynt, ac maent yn dilyn canllawiau llym, e.e. gwylwyr adar.

4) Maent yn parchu'r diwylliant a'r traddodiadau lleol.

Ecodwristiaeth — welais i mohoni yn Ibiza ...

Digon gwir! Cofiwch fod yna wahanol fathau o dwristiaeth, a byddai'n dda sôn am enghreifftiau gwahanol yn yr arholiad. Ysgrifennwch draethawd byr ar fanteision ac anfanteision twristiaeth i'r GLIEDd. Dysgwch am ecodwristiaeth gan ei bod yn 'newydd' — mae arholwyr yn hoffi 'newydd'.

Twristiaeth a Gwrthdaro

Mae bron pob gweithgaredd dynol yn arwain at <u>wrthdaro</u> — ac nid yw twristiaeth yn eithriad.

Mae Twristiaeth yn Dibynnu ar Adnoddau Dynol a Naturiol

1) <u>Adnoddau dynol</u> yw celfyddyd, diwylliant, pensaernïaeth ac amgueddfeydd.
2) <u>Adnoddau naturiol</u> yw arweddion hinsoddol a ffisegol — mae haul cynnes, eira, traethau tywodlyd a mynyddoedd yn enghreifftiau da o adnoddau naturiol gwerthfawr.

Mae Gofynion Twristiaid yn Achosi Gwrthdaro mewn GMEDd

1) Mae'r angen i <u>sicrhau mynediad</u> i ardaloedd ymwelwyr yn arwain at <u>adeiladu</u> mwy o <u>ffyrdd</u> a chyfleusterau eraill, yn aml ar dir amaeth neu fannau agored.
2) Mae <u>diwydiannau sy'n cyflogi pobl</u>, fel chwarela, yn gallu <u>dinistrio'r tirwedd</u> sy'n denu twristiaid.
3) Efallai y bydd <u>trigolion</u> ardaloedd ymwelwyr fel Parciau Cenedlaethol yn dymuno cael <u>cyfleusterau newydd</u> fel archfarchnadoedd a chanolfannau siopa <u>nad ydynt</u>, ym marn yr ymwelwyr a'r cynllunwyr, <u>yn gweddu</u> i'r ardal.
4) Mae <u>tir amaeth</u> a <u>thir agored</u> yn aml yn cael ei ystyried yn <u>dir</u> ar gyfer <u>adloniant</u>, ond dyma'r tir sy'n rhoi <u>bywoliaeth i ffermwyr</u>.
5) Mae rhai <u>gweithgareddau adloniadol</u> yn <u>anghydnaws</u>. Mae defnyddio llynnoedd fel Windermere ar gyfer cerdded ar hyd y glannau, sgïo dŵr, hwylio a physgota yn enghraifft dda — nid oes modd iddynt i gyd ddigwydd yr un pryd.

Mae Gwrthdaro yn y GLIEDd yn deillio o Ddatblygu Twristiaeth

1) Mae'r GLIEDd yn hybu twristiaeth yn y parciau helfilod, ond gall <u>gormod o ymwelwyr</u> yrru'r anifeiliaid i ffwrdd.
2) Gall ffermwyr lleol, sy'n defnyddio tir cadwraeth, <u>ddinistrio cynefinoedd bywyd gwyllt</u>.
3) Er eu bod yn denu twristiaid, gall <u>anifeiliaid sy'n cael eu gwarchod</u> hefyd <u>ddinistrio cnydau</u> a <u>thir amaeth</u>.
4) Gall adeiladu newydd, hyll fel gwestai <u>ddinistrio tir amaeth</u> a <u>thirweddau deniadol</u>.
5) Efallai y bydd angen i'r <u>bobl leol gymynu</u>'r coedwigoedd glaw ar gyfer tir amaeth, dim ond er mwyn <u>byw</u>.

Mae'r GLIEDd hwythau yn dioddef o Wrthdrawiadau Diwylliannol

Mae ymwelwyr o'r GMEDd yn aml yn arddel syniadau gwahanol i drigolion y GLIEDd — mewn llawer o'r GLIEDd nid yw merched yn cael eu hystyried yn gyfartal â dynion, ac nid ydynt wedi arfer trefnu eu bywydau eu hunain. Yn aml, gall merched o'r GMEDd <u>wisgo</u> ac <u>ymddwyn</u> mewn ffordd sy'n <u>digio</u>'r bobl leol — yn enwedig yn y <u>gwledydd Islamaidd</u>, lle mae'r agwedd at <u>ferched</u> yn wahanol.

Mae Diwylliant y GLIEDd yn aml yn cael ei Newid gan Dwristiaeth

1) Daw'r ymwelwyr â'u <u>diwylliant eu hunain</u> gyda hwy, ac yn aml <u>nid</u> oes ganddynt <u>barch</u> tuag at ddiwylliant y bobl y maent yn ymweld â hwy.
2) Yn llygaid y bobl leol, mae <u>twristiaid</u> o'r GMEDd yn <u>gyfoethog</u> — a dyna <u>nod</u> rhai o <u>bobl y GLIEDd</u>.
3) Mae llawer o bobl y GLIEDd yn <u>efelychu</u>'r tramorwyr er mwyn ceisio <u>cyrraedd</u> y nod hwn.
4) Mae <u>datblygiad</u> yn annog <u>newid</u> mewn <u>agweddau</u> — mae diwylliannau brodorol yn <u>newid</u> neu'n <u>diflannu</u>.

Nid gwyliau mo dysgu am dwristiaeth ...

Tudalen gyfareddol i chi — yn llawn dadlau ac ymladd. Cofiwch fod twristiaeth yn ddiwydiant o <u>gyflenwad</u> a <u>galw</u>, sy'n arwain at <u>wrthdaro</u>. Ysgrifennwch baragraff ar effeithiau diwylliannol twristiaeth y GMEDd ar y GLIEDd, a chofiwch sôn am enghreifftiau go iawn er mwyn sicrhau marciau uchel.

Crynodeb Adolygu ar gyfer Adran 12

Mae llawer o stwff yma — tanwyddau ffosil, Parciau Cenedlaethol, twristiaeth, llygredd, a'r gweddill, ac er eu bod yn ymddangos yn destunau gwahanol, nid yw hyn yn wir mewn gwirionedd. Maent i gyd yn ymwneud â sut rydym yn effeithio ar yr amgylchedd wrth ddefnyddio adnoddau naturiol. Yn aml iawn, mae a wnelo hyn â sut rydym yn gwneud cawl o'n hamgylchedd, ond yn fwy diweddar mae'r sylw wedi troi at leihau ein heffaith ar yr amgylchedd a dod o hyd i ddulliau mwy cynaliadwy o wneud pethau. Defnyddiwch y cwestiynau hyn i weld faint rydych wedi'i ddeall. Mae'n anodd, ond bydd angen i chi wybod y cyfan oll cyn mynd i mewn i'r arholiad.

1) Pa ddau ffactor sy'n cynyddu, gan achosi mwy o straen ar adnoddau?
2) Nodwch dri adnodd a gawn o chwareli.
3) Pam mae chwareli'n cynhyrchu llawer o wastraff?
4) Esboniwch ystyr y term 'ailgylchu', gan nodi enghraifft.
5) Pam mae cadwraeth ac ailgylchu mor bwysig?
6) Nodwch ddau reswm pam mae rheoli adnoddau mor anodd.
7) Beth yw'r gwahaniaeth sylfaenol rhwng adnoddau adnewyddadwy ac anadnewyddadwy?
8) Pa ganran o boblogaeth y byd sy'n byw mewn GMEDd?
9) Pa ganran o egni'r byd sy'n cael ei dreulio yn y GMEDd?
10) Nodwch chwe dull o ddefnyddio adnoddau adnewyddadwy i gynhyrchu trydan.
11) Beth yw manteision ac anfanteision egni niwclear?
12) Beth yw'r tri mater pwysig yn y ddadl egni?
13) Eglurwch sut mae 'glaw asid' yn cael ei achosi.
14) Pam nad yw glaw asid wastad yn disgyn lle mae'n cael ei ffurfio?
15) Nodwch dair o effeithiau andwyol glaw asid.
16) Beth yw anawsterau defnyddio calch i frwydro yn erbyn glaw asid?
17) Nodwch dri dull o leihau glaw asid.
18) Beth yw'r dystiolaeth o gynhesu byd-eang yn ystod y can mlynedd diwethaf?
19) Beth sy'n achosi'r 'Effaith Tŷ Gwydr'?
20) Tynnwch ddiagram i ddangos sut mae'r Effaith Tŷ Gwydr yn gweithio.
21) Nodwch dair o effeithiau cynhesu byd-eang.
22) Gan nodi enghraifft, esboniwch pam mae llygredd yn cael ei ystyried yn broblem fyd-eang.
23) Beth yw prif achosion (a) llygredd atmosfferig a (b) llygredd afon?
24) Esboniwch pam mae llygryddion fel mercwri a gwastraff ymbelydrol mor beryglus.
25) Awgrymwch ddau ddull o leihau llygredd atmosfferig.
26) Sut y gallai lleihau llygredd fod yn amhoblogaidd?
27) Enwch Barciau Cenedlaethol Cymru a Lloegr.
28) Rhestrwch dair o nodweddion y Parciau Cenedlaethol.
29) Pa gyrff sy'n gyfrifol am ofalu am y Parciau Cenedlaethol?
30) Beth yw 'ardal pot mêl'? Beth yw ei phroblemau?
31) Esboniwch pam mae gwrthdrawiadau yn codi'n aml mewn Parciau Cenedlaethol.
32) Awgrymwch ffyrdd o ddatrys y gwrthdrawiadau hyn.
33) Nodwch ddau reswm dros dwf y diwydiant hamdden.
34) Pam mae llawer o bobl yn gallu cymryd mwy nag un cyfnod o wyliau y flwyddyn?
35) Pa ddatblygiad sydd wedi galluogi pobl i gymryd gwyliau tramor yn rheolaidd?
36) Nodwch un rheswm dros ddatblygiad gwyliau arbenigol.
37) Nodwch dair mantais a ddaw i'r GLlEDd yn sgil twristiaeth.
38) Nodwch ddau reswm pam nad yw twristiaeth wastad o fudd i'r GLlEDd.
39) Beth yw 'parc helfilod'?
40) Esbonwich sut mae 'ecodwristiaeth' yn lleihau effaith twristiaid ar yr amgylchedd.
41) Rhestrwch dair ffordd mae agweddau ymwelwyr o'r GMEDd yn wahanol i agweddau pobl y GLlEDd.

Cyferbyniadau mewn Datblygiad

Mae gan wledydd <u>datblygedig</u> a gwledydd <u>sy'n datblygu</u> nodweddion gwahanol ledled y byd.

Nid yw Cyfoeth y Byd yn Cael ei Rannu'n Gyfartal

Mae modd rhannu'r byd yn wledydd cyfoethog a gwledydd tlawd — mae <u>20%</u> o boblogaeth y byd yn byw yn y GMEDd ac yn berchen ar <u>80%</u> o gyfoeth y byd.

1) Y gwledydd cyfoethog yw'r <u>Gwledydd Mwy Economaidd Ddatblygedig</u> (GMEDd).

2) Y gwledydd tlawd yw'r <u>Gwledydd Llai Economaidd Ddatblygedig</u> (GLIEDd) — maent hefyd yn cael eu galw'n <u>Wledydd sy'n Datblygu</u> neu'r <u>Trydydd Byd</u>. Bathwyd y term hwn yn y cyfnod pan oedd y GMEDd yn cael eu galw'n Fyd Cyntaf, yr hen wledydd Comiwnyddol yn Ail Fyd, a'r gwledydd eraill yn Drydydd Byd.

3) Mae'r term <u>datblygiad</u> yn cyfeirio at ba mor <u>aeddfed</u> yw <u>economi</u>, <u>isadeiledd</u> a <u>systemau cymdeithasol</u> gwlad — po fwyaf datblygedig yw systemau economaidd gwlad, cyfoethocaf yw hi.

4) Y <u>Bwlch Datblygiad</u> yw'r <u>cyferbyniad</u> rhwng y gwledydd cyfoethog a'r gwledydd tlawd. Er enghraifft, yn 1995 amcangyfrifwyd bod <u>Cynnyrch Gwladol Crynswth y pen</u> y Swistir yn $40,630; dim ond $140 oedd CGC Tanzania. (Trowch at dudalen 103 am esboniad o'r term Cynnyrch Gwladol Crynswth y Pen)

Mae'r Rhaniad Gogledd — De yn Gwahanu'r Byd Datblygedig a'r Byd sy'n Datblygu

Gellir rhannu map o wledydd cyfoethog a thlawd y byd â llinell a elwir yn <u>Rhaniad Gogledd — De</u>.

1) Mae'r gwledydd <u>cyfoethog</u> bron i gyd yn <u>hemisffer y gogledd</u> — ac eithrio Awstralia a Seland Newydd.

2) Mae'r gwledydd <u>tlawd</u>, ar y cyfan, yn y <u>trofannau</u> ac yn <u>hemisffer y de</u>.

3) Yn aml, y gwledydd sy'n <u>datblygu</u> sy'n profi <u>trychinebau naturiol</u> fel sychderau a seiclonau.

4) Mae'r gwledydd <u>cyfoethog</u>, ar y cyfan, yn profi hinsawdd <u>dymherus</u> (gymedrol), ac mae ganddynt <u>ddigon o adnoddau naturiol</u> — mae

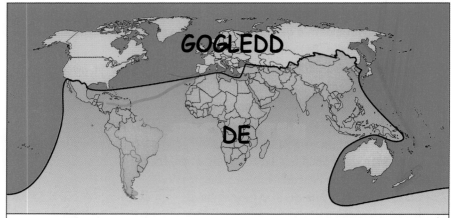

Y Rhaniad Gogledd — De fel y'i diffinniwyd yn Adroddiad Brandt (1979)

yna eithriadau, fel Japan. Roedd hyn yn bwysig gan mai'r gwledydd hyn ddatblygodd eu diwydiant <u>gyntaf</u>, gan ddod i <u>dra-arglwyddiaethu</u> ar economi'r byd.

5) Mae a wnelo'r <u>rhesymau</u> dros y Rhaniad Gogledd — De gymaint â <u>hanes gwleidyddol</u> ag â <u>daearyddiaeth ffisegol</u>. Roedd gan lawer o'r GMEDd <u>drefedigaethau</u> yn y GLIEDd, ac nid yw system fasnach y byd yn deg ar y gwledydd tlawd o hyd — gan olygu bod y bwlch datblygu yn <u>lledu</u>.

Tipyn o gyferbyniad — fel 'na mae pethau'n datblygu ...

Dyma'r gwaith hawdd i ddechrau felly. Dysgwch y termau yn awr, a bydd gweddill yr adran hon yn hawdd. Cofiwch fod <u>Awstralia</u> a <u>Seland Newydd</u> yn eithriadau — maent yn hemisffer y de ond maent yn un o'r GMEDd. Mae <u>Japan</u> yn brin o adnoddau naturiol, ond mae'n un o'r GMEDd. Lluniwch restr gyflym o'r termau gwahanol a ddefnyddir ar gyfer gwledydd <u>datblygedig</u> a gwledydd sy'n <u>datblygu</u> — wyddoch chi ddim pa un gewch chi yn yr arholiad.

Mesur Datblygiad

Mae deall cysyniad y GLIEDd a'r GMEDd yn weddol hawdd, ond mae mesur datblygiad gwlad yn fwy anodd — am fod cymaint o ddangosyddion datblygiad (dulliau o fesur datblygiad).

Mynegrifau Datblygiad — Cymharu Lefelau Datblygiad

Ystadegau y mae modd eu mesur (fel rhifau) yw mynegrifau datblygiad, ac felly mae modd eu cymharu'n hawdd. Dyma fynegrifau cyffredin yn cymharu y D.U. ag Ethiopia.

Mynegrifau Datblygiad Posibl

1) Cynnyrch Mewnwladol Crynswth (CMC): Cyfanswm gwerth y nwyddau a'r gwasanaethau sy'n cael eu cynhyrchu gan y boblogaeth gyfan mewn blwyddyn. Mae Cynnyrch Gwladol Crynswth yn debyg, ond mae'n cynnwys enillion anweledig fel buddsoddiadau tramor. Mae hyn yn gyffredin ond mae'r mesuriadau yn gallu bod yn gamarweiniol am nad ydynt yn rhoi unrhyw wybodaeth i ni am sut mae'r cyfoeth yn cael ei rannu. (CGC y pen: Cyfanswm gwerth y nwyddau a'r gwasanaethau a gynhyrchir pob blwyddyn fesul person.)

2) Disgwyliad oes: Yr oed cyfartalog y gall person ddisgwyl byw iddo — mae'n uwch i fenywod.

3) Cyfradd marwolaethau babanod: Nifer y babanod sy'n marw cyn cyrraedd blwydd oed, fesul mil o enedigaethau byw.

4) Cymeriant caloriau: Nifer cyfartalog y caloriau a fwyteir bob dydd — mae angen o leiaf 2000 er mwyn i oedolyn gadw'n iach.

5) Treuliant egni: Sawl kg o lo (neu ei gyfwerth) sy'n cael eu defnyddio y pen bob blwyddyn — mae hyn yn arwydd o lefelau diwydiant.

6) Poblogaeth drefol: Canran y boblogaeth gyfan sy'n byw mewn trefi a dinasoedd.

7) Cyfradd llythrennedd: Canran yr oedolion sy'n gallu darllen — o leiaf yn weddol dda.

8) Nifer y bobl i bob meddyg: nifer y cleifion potensial i bob meddyg.

	Y D.U.	ETHIOPIA
1	CGC y pen $28,700	CGC y pen $100
2	Menywod 77 oed Dynion 74 oed	Menywod 48 oed Dynion 46 oed
3	6 y fil	120 y fil
4	3,317 y dydd	1,610 y dydd
5	54 tunnell	0.03 tunnell
6	80%	15%
7	99%	36%
8	300	32,500

Mae cysylltiad rhwng llawer o'r mynegrifau hyn, ac mae modd gweld perthynas rhyngddynt. Er enghraifft, mae gwledydd â CMC uchel yn tueddu i fod â phoblogaethau trefol uchel ac yn treulio llawer o egni. Mae modd defnyddio'r berthynas hon hefyd i ddarganfod lefel datblygiad gwlad.

Dwy Brif Broblem ynglŷn â'r Mynegrifau

1) Gall rhai gwledydd ymddangos yn ddatblygedig yn ôl rhai mynegrifau ond nid yn ôl mynegrifau eraill — wrth i wlad ddatblygu, mae rhai agweddau'n datblygu cyn y lleill. Rhaid peidio â defnyddio unrhyw fynegrif ar ei ben ei hun — rhaid ceisio cael y darlun cyfan er mwyn osgoi camgymeriadau.

2) Nid yw gwybodaeth ddiweddar wastad ar gael — am nad oes gan wlad y weinyddiaeth angenrheidiol i'w chasglu a'i chyhoeddi, neu am nad yw'n dymuno i'r wybodaeth fod yn gyhoeddus. Gall hyn wneud cymharu gwahanol wledydd yn anodd.

Mynegrifau datblygiad

Tudalen ddiflas efallai, ond nid oes dim amdani ond ei dysgu. Gwnewch yn siŵr eich bod chi'n deall union ystyr pob un o'r mynegrifau datblygiad. Dysgwch am y ddwy brif broblem sy'n gallu codi wrth eu defnyddio i fesur datblygiad, a gwnewch yn siŵr eich bod yn dysgu pam mae CGC yn gallu bod yn gamarweiniol.

Problemau Amgylcheddol a Datblygiad

Mae gan lawer o'r GLIEDd broblemau amgylcheddol difrifol sy'n llesteirio'r broses ddatblygu — mae nifer sylweddol o'r GLIEDd yn y rhanbarthau trofannol ac yn aml yn gorfod wynebu peryglon sy'n gysylltiedig â'u hinsawdd.

Mae Peryglon Naturiol yn Achosi Problemau Datblygiad i'r GLIEDd

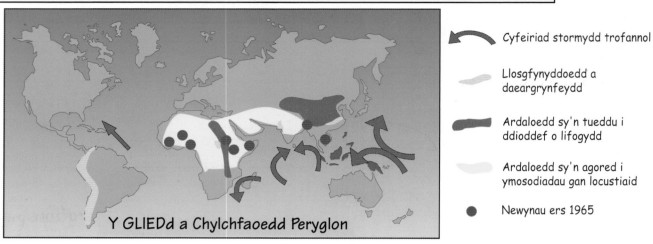

Y GLIEDd a Chylchfaoedd Peryglon

Cyfeiriad stormydd trofannol

Llosgfynyddoedd a daeargrynfeydd

Ardaloedd sy'n tueddu i ddioddef o lifogydd

Ardaloedd sy'n agored i ymosodiadau gan locustiaid

Newynau ers 1965

1) Mae gan gyfandiroedd mawr hinsoddau eithafol, ac mae eu mewndiroedd yn boeth iawn gyda thymhorau sych a hir. Mae sicrhau cyflenwad o ddŵr yn broblem, ac mae erydiad pridd yn fygythiad parhaus i ffermwyr. Yn Asia, daw gwyntoedd y monsŵn â glaw trwm yn eu sgil, ac mae'r rhain yn achosi llifogydd yn rheolaidd.

2) Mae stormydd trofannol, fel corwyntoedd, teiffwnau a seiclonau, yn gyffredin yn Asia a'r Caribî, ac maent yn dinistrio cnydau ac anifeiliaid — gall costau atgyweirio fod yn anferth.

3) Mae glawiad yn anghyson yn ystod y flwyddyn. Ger y cyhydedd, gall ffyrdd a rheilffyrdd gael eu golchi i ffwrdd yn ystod y tymor gwlyb — mae ganddynt dymhorau gwlyb a sych yn lle haf a gaeaf.

4) Mae pob Perygl Naturiol, fel daeargrynfeydd, llosgfynyddoedd, tswnamïau, sychderau a llifogydd, yn achosi difrod difrifol mewn llawer o'r GLIEDd. Mae systemau rhybuddio a rhagfynegi gwael yn arwain at lawer o farwolaethau a difrod i eiddo. Mae hyn yn gallu dinistrio tir amaeth a chynlluniau datblygu, neu eu harafu.

Mae'r GLIEDd yn Agored i Gael eu Heffeithio gan Ddau Ffactor Arall

1) Mae clefydau trofannol, fel malaria, yn lledu'n gyflym yn y GLIEDd. Mae'r mosgito sy'n cario malaria yn gyfrifol am fwy o farwolaethau nag unrhyw greadur arall! Mae clefydau sy'n cael eu cario mewn dŵr, fel bilharzia, hefyd yn gyffredin. Mae diet gwael yn arwain at ddiffyg maeth a chlefydau fel kwashiorkor — clefyd sy'n effeithio ar blant — a'r llech. Mae diffyg iechydaeth, a dŵr budr/brwnt yn gallu achosi teiffoid a cholera. Yn ddiweddar, mae AIDS wedi bod yn bryder cynyddol.

 2) Mae plâu yn broblem i ffermydd yn y GLIEDd gan nad yw'r ffermwyr yn gallu fforddio plaeiddiaid. Un o'r plâu gwaethaf yw'r locust — creadur annymunol sy'n edrych yn debyg i geiliog rhedyn. Mae heidiau o'r rhain yn gallu bwyta cnydau cyfan o fewn oriau!

Problemau amgylcheddol y GLIEDd — pen tost, a gwaeth ...

Mae bywyd mewn llawer o'r GLIEDd yn galed. Dysgwch y pum rheswm allweddol sy'n gwneud datblygiad yn anodd. Ysgrifennwch baragraff byr ar bob ffactor a pham maent yn llesteirio datblygiad. Dysgwch ble mae cylchfaoedd peryglon y byd, a sut mae sillafu enwau'r holl glefydau anghyfarwydd yna.

Dibyniaeth a'r Gorffennol Trefedigaethol

Mae hanes trefedigaethol y GLIEDd a'r GMEDd yn ein helpu ni i ddeall y Rhaniad Gogledd — De

Cafodd Patrymau Masnach y Byd eu Sefydlu yn ystod y Cyfnod Trefedigaethol

1) Yn y 18fed a'r 19eg ganrif, cafodd y byd sy'n datblygu ei drefedigaethu gan wledydd Ewropeaidd — dechreuodd y gwladychwyr trwy sefydlu gorsafoedd masnachu, ond buan y daethant i reoli tiriogaethau cyfan.
2) Roedd y trefedigaethau yn darparu cynhyrchion amaethyddol nad oeddent ar gael yn Ewrop, ac yn ffynhonnell rad o adnoddau crai ar gyfer diwydiannau Ewrop.
3) Bu'r trefedigaethau yn farchnad ar gyfer nwyddau o Ewrop. Roedd y pwerau trefedigaethol yn sicrhau bod eu trefedigaethau yn prynu eu cynhyrchion hwy — yn aml ar draul diwydiannau'r drefedigaeth ei hun.

Y D.U. ac India — Enghraifft o'r Patrwm Masnach Trefedigaethol

Y D.U.

Cotwm yn dod o India i felinau yn Swydd Caerhirfryn — digon o gotwm rhad ar gael yn India. Diwydiant tecstilau Prydain yn datblygu o ganlyniad. Gwerthu'r defnydd cotwm i India am bris uwch nag a dalwyd am y cotwm — gwneud elw.

INDIA

Cotwm yn cael ei brynu'n rhad a'i gludo i Loegr. India yn cael ei gorfodi i brynu defnydd o Loegr am brisiau uwch. Diwydiant tecstilau India yn cael ei ddinistrio.

Canlyniad allweddol i'r cyfnod trefedigaethol oedd creu sefyllfa o ddibyniaeth — mae'r GLIEDd yn dibynnu'n helaeth ar y GMEDd i brynu eu cynhyrchion cynradd ac i ddarparu gweithgynhyrchion. Mae'r rhan fwyaf o'r GLIEDd yn gyn-drefedigaethau — ni chawsant eu datblygu gan eu rheolwyr trefedigaethol, sy'n golygu bod eu heconomïau yn wannach ac yn dibynnu o hyd ar y GMEDd a arferai eu rheoli.

Arweiniodd Dibyniaeth at Ddyled Ryngwladol i'r GLIEDd

1) Cafwyd Dirwasgiad Byd-eang yn yr 1970au, ac roedd cyfraddau llog ar fenthyciadau yn isel. Golygodd hyn bod nifer o'r GLIEDd wedi benthyg llawer o arian gan Fanc y Byd a ffynonellau eraill er mwyn talu am ddatblygu eu diwydiannau. Pan godODd y cyfraddau llog yn yr 1980au nid oeddent yn gallu ad-dalu'r dyledion hyn.

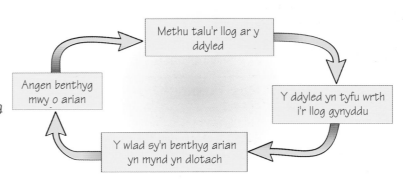

2) Mae cynnydd yn eu dyledion yn golygu nad oes gan lawer o'r GLIEDd arian i'w fuddsoddi mewn amaethyddiaeth a diwydiant, felly mae datblygiad yn arafu. Yr unig ateb yw cael benthycwyr i ddileu'r dyledion. Byddai hyn o fudd i'r GMEDd hefyd, gan y byddai mwy o arian yn y GLIEDd yn creu marchnad fwy ar gyfer gweithgynhyrchion a gynhyrchir yn y Gogledd. Ar ddiwedd yr 1990au dechreuodd rhai o'r GMEDd ddileu peth o'r ddyled, ond mae gan y GLIEDd symiau anferthol o arian i'w had-dalu o hyd.

Onid yw'r byd yn annheg — a ddaw 'dydd y rhai bychain' byth?

Er mai hanes yn bennaf yw cynnwys y dudalen hon, mae'n bwysig i chi ei ddeall. Mae'n dangos i chi pam mae patrymau masnach y byd fel ag y maent. Cofiwch — arweiniodd y system drefedigaethol at ddibyniaeth, sy'n egluro pam na lwyddodd y rhan fwyaf o'r GLIEDd i ddod allan o'r cylch dyled.

Masnach Ryngwladol

Ystyr <u>masnach</u> yw gwledydd yn cyfnewid nwyddau a gwasanaethau. Mae <u>patrymau masnach y byd</u> yn agwedd bwysig ar ddatblygiad, ac yn gallu dylanwadu'n fawr ar economi gwlad.

Mae Patrymau Masnach Y Byd yn Fwy Manteisiol i'r GMEDd na'r GLIEDd

Taiwan Singapore.

<u>Cyfran</u> gymharol <u>fechan</u> o fasnach y byd sydd gan y GLIEDd — <u>heblaw</u> am y Gwledydd Newydd eu Diwydiannu (GND) — ac maent yn dibynnu'n helaeth ar allforio <u>cynhyrchion cynradd</u> er mwyn ennill arian tramor.

Mae gan Gynhyrchion Cynradd Bedair Anfantais i'r GLIEDd

1) Mae <u>gwerth</u> adnoddau crai yn <u>llai</u> na gwerth gweithgynhyrchion.
2) <u>Prynwyr y GMEDd</u> sy'n pennu'r <u>prisiau</u>, nid y gwledydd sy'n cynhyrchu.
3) Mae'r prisiau'n <u>amrywio</u> o flwyddyn i flwyddyn, ac mae darogan prisiau yn anodd.
4) Mae <u>defnyddiau gwneud</u> yn <u>lleihau</u>'r galw am rai adnoddau crai — e.e. y defnydd o bolyester ar gyfer dillad yn lleihau'r galw am gotwm; plastig yn lleihau'r galw am rwber.

Mae'r GMEDd yn Dibynnu ar Weithgynhyrchion

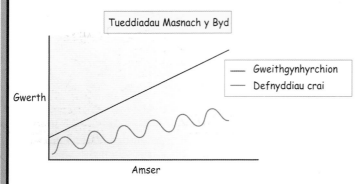

Tueddiadau Masnach y Byd

Gwerth

— Gweithgynhyrchion
— Defnyddiau crai

Amser

Mae <u>gwerth</u> gweithgynhyrchion yn <u>uwch</u> ac mae eu <u>prisiau</u>'n <u>sefydlog</u>. Mae'r graff yn dangos effeithiau hyn, a dylid nodi dau bwynt pwysig:

1) Mae <u>prisiau</u> gweithgynhyrchion yn <u>cynyddu'n gyflymach</u> ac felly mae'r <u>bwlch</u> rhwng prisiau gweithgynhyrchion a defnyddiau crai yn <u>cynyddu</u> — mae'r gwledydd cyfoethog yn mynd yn gyfoethocach tra bo'r gwledydd tlawd yn mynd yn dlotach mewn cymhariaeth.
2) Mae prisiau <u>gweithgynhyrchion</u> yn <u>sefydlog</u>, tra bo prisiau <u>defnyddiau crai</u> yn <u>amrywio</u>'n aml. Felly mae'n anodd i'r GLIEDd wybod ymlaen llaw faint fyddant yn ei ennill.

Blociau Masnach yw Gwledydd sy'n Bartneriaid mewn Masnach

1) <u>Blociau Masnach</u> yw <u>grwpiau o wledydd</u> tebyg i'w gilydd sy'n trefnu <u>cytundebau masnach</u> manteisiol i aelodau'r bloc — e.e. yr U.E., *OPEC* (grŵp o wledydd sy'n allforio olew crai) a *NAFTA* (Cymdeithas Masnach Rydd Gogledd America).
2) Nodwedd bwysig Blociau Masnach yw <u>nad</u> yw'r aelodau yn codi <u>tollau</u> ar ei gilydd, er mwyn <u>hybu</u> masnach o fewn y grŵp. Mae <u>tollau</u>'n gwneud mewnforion yn <u>ddrutach</u> na nwyddau sy'n cael eu cynhyrchu yn y wlad. Mae'r tollau ar <u>weithgynhyrchion</u> yn <u>uwch</u> na'r tollau ar <u>ddefnyddiau crai</u>, ac mae hyn yn effeithio ar y GLIEDd mewn sawl ffordd:

Y Ras Fasnach

Nid yw'r GLIEDd yn gallu cystadlu — mae incwm o ddefnyddiau crai yn isel, ac mae tollau trwm yn cael eu rhoi ar y gweithgynhyrchion a werthir i'r GMEDd.

Mae'r GMEDd ar eu hennill — maent yn mewnforio defnyddiau crai rhad, yn masnachu'n rhydd ymhlith ei gilydd, ac yn codi tollau trwm ar unrhyw weithgynhyrchion o'r GLIEDd.

Dysgu am fasnach — rhowch eich nwyddau yn y ffenestr ...

Dysgwch y termau, a pheidiwch ag anghofio ein bod wedi trafod masnach yn Adran 11, yn arbennig <u>GND Ymyl y Cenfor Tawel</u>, a'r <u>CRh</u>. Cofiwch fod y CRh yn lleoli eu ffatrïoedd mewn sawl gwlad er mwyn <u>osgoi</u> tollau lleol ar eu nwyddau. Ysgrifennwch baragraff ar pam mae <u>patrymau masnach y byd</u> yn ffafrio'r <u>GMEDd</u> yn hytrach na'r <u>GLIEDd</u>, ac yna eglurwch beth yw <u>Bloc Masnach</u>.

Cymorth

Cymorth yw rhoi adnoddau — yn nwyddau neu'n wasanaethau — fel arfer o'r GMEDd i'r GLIEDd, naill ai mewn argyfwng neu er mwyn hybu datblygiad tymor hir.

Gall Cymorth fod yn Ddwyochrol, yn Amlochrol neu'n Anllywodraethol

1) Mae cymorth dwyochrol yn mynd yn syth o'r naill lywodraeth i'r llall — gall fod yn arian, hyfforddiant, personél, technoleg, bwyd a chyflenwadau eraill.

2) Mae cymorth amlochrol yn cael ei sianelu trwy asiantaeth fel Banc y Byd, fel arfer ar ffurf arian. Bydd yr asiantaeth wedyn yn dosbarthu'r cymorth i'r gwledydd sydd ei angen.

3) Mae cymorth anllywodraethol yn cael ei roi trwy elusennau fel Oxfam, Cronfa Achub y Plant neu Cymorth Cristnogol. Mae'r math hwn o gymorth yn gallu amrywio, a gall gynnwys projectau datblygu graddfa fechan, yn ogystal â chymorth brys mewn trychinebau.

Ystyr cymorth clwm yw bod y rhoddwr yn gosod amodau ar y cymorth, fel arfer er budd iddo'i hun. Gall ymddangos bod un o'r GMEDd yn rhoi cymorth, ond mewn gwirionedd, mae'n derbyn ei harian yn ôl ac yn cynorthwyo ei diwydiant ei hun.

Dadleuon o Blaid ac yn Erbyn Rhoi Cymorth

O Blaid Rhoi Cymorth	Yn Erbyn Rhoi Cymorth
1) Mae cymorth mewn argyfwng wedi achub bywydau a lleihau dioddefaint pobl.	1) Gall cymorth gynyddu dibyniaeth GLIEDd ar y wlad sy'n rhoi'r cymorth.
2) Gall projectau datblygu, fel sicrhau cyflenwad o ddŵr glân, arwain at welliannau tymor hir i safon byw.	2) Gall cymorth bwyd anaddas fagu blas am fwydydd a fewnforiwyd na all y wlad eu fforddio na'u tyfu ei hun.
3) Mae cymorth i ddatblygu adnoddau naturiol a chyflenwadau pŵer o fudd i'r economi.	3) Gall elw o brojectau mawr fynd i'r CRh ac i'r rhoddwyr yn hytrach nag i'r wlad a ddylai dderbyn y cymorth.
4) Mae rhoi cymorth i ddatblygu diwydiant yn gallu creu swyddi a gwella'r isadeiledd.	4) Nid yw cymorth wastad yn cyrraedd y bobl sydd ei angen a gall gael ei gadw gan swyddogion llygredig.
5) Gall rhoi cymorth i amaethyddiaeth gynyddu'r cyflenwad bwyd.	5) Gall cymorth gael ei wario ar 'brojectau uchel eu bri' neu mewn ardaloedd trefol, yn hytrach nag ar ardaloedd sydd ei wir angen.
6) Gall darparu hyfforddiant ac offer meddygol wella safon iechyd a safon byw pobl.	6) Mae modd defnyddio cymorth fel arf er mwyn cael dylanwad gwleidyddol ar y wlad sy'n ei dderbyn.

Nid yw'r gwledydd tlotaf wastad yn cael y cymorth mwyaf. Mae rhai o'r GMEDd yn helpu'r GLIEDd am resymau gwleidyddol — mae U.D.A. yn cynorthwyo'r Pilipinas er mwyn cael lleoliad strategol ar gyfer eu gorsafoedd milwrol.

Cymorth o bob math

Y cyfan sydd angen i chi ei wneud yma yw dysgu enwau'r mathau gwahanol o gymorth a'r dadleuon o'i blaid ac yn ei erbyn. Gwnewch yn siŵr eich bod chi'n gallu sôn yn eglur am ddwy ochr y ddadl. Os gwnewch chi hyn, fydd dim angen cymorth cyntaf arnoch wedyn yn yr arholiad.

Projectau Datblygu

Cynlluniau sy'n hybu datblygiad yn y GLlEDd yw projectau datblygu, ac, yn aml, arian cymorth sy'n talu amdanynt. Maent yn amrywio o gynlluniau anferth sy'n costio miliynau o ddoleri, i gynlluniau hunangymorth bychain.

Nid yw Projectau Mawr Uchel eu Bri Bob Amser yn Llwyddo

1) Mae rhai llywodraethau yn dewis projectau uchel eu bri — fel cynlluniau drud ac adnabyddus i adeiladu cronfeydd sy'n darparu dŵr a thrydan i ardaloedd eang. Mae Cronfa Aswân yn yr Aifft, a Chynllun Dyfrhau Gezira yn Sudan yn enghreifftiau enwog.

2) Gall cynlluniau fel hyn lwyddo ond, yn aml, nid ydynt yn cyrraedd y nod ac maent yn datblygu'n fath o 'eliffant gwyn'. Mae'r diagram yn dangos rhai o'r problemau.

Projectau Uchel eu Bri

Benthyg arian gan y GMEDd — mynd i ddyled.

Diffyg isadeiledd fel llwybrau cludiant neu gyflenwadau pŵer — y cynllun yn aflwyddiannus.

infrastructure ·

Arbenigedd a thechnoleg yn cael ei ddarparu gan y CRh — gall yr elw fynd dramor, a dibynnir ar y CRh am bersonél crefftus.

cwmni rhyngwladol →

Dim tanwydd na chynnal a chadw offer — methu eu hatgyweirio — offer yn gorfod bod yn segur.

Gall Cynlluniau Hunangymorth a Phrojectau Graddfa Fechan Arwain at Ddatblygiad Tymor Hir

Y llywodraeth neu elusen sy'n talu am brojectau graddfa fechan. Maent yn rhoi blaenoriaeth i welliannau penodol ar gyfer ardal fechan ac i hyfforddi pobl leol — mae hyn yn golygu eu bod yn datblygu i fod yn hunangynhaliol, heb angen cymorth o'r tu allan.

Mae Tri Phrif Gategori o Brojectau Graddfa Fechan

1) Darparu anghenion sylfaenol er mwyn gwella safon byw, e.e. dŵr glân ac iechydaeth, storfeydd diogel ar gyfer cynhyrchion amaethyddol, neu adeiladu ffyrdd.

2) Darparu gwasanaethau hanfodol fel clinig iechyd neu ysgol.

3) Sefydlu cymdeithasau cydweithredol i hwyluso cynlluniau benthyg a chynilo arian ar delerau rhesymol, yn cael eu rhedeg gan bobl leol, er mwyn caniatáu buddsoddiad mewn amaethyddiaeth neu gyflogaeth.

Mae gan Brojectau Graddfa Fechan Sawl Mantais

PROJECTAU GRADDFA FECHAN

Mae'r costau yn is ac felly nid oes dyledion mawr

Mae'r hyfforddiant yn dod â budd tymor hir i bobl leol

Pobl leol piau'r cynllun ac nid ydynt yn gorfod dibynnu ar bobl o'r tu allan

Defnyddir technoleg briodol ac felly mae cynnal a chadw yn haws

Cynlluniau datblygu — daeth dydd y rhai bychain ...

Dyna chi, felly, dau faint o broject datblygu a thri math o broject graddfa fechan — a rhaid i chi eu dysgu i gyd. Cofiwch fod projectau mawr yn gallu helpu llawer iawn o bobl ond maent yn gallu bod yn fwy o fenter. Mae projectau bychain yn llwyddo'n amlach, ond maent yn helpu llai o bobl.

Technoleg Briodol a Masnach Deg

Dwy agwedd wahanol ar ddatblygu cynaliadwy yw technoleg briodol a masnach deg, sy'n ceisio datrys sawl problem ar yr un pryd. Dyma bethau sy'n codi eu pennau yn aml mewn arholiadau, felly ewch ati i'w dysgu'n iawn.

Mae Projectau Technoleg Briodol yn Dilyn Pedair Rheol

Er mwyn bod yn briodol, rhaid i'r dechnoleg fod yn addas ar gyfer y bobl sy'n ei defnyddio a'r man lle caiff ei defnyddio. Mae projectau sy'n defnyddio technoleg amhriodol yn methu am nad ydynt yn dilyn pob un o'r pedair rheol.

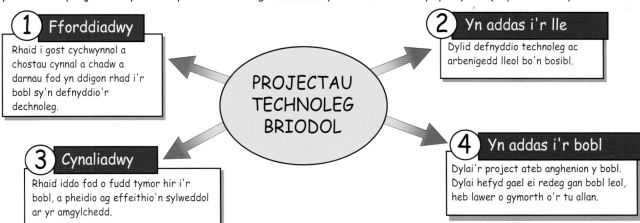

① Fforddiadwy
Rhaid i gost cychwynnol a chostau cynnal a chadw a darnau fod yn ddigon rhad i'r bobl sy'n defnyddio'r dechnoleg.

② Yn addas i'r lle
Dylid defnyddio technoleg ac arbenigedd lleol bo'n bosibl.

③ Cynaliadwy
Rhaid iddo fod o fudd tymor hir i'r bobl, a pheidio ag effeithio'n sylweddol ar yr amgylchedd.

④ Yn addas i'r bobl
Dylai'r project ateb anghenion y bobl. Dylai hefyd gael ei redeg gan bobl leol, heb lawer o gymorth o'r tu allan.

PROJECTAU TECHNOLEG BRIODOL

Enghraifft go iawn: Defnyddio byrnau gwair i adeiladu tai ar diriogaeth frodorol y Navajo yn Arizona (U.D.A.).	
Fforddiadwy	Mae tai o fyrnau gwair yn ddigon rhad i'r bobl leol.
Cynaliadwy	Maent yn dai fydd yn para am flynyddoedd, ond nid ydynt yn effeithio llawer ar yr amgylchedd am mai gwellt, nid cerrig, sy'n cael ei ddefnyddio. Mae'r byrnau yn ynysu'n dda, felly defnyddir llai o egni i wresogi.
Yn addas i'r bobl	Roedd angen tai ar frys ar y bobl leol — mae modd codi'r tai hyn mewn diwrnod.
Yn addas i'r lle	Mae ganddynt y dechnoleg leol i gynhyrchu'r byrnau, a digon o lafur lleol i godi'r tai eu hunain.

Mae Masnach Deg yn Rhoi Grym i'r Cynhyrchwyr 'Da'

Mae masnach deg yn fodd i helpu cynhyrchwyr da i gystadlu yn erbyn cynhyrchwyr sy'n ecsploetio'u gweithwyr a'r amgylchedd er mwyn cynyddu elw a chadw prisiau'n isel. Mae masnach deg yn syniad a allai ddatrys sawl problem ar yr un pryd — problemau fel arferion cyflogaeth gwael, plant yn gorfod gweithio, a sicrhau amgylchedd cynaliadwy.

1) Mae modd prynu cynhyrchion yn uniongyrchol gan y cynhyrchwyr bychain fel nad oes raid iddynt werthu i gwmni mawr fydd yn talu ychydig iawn. Er enghraifft, mae Oxfam a The Bodyshop yn prynu cynhyrchion yn uniongyrchol gan gynhyrchwyr bychain yn Brasil.

2) Mae cwmnïau sy'n dilyn rheolau masnach deg drwy warchod yr amgylchedd a gofalu ar ôl eu gweithwyr (talu cyflog teg, gwahardd plant rhag gweithio, a gwella safonau diogelwch) yn gallu defnyddio logo masnach deg ar eu cynhyrchion — coffi CaféDirect, er enghraifft.

3) Clywn fwy a mwy o hanesion erchyll am blant yn gorfod gweithio oriau maith i gynhyrchu pethau fel peli pêl-droed ar gyfer cwmnïau adnabyddus. Ni ddaw'r arferion hyn i ben nes bydd cwmnïau'n cael eu gorfodi i brofi eu bod yn fois da drwy roi rheolau masnach deg ar waith.

Technoleg amhriodol
Mae arholwyr yn aml yn syrffedu ar osod yr un hen gwestiynau ar bethau fel creigiau ac aneddiadau, ac felly maent yn hoffi gofyn rhywbeth newydd. Gair i gall!!

Crynodeb Adolygu ar gyfer Adran 13

Dyma gyfle i chi fwrw golwg dros y gwaith pwysig hwn er mwyn sicrhau eich bod wedi'i ddeall. Daliwch ati — bydd yn werth yr holl ymdrech pan ddaw'r arholiad.

1) Pa ganran o boblogaeth y byd sy'n byw mewn GMEDd?

2) Pa ganran o gyfoeth y byd mae'r GMEDd yn berchen arno?

3) Beth yw ystyr GLIEDd a GMEDd?

4) Rhowch un enw arall am y GLIEDd.

5) Tynnwch linell ar y map isod i ddangos y Rhaniad Gogledd-De.

6) Ai yn y Gogledd neu yn y De mae'r rhan fwyaf o'r gwledydd tlawd?

7) Rhestrwch wyth o fynegrifau datblygiad. Beth yw'r ddwy brif broblem gyda'r mynegrifau?

8) Pam y gall CMC fod yn fynegrif datblygiad camarweiniol?

9) Edrychwch ar y tabl canlynol sy'n dangos rhai ystadegau am Japan, Bangladesh a Brasil (1995). Pa ystadegau sy'n perthyn i ba wlad? Esboniwch eich ateb.

Gwlad	CMC y pen $	Disgwyliad oes	Cyfradd llythrennedd	% Poblogaeth drefol
A	29,387	80	99	77.6
B	208	56	38	18.3
C	2,528	66	83	78.2

10) Ysgrifennwch draethawd byr yn esbonio sut mae hinsoddau trofannol yn achosi problemau datblygu mewn GLIEDd.

11) Pa dair problem naturiol arall sy'n effeithio ar ddatblygiad y GLIEDd?

12) Ysgrifennwch baragraff i esbonio dylanwad y cyfnod trefedigaethol ar leoliad presennol y gwledydd datblygedig a'r gwledydd sy'n datblygu. Dylech gynnwys y dylanwad trefedigaethol ar batrymau masnach y byd.

13) Pam mae dyledion rhyngwladol yn broblem gynyddol i lawer o'r GLIEDd?

14) Diffiniwch y termau canlynol: mewnforion, allforion, cynhyrchion cynradd, gweithgynhyrchion.

15) Nodwch dair anfantais i'r GLIEDd sy'n dibynnu ar gynhyrchion cynradd.

16) Rhowch ddau reswm pam ei bod yn well dibynnu ar weithgynhyrchion fel allforion. Lluniwch graff i ddangos eich ateb.

17) Beth yw bloc masnach? Nodwch enghreifftiau o dri bloc masnach.

18) Ysgrifennwch baragraff i esbonio sut mae'r fantais mewn masnach byd-eang yn perthyn i'r GMEDd.

19) Diffiniwch y termau hyn: cymorth dwyochrol, cymorth amlochrol, cymorth anllywodraethol, cymorth clwm.

20) Tynnwch dabl i ddangos manteision ac anfanteision rhoi cymorth. (Bydd angen cynnwys chwe anfantais a chwe mantais.)

21) Beth yw pedair prif broblem projectau datblygu graddfa fawr uchel eu bri?

22) Beth yw pedair mantais projectau graddfa fechan?

23) Beth yw pedair rheol technoleg briodol?

24) Pa broblemau mae 'masnach deg' yn ceisio eu datrys? Sut mae'n mynd ati i wneud hyn?

Mapiau Ordnans

Mae llawer o wybodaeth ar dudalennau 23, 29 a 36 ynglŷn ag adnabod pethau fel llynnoedd, mynyddoedd a chorwyntoedd ar fapiau. Mae'r ddwy dudalen hon yn trafod y <u>pethau hanfodol eraill</u> y bydd angen i chi eu gwybod ar gyfer yr arholiad.

Gwybod Pwyntiau'r Cwmpawd

Rhaid i chi wybod sut i ddefnyddio'r cwmpawd — er mwyn rhoi <u>cyfeiriadau</u>, er mwyn dweud beth yw cyfeiriad <u>llif afon</u>, neu er mwyn dilyn cyfarwyddiadau arholiad sy'n gofyn i chi 'edrych ar yr afon yng <u>ngogledd-orllewin</u> y map'. Darllenwch y cyfeiriadau yn <u>uchel</u> i chi eich hun, yn <u>glocwedd</u>.

Mae Graddfa Map yn eich Helpu i Fesur Pellterau

Er mwyn mesur y <u>pellter</u> rhwng dwy nodwedd ar fap, defnyddiwch <u>bren mesur</u> i fesur mewn cm ac yna <u>cymharwch</u> y mesuriad â graddfa'r map i weld beth yw'r pellter mewn km.

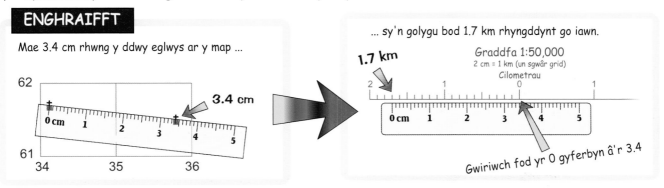

ENGHRAIFFT

Mae 3.4 cm rhwng y ddwy eglwys ar y map ...

3.4 cm

... sy'n golygu bod 1.7 km rhyngddynt go iawn.

1.7 km

Graddfa 1:50,000
2 cm = 1 km (un sgwâr grid)
Cilometrau

Gwiriwch fod yr 0 gyferbyn â'r 3.4

Mae Cyfeirnodau Grid yn Lleoli Pethau ar Fapiau

Pan ofynnir i chi roi cyfeirnod grid bydd rhaid i chi fod yn siŵr ai cyfeirnod grid <u>pedwar</u> ffigur neu <u>chwe</u> ffigur sydd ei angen.

Fel hyn mae rhoi cyfeirnod grid pedwar a chwe ffigur ar gyfer y Swyddfa'r Post isod.

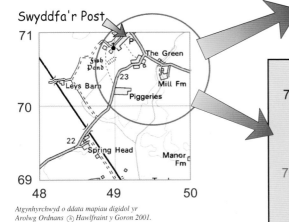

Swyddfa'r Post

Cyfeirnod Grid PEDWAR Ffigur

1) Chwiliwch am y sgwâr sydd ei angen.
2) Chwiliwch am werth y <u>Dwyreiniad</u> (ar draws) ar gyfer ochr <u>chwith</u> y sgwâr — <u>49</u>.
3) Chwiliwch am werth y <u>Gogleddiad</u> (i fyny) ar gyfer <u>gwaelod</u> y sgwâr — <u>70</u>.
4) Ysgrifennwch y rhifau gyda'i gilydd. Y cyfeirnod grid yw <u>4970</u>.

Cyfeirnod grid CHWE Ffigur

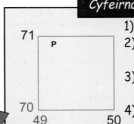

1) Dilynwch y drefn uchod ar gyfer cyfeirnod grid pedwar ffigur.
2) Yna dychmygwch fod y sgwâr wedi'i rannu'n <u>ddegfedau</u>. Rhannwch y sgwâr gan ddefnyddio eich <u>llygaid</u> yn unig, neu, yn well fyth, <u>bren mesur</u>.
3) Gwerth y Dwyreiniad yn awr yw <u>492</u> (49 a 2 ddegfed), a gwerth y Gogleddiad yw <u>709</u> (70 a 9 degfed).
4) Y cyfeirnod grid chwe ffigur yw <u>492709</u>.

Cofiwch nodi'r rhifau yn y drefn gywir.

Y Rheol Euraid: <u>'Dewiswch rif o ymyl waelod y map YN GYNTAF.'</u>

Mapiau Ordnans

Mae *Tirwedd* Ardal yn cael ei ddangos gan *Gyfuchliniau* a *Phwyntiau Uchder*

1) Y llinellau oren ar Fapiau Ordnans yw <u>cyfuchliniau</u>. Llinellau dychmygol ydynt, sy'n uno pwyntiau o'r <u>un uchder</u> uwchben lefel y môr.

2) Os oes gan fap <u>lawer</u> o gyfuchliniau arno, yna mae'n dangos <u>ardal o fryniau</u> neu <u>fynyddoedd</u>. Os nad oes llawer o gyfuchliniau ar y map, yna mae'n dangos <u>ardal wastad</u>, sydd fel arfer yn <u>iseldir</u>.

3) Po <u>fwyaf serth</u> y llethr, <u>agosaf</u> at ei gilydd fydd y cyfuchliniau. Os bydd <u>bylchau</u> sylweddol rhwng y cyfuchliniau, tir <u>gwastad</u> sy'n cael ei ddangos. Edrychwch ar yr enghreifftiau hyn:

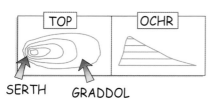 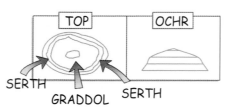 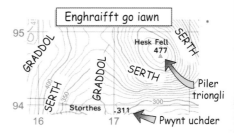

4) <u>Pwynt uchder</u> yw dot sy'n dangos <u>uchder</u> man penodol. <u>Piler triongli</u> yw triongl glas ynghyd â ffigur uchder, sy'n dangos y <u>pwynt uchaf</u> mewn ardal (mewn metrau).

Tynnu Llinfapiau — Gan Bwyll

1) Efallai y cewch <u>fap</u> printiedig yn yr <u>arholiad</u>, a bydd y cwestiwn yn gofyn i chi <u>gopïo</u> rhan ohono ar <u>grid gwag</u>. Mae'n ddigon syml — ond rhaid i chi fod yn gywir.

2) Gwnewch yn siŵr eich bod chi'n gwybod yn union <u>pa ran</u> o'r map y bydd angen i chi ei chopïo. <u>Meddyliwch ddwywaith</u> cyn dechrau. Efallai mai dim ond <u>rhan</u> o lyn neu goedwig, neu ddim ond <u>un</u> o'r ffyrdd fydd ei angen.

3) Tynnwch eich llinfap <u>mewn pensil</u> — mae'n haws cywiro pensil.

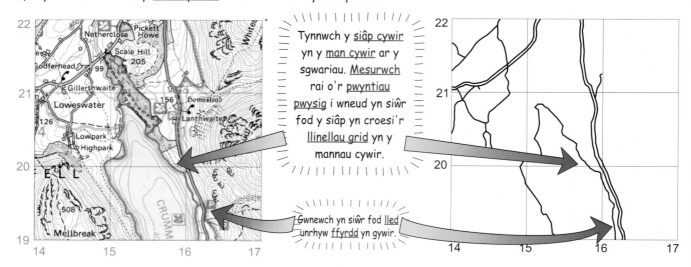

Tynnwch y <u>siâp cywir</u> yn y <u>man cywir</u> ar y sgwariau. <u>Mesurwch</u> rai o'r <u>pwyntiau pwysig</u> i wneud yn siŵr fod y siâp yn croesi'r <u>llinellau grid</u> yn y mannau cywir.

Gwnewch yn siŵr fod <u>lled</u> unrhyw <u>ffyrdd</u> yn gywir.

4) Edrychwch i weld a oes modd i chi osod y grid dros y map er mwyn <u>dargopïo</u>'r manylion — clyfar, 'te.

O fryniau Caersalem ceir gweled ... marciau hawdd yn yr arholiad ...

Mae cynnwys y dudalen hon a'r dudalen ddiwethaf yn sicr o fod ar y <u>papur arholiad</u> yn rhywle. Rhaid i chi wybod sut mae defnyddio <u>cyfeirnodau grid</u> a <u>graddfa map</u>, a sut i ddehongli <u>cyfuchliniau</u>. Amdani!

* Mapiau: Atgynhyrchwyd o ddata mapiau digidol yr Arolwg Ordnans ®Hawlfraint y Goron 2001

Daearyddiaeth Ddynol — Cynlluniau a Ffotograffau

Mae cynlluniau, fel mapiau, yn dangos nodweddion y tir oddi uchod. Ac, fel mapiau, mae angen i chi ddysgu ychydig o driciau ...

Edrychwch ar y Siapiau Pan Fyddwch yn Cymharu Cynlluniau a Ffotograffau

1) Y cwestiwn hawsaf y gallent ei ofyn fyddai 'Enwch leoliad A ar y ffotograff', ond cyn ei ateb rhaid i chi fod wedi gweld sut mae'r ffotograff a'r cynllun yn cyfateb i'w gilydd.

2) Pwyll piau hi yma — ni fydd y cynllun yr un ffordd i fyny â'r map. Edrychwch am y prif nodweddion ar y ffotograff, ac yna chwiliwch amdanynt ar y cynllun — pethau â siâp diddorol, fel llynnoedd, ffyrdd pwysig a rheilffyrdd.

ENGHRAIFFT UN

Cwestiwn: *Enwch leoliad A ar y ffotograff.*

Ateb: Yn ôl siâp y tir, rhaid iddo fod yn Hope Point neu Dead Dog Point. Nid oes ffordd nac adeilad ym mhwynt A, felly ni all fod yn Dead Dog Point — mae'n rhaid mai Hope Point yw hwn.

Ffotograff o Harbwr St. James, 1986

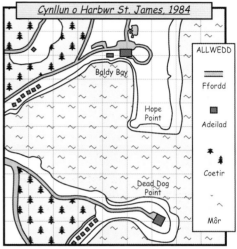

Cynllun o Harbwr St. James, 1984

3) Y math arall o gwestiwn yw pan ofynnir i chi beth sydd wedi newid rhwng y ffotograff a'r cynllun, a pham. Edrychwch ar y siapiau er mwyn gweld beth sydd wedi newid, ac yna edrychwch i weld beth yw'r defnydd tir erbyn hyn (gwiriwch y dyddiadau).

ENGHRAIFFT DAU

Cwestiwn: *Ble cafodd tir ei adennill o'r môr?*

Ateb: Yn ôl siâp y tir, rhaid iddo fod yn Baldy Bay — mae'r môr yn llawer pellach o'r adeilad hwnnw erbyn hyn. Maes parcio* sydd yno'n awr, felly mae'n rhaid bod angen wedi codi am fwy o le i barcio ceir.

*Ia, go iawn (bydd y llun yn fwy yn yr arholiad i'ch cynorthwyo).

Cynlluniau o Drefi ac Awyrluniau — Edrychwch ar yr Adeiladau

1) Pan gewch gynllun yn yr arholiad, dechreuwch trwy edrych ar y mathau o adeiladau a beth sydd o'u cwmpas.

2) Mae adeiladau bychain yn debygol o fod yn dai neu'n siopau. Mae adeiladau mwy yn debygol o fod yn ffatrïoedd neu'n ysgolion.

3) Ceisiwch ddyfalu pa fath o ardal yw hi — mae llawer o feysydd parcio a siopau yn dynodi CBD, mae tai â gerddi yn dynodi ardal breswyl, ac mae grŵp o dai wedi'u hamgylchynu â chaeau yn dynodi pentref. Darllenwch y LABELI bob amser — cewch lawer o gliwiau hawdd fel hyn.

ENGHRAIFFT: Mae gan yr ardal hon dai gyda gerddi y tu blaen a'r tu cefn iddynt, ynghyd â pharc, ysgol a choleg. Mae'n ardal breswyl felly — gellwch ddweud nad yw hi'n CBD nac yn dai dwys canol dinas.

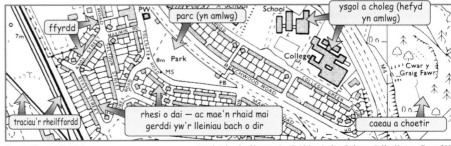

Graddfa: 1:10 000

Atgynhyrchwyd o ddata mapiau digidol yr Arolwg Ordnans ⓒ Hawlfraint y Goron 2001

AWYRLUNIAU: gellwch drin awyrlun a chynllun yn yr un ffordd yn union — chwiliwch am fathau o adeiladau a pha fath o ardal yw hi. Bydd y ceir a'r coed i'w gweld, ond ni fydd labeli.

'Rwy'n gweld o bell'... rhagor o farciau hawdd

Cyngor syml sydd ar y dudalen hon, ond mae'n hawdd gwneud llanast o bethau yn yr arholiad os na fyddwch yn ofalus iawn. Pwyll piau hi eto!

Disgrifio Mapiau a Siartiau

Gall disgrifio <u>dosbarthiadau</u> a <u>ffotograffau</u> ymddangos yn anodd, ond mae'n ddigon hawdd unwaith y byddwch wedi ei ddeall.

Dosbarthiadau <u>ar Fapiau</u> — Dylid ei Gadw'n Syml

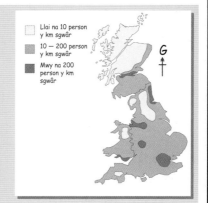

Dyma fath cyffredin o gwestiwn:

> **C1:** Defnyddiwch y map i ddisgrifio dosbarthiad ardaloedd â dwysedd poblogaeth o lai na 10 person y km sgwâr.

Mae'n gas gennyf gwestiynau fel hyn — gellwch <u>weld</u> y darnau llwyd golau, ond mae <u>disgrifio</u> eu patrwm yn ymddangos braidd yn ddibwynt. <u>Peidiwch â phoeni</u> — ysgrifennwch <u>ddisgrifiad o ble mae pethau</u>.

> ENGHRAIFFT DDERBYNIOL: 'Mae'r ardaloedd â dwysedd poblogaeth o lai na 10 person y km sgwâr wedi'u dosbarthu yng <u>ngogledd yr Alban</u>, <u>gogledd</u> a <u>de-orllewin Lloegr</u> a <u>gogledd Cymru</u>.'

ENGHRAIFFT DDERBYNIOL ARALL:

> **C2:** Defnyddiwch y mapiau i ddisgrifio dosbarthiad Parciau Cenedlaethol Tir na Nog

Maent wedi rhoi <u>dau fap</u> i chi, sy'n golygu bod disgwyl i chi edrych ar y <u>ddau</u>. Edrychwch ar y <u>map cyntaf</u> a dywedwch <u>ble mae'r smotiau du</u>. Yna, edrychwch ar yr <u>ail fap</u> a disgrifiwch <u>unrhyw gyswllt</u>, os oes un:

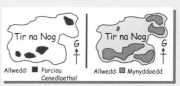

'Mae'r Parciau Cenedlaethol wedi'u dosbarthu yn <u>ne-orllewin</u> a <u>gogledd-ddwyrain</u> Tir na Nog. Maent wedi'u lleoli mewn ardaloedd <u>mynyddig</u>.'

Disgrifio Ffotograffau — Weithiau, Nid Dyma'r Hyn Maent yn ei Ofyn

1) <u>Ystyriwch yn fanwl</u> beth mae'r cwestiwn yn ei ofyn. <u>Peidiwch â</u> sôn am <u>bopeth</u> os y cyfan sydd ei angen yw'r hyn a <u>welir</u> ar y ffotograff — <u>ni</u> chewch chi'r marciau.

Edrychwch ar y ddwy enghraifft ganlynol ar gyfer y ffotograff hwn:

> 'Mae'r ffotograff yn dangos 'pot mêl'. Rhestrwch y ffactorau sy'n denu twristiaid 'leoliadau pot mêl.'

Mae'r cwestiwn hwn yn gofyn i chi sôn am <u>bopeth</u> a wyddoch.

> 'Mae'r ffotograff yn dangos 'pot mêl'. Rhestrwch dri ffactor a fyddai'n denu twristiaid i'r lleoliad hwn.'

Mae'r cwestiwn hwn gofyn i chi restru <u>dim ond</u> y pethau a <u>welwch</u> yn y <u>ffotograff hwn</u>.

2) Os gofynnir i chi sôn am yr hyn a <u>welwch</u> yn y ffotograff, yna peidiwch â mynd <u>dros ben llestri</u> — cadwch at yr hyn a <u>welwch</u>. Er enghraifft, pe byddent yn gofyn sut mae <u>pobl</u> yn effeithio ar <u>erydiad</u> clogwyni yn y ffotograff hwn, yna 'wrth <u>gerdded</u> ar hyd y llwybr' fyddai'r ateb, <u>nid</u> oherwydd bod ceir yn achosi glaw asid neu rywbeth arall.

3) Pan gewch ffotograff, chwiliwch am <u>nodweddion daearyddiaeth ffisegol</u> (golwg y tir), e.e. <u>nodweddion arfordirol</u> a <u>nodweddion afonydd</u>, a <u>nodweddion daearyddiaeth ddynol</u> (i ba ddibenion y caiff y tir ei ddefnyddio), e.e. mathau o <u>adeiladau</u>, presenoldeb unrhyw <u>feysydd parcio</u>, <u>ffyrdd</u>, <u>llwybrau</u> ac ati.

4) Defnyddiwch eich pen — os bydd yr olygfa yn <u>edrych yn brydferth</u> ac os oes <u>maes parcio</u> yno, yna mae <u>twristiaeth</u> yn debygol o fod yn bwysig.

Disgrifio ffotograffau

Peidiwch â phoeni'n ormodol am <u>ddosbarthiadau</u> — dywedwch <u>ble mae</u> pethau. Syml. A chofiwch <u>fwrw golwg eto</u> dros y cwestiwn er mwyn gwybod a oes eisiau i chi sôn am <u>bopeth</u> neu <u>ddim ond</u> am yr hyn sydd i'w weld yn y <u>ffotograff</u>.

Mathau o Graffiau a Siartiau

Rhaid i chi allu gwneud dau beth yma. RHIF UN: deall sut mae <u>darllen</u> y gwahanol fathau o graffiau. RHIF DAU: deall sut mae <u>cwblhau</u> y gwhanol fathau o graffiau. Dyma'n union beth fydd angen i chi ei wneud yn yr <u>arholiad</u>.

Graffiau Bar — Tynnwch y Barrau'n Syth ac yn Daclus

Mae graffiau bar yn bethau <u>hawdd</u>.

① Sut i Ddarllen Graffiau Bar

1) Darllenwch ar hyd y <u>gwaelod</u> er mwyn dod o hyd i'r <u>bar</u> rydych ei angen.
2) Darllenwch ar draws o <u>dop</u> y bar i'r <u>raddfa</u> ar yr ochr, er mwyn cael y rhif.

ENGHRAIFFT:

C. Sawl tunnell o olew y flwyddyn a gynhyrchir yn Rwsia?

A: Ewch i fyny bar Rwsia, darllenwch ar draws, ac mae'n tua 620 ar y raddfa — ond graddfa mewn miloedd o dunelli yw hi, felly <u>620,000 tunnell</u> yw'r ateb.

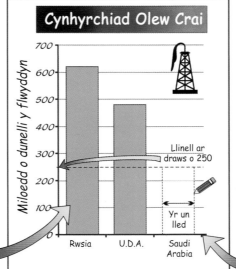

② Sut i Gwblhau Graffiau Bar

1) Yn gyntaf, chwiliwch am y rhif rydych ei angen ar y <u>raddfa fertigol</u>. Defnyddiwch <u>bren mesur</u> i dynnu llinell ar draws.
2) Tynnwch far o'r <u>maint cywir</u> — defnyddiwch <u>bren mesur</u> er mwyn iddo edrych yn daclus, neu bydd golwg flêr arno ac fe gollwch farciau.

ENGHRAIFFT:

C: Cwblhewch y graff i ddangos bod Saudi Arabia yn cynhyrchu 250,000 tunnell y flwyddyn.

A: Chwiliwch am 250 ar y raddfa, tynnwch linell ar draws, yna tynnwch far yr <u>un lled</u> â'r gweddill.

Graffiau Llinell — Mae'r Pwyntiau'n cael eu Huno â Llinellau

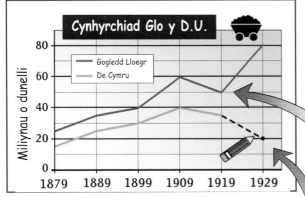

① Sut i Ddarllen Graffiau Llinell

1) Darllenwch ar draws y <u>gwaelod</u> er mwyn dod o hyd i'r rhif rydych ei angen.
2) Darllenwch i fyny i'r llinell rydych ei hangen, yna darllenwch ar draws i'r <u>raddfa fertigol</u>.

ENGHRAIFFT:

C: Sawl tunnell o lo a gynhyrchwyd yng Ngogledd Lloegr yn 1919?

A: Chwiliwch am 1919, ewch i fyny i'r llinell borffor, darllenwch ar draws, ac fe welwch 50 ar y raddfa. Mae'r raddfa mewn miliynau o dunelli, felly <u>50 miliwn tunnell</u> yw'r ateb.

② Sut i Gwblhau Graffiau Llinell

1) Chwiliwch am y gwerth rydych ei angen ar y <u>raddfa waelod</u>.
2) Ewch i fyny nes cyrraedd y gwerth cywir ar y <u>raddfa fertigol</u>. <u>Gnewch yn siŵr</u> eich bod yn parhau i fod ar y gwerth cywir o'r <u>gwaelod</u>, yna tynnwch <u>farc</u>.
3) Gan ddefnyddio <u>pren mesur</u>, tynnwch linell i uno'r marc â'r llinell.

ENGHRAIFFT:

C: Cwblhewch y graff i ddangos bod De Cymru wedi cynhyrchu 20 miliwn tunnell yn 1929.

A: Chwiliwch am 1929 ar y gwaelod, yna ewch i fyny at 20 miliwn tunnell a thynnwch farc, yna unwch y marc i'r llinell werdd â <u>phren mesur</u>.

Baaaaaaaaaaaaarddoniaeth y graffiau

Rhaid talu sylw arbennig i <u>raddfa</u> graffiau a siartiau, a gwirio beth yw <u>gwerth</u> pob rhaniad ar y raddfa. Colli marciau wnewch chi os credwch chi fod pob uned yn werth 10 yn hytrach na <u>20</u>.

Mathau o Graffiau a Siartiau

Mae siartiau cylch a graffiau triongl yn ffyrdd o ddangos canrannau. Maent yn ymddangos mewn arholiadau, felly dyma sut mae eu defnyddio.

Mae Siartiau Cylch yn Dangos Canrannau

① Sut i Ddarllen Siartiau Cylch

Dyma sut mae darllen rhifau oddi ar siart cylch â graddfa:

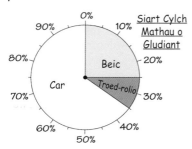

1) Er mwyn gweithio allan y canran ar gyfer lletem, nodwch ble mae'n dechrau a ble mae'n gorffen, ac yna tynnwch y naill ffigur o'r llall.
2) Er enghraifft, mae'r lletem 'Car', yn mynd o 35% i 100%: 100 — 35 = 65%

Efallai y gofynnir i chi amcangyfrif y canran ar siart cylch heb raddfa, ond dim ond rhai hawdd gewch chi.

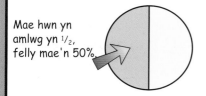

Mae hwn yn amlwg yn ¹/₂, felly mae'n 50%.

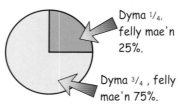

Dyma ¹/₄, felly mae'n 25%.

Dyma ³/₄ , felly mae'n 75%.

Os bydd siart cylch arall wedi'i farcio â graddfa, cofiwch ei ddefnyddio i'ch helpu i amcangyfrif.

② Sut i Gwblhau Siartiau Cylch

1) Â phren mesur, tynnwch linellau o'r canol i 0%, ac i'r rhif ar y tu allan rydych ei angen. Dyma sut i dynnu lletem 45%:

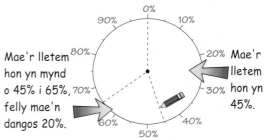

Mae'r lletem hon yn mynd o 45% i 65%, felly mae'n dangos 20%.

Mae'r lletem hon yn 45%.

2) Er mwyn gwneud lletem arall, byddai'n rhaid i chi ddechrau ar 45%. Felly pe byddai angen i'r lletem nesaf fod yn, dyweder, 20%, byddai'n gorffen ar 65% (sef 45 + 20).
3) A yw hyn yn hawdd, neu a yw hyn yn hawdd?

Mae Graffiau Triongl yn Dangos Canrannau Hefyd — ar 3 Echelin

Er eu bod yn edrych yn hunllefus ar yr olwg cyntaf, mae graffiau triongl yn eithaf hawdd eu defnyddio.

① Sut i Ddarllen Graffiau Triongl

1) Yn gyntaf, chwiliwch am y pwynt rydych ei angen ar y graff. Trowch y papur fel bod un set o rifau y ffordd gywir i fyny. Dilynwch y llinellau yn syth ar draws i'r set honno o rifau, a nodwch y rhif.
2) Daliwch ati i droi'r papur ar gyfer pob set o rifau.
3) Gwnewch yn siŵr bod y gwahanol ganrannau yn gwneud cyfanswm o 100%.

ENGHRAIFFT:

Mae'r pwynt hwn yn dangos bod 50% o'r boblogaeth o dan 30 oed, 30% rhwng 30-60 oed, a 20% dros 60 oed. (50+30+20 = 100%. Da, 'te!)

② Sut i Gwblhau Graffiau Triongl

1) Dechreuwch gydag un set o rifau — trowch y papur o gwmpas nes eu bod y ffordd gywir i fyny. Chwiliwch am y canran rydych ei angen, ac yna tynnwch linell bensil ysgafn yn syth ar draws.
2) Trowch y papur o gwmpas, a gwnewch yr un peth ar gyfer y setiau eraill o rifau.
3) Tynnwch ddot lle mae'r tair llinell yn cyfarfod.
4) Gwiriwch eich canlyniad drwy ddilyn y drefn ar gyfer darllen graffiau triongl.

Graffiau, graffiau, graffiau ...

Dyma bethau rydych yn sicr o'u cael yn yr arholiad — felly dysgwch hwy'n drwyadl er mwyn sicrhau marciau uchel. Y gyfrinach yw troi'r papur bob tro.

Mathau o Graffiau a Siartiau

Dyma ddau fath gwahanol o fap — map topolegol a map isolin. Nid oes angen i chi gofio'r enwau, dim ond eu pwrpas a sut maent yn gweithio.

Mae Mapiau Topolegol yn dangos sut i fynd o Le i le

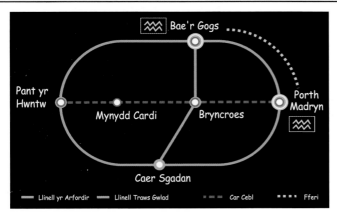

1) Mae mapiau topolegol yn dangos cysylltiadau cludo. Maent yn cael eu defnyddio'n aml i egluro rhwydweithiau rheilffyrdd a rheilffyrdd tanddaearol.
2) Mae'n annhebygol iawn y bydd angen i chi dynnu map topolegol.
3) Os bydd gofyn i chi ddarllen map topolegol, cofiwch mai lleoedd yw'r dotiau. Dangos llwybrau rhwng lleoedd mae'r llinellau.
4) Os bydd dwy linell yn croesi ar ddot, yna dyma fan lle gellir newid o'r naill lwybr i'r llall.
5) Cofiwch wirio'r allwedd.

Mae Isolinau yn Cysylltu Lleoedd sydd â Rhywbeth yn Gyffredin

1) Mae isolinau yn llinellau ar fapiau sy'n cysylltu'r holl fannau sydd â nodwedd yn gyffredin.
2) Mae cyfuchliniau yn isolinau sy'n cysylltu lleoedd â'r un uchder.
3) Mae isolinau ar siart synoptig (map tywydd — edrychwch ar dudalen 40) yn cysylltu lleoedd â'r un gwasgedd atmosfferig.

> Enw arall ar isolin yw isopleth.

4) Mae isolinau yn hyblyg ac mae modd eu defnyddio i gysylltu lleoedd lle, dyweder, mae'r tymheredd, buanedd gwynt, glawiad neu lefelau llygredd cyfartalog yr un fath.

① Sut i Ddarllen Map Isolin

ENGHRAIFFT C: *Beth yw glawiad blynyddol cyfartalog*
a) Porth Madryn a b) Mynydd Cardi

1) Chwiliwch am Borth Madryn ar y map.
2) Nid yw ar linell, felly edrychwch ar y rhifau ar y llinellau bob ochr iddo — sef 200 a 400. Gan fod Porth Madryn tua hanner ffordd rhwng y ddau yr ateb yw 300 mm y flwyddyn.
3) Mae dyfalu'r ateb am Mynydd Cardi yn haws am ei fod yn union ar y llinell 1000 mm y flwyddyn.

② Sut i Dynnu Isolin

ENGHRAIFFT C: *Cwblhewch y llinell ar y map sy'n dangos glawiad blynyddol cyfartalog o 600 mm.*

Glawiad ar Ynys Afallon (mm y flwyddyn)

1) Mae tynnu isolin yn debyg i wneud dot-i-ddot lle unir y dotiau sydd â'r un rhif.
2) Chwiliwch am y dotiau sydd wedi'u marcio â 600, a'r llinell 600 sydd heb ei gorffen.
3) Tynnwch linell grom (nid syth) daclus i uno'r holl bwyntiau 600 a dau ben y llinell.
4) Peidiwch â chroesi unrhyw linellau eraill, na mynd heibio'r dotiau 500. Mae'r llinell fylchog goch yn dangos yr ateb cywir.

Llinellau a rhifau a sgwariau ... dw i'n teimlo'n benysgafn

Dim ond darllen mapiau topolegol fydd angen i chi. Mae isolinau'n fwy anodd — yn enwedig os ydych chi'n chwilio am rywbeth nad yw'n union ar linell. Edrychwch ar y map yn ofalus cyn dechrau tynnu llinellau. Os bydd gennych syniad go dda ynglyn â lleoliad y llinell, yna wnewch chi ddim cawl ohoni.

Mathau o Graffiau a Siartiau

Yr enw anghyfarwydd olaf i chi — coropleth. Ni chewch chi drafferth â hwn os byddwch yn gallu defnyddio allwedd. Ewch i'r afael â'r adran ar ddisgrifio graffiau — mae'n fwy pwysig nag anadlu. (Wel, bron.)

Mapiau Coropleth gyda Chroeslinellau a Dotiau

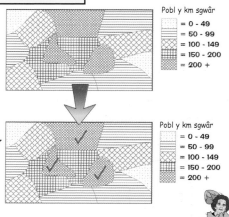

1) Yn lle defnyddio cod lliwiau, mae'r mapiau mewn arholiadau fel arfer yn defnyddio croeslinellau a dotiau — gan ei bod yn rhatach argraffu mewn du a gwyn (gwych).
2) Maent yn hawdd eu defnyddio, ond gall yr holl linellau ddechrau eich drysu.
3) Pan ofynnir i chi sôn am y rhannau o'r map sydd â chroeslinellau penodol, edrychwch ar y map yn ofalus a rhowch dic mawr ar bob darn sydd â'r croeslinellau hynny er mwyn eu hamlygu. Edrychwch ar yr enghraifft hon:
4) Pan ofynnir i chi gwblhau rhan o un o'r mapiau, defnyddiwch yr allwedd yn gyntaf i weld pa arlliw sydd ei angen, ac yna defnyddiwch bren mesur i dynnu'r llinellau, gan ddilyn yr un ongl a gofod ag yn yr allwedd.

Disgrifio'r hyn mae Graffiau yn ei Ddangos — Talwch Sylw i'r Darnau Pwysig

Mae'r cwestiwn "Disgrifiwch yr hyn mae'r graff yn ei ddangos" yn edrych yn un cas, ond mae'r ateb yn hawdd mewn gwirionedd. Ewch ymlaen i ddarllen.

Y PEDWAR PETH I EDRYCH AMDANYNT

1) Soniwch am y rhannau lle mae'r llinell yn codi.
2) Soniwch am y rhannau lle mae'r llinell yn disgyn.
3) Os oes brig (pwynt uchaf), nodwch hynny.
4) Os oes cafn (pwynt isaf), nodwch hynny.

ENGHRAIFFT

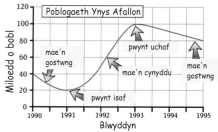

"Gostyngodd y boblogaeth rhwng 1990 ac 1991, ac yna cynyddodd tan 1993 pan ddechreuodd ostwng eto. Cofnodwyd uchafswm y boblogaeth, sef 100,000, yn 1993, a'r isafswm, 20,000, yn 1991.'

Graffiau Gwasgariad — Tynnwch Linell Ffit Orau a Thrafodwch y Cydberthyniad

Gyda lwc, bydd llinell ffit orau ar y graffiau gwasgariad eisoes. Os nad oes, yna tynnwch un eich hun yn agos at y lle cywir, ac yna disgrifiwch natur y cydberthyniad sydd yno.

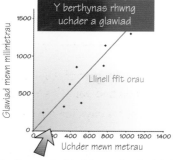

Mae'r llinell yn goleddu i fyny o'r chwith i'r dde — mae yma 'gydberthyniad positif'.

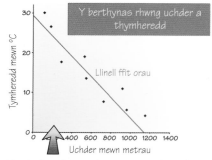

Mae'r llinell yn goleddu i lawr i'r dde — mae yma 'gydberthyniad negatif'.

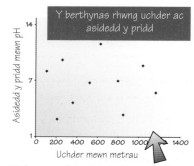

Nid oes cydberthyniad yma, felly ni ellir tynnu llinell ffit orau.

Ydych chi'n un o'r Cymry ar Wasgar?

Os ydych chi, peidiwch â dechrau canu — adolygwch y gwaith hanfodol hwn yn lle hynny ...

Crynodeb Adolygu ar gyfer Adran 14

Mae'n hawdd cael marciau uchel am drafod mapiau, graffiau a siartiau yn yr arholiad, ond rhaid i chi ymarfer, ymarfer, ymarfer cyn y byddwch yn gallu gwneud hyn yn llwyddiannus. Y ffordd orau o wybod a ydych chi'n gallu gwneud y gwaith yw drwy roi cynnig ar y cwestiynau hyn. Wedi i chi eu gwneud, ewch yn ôl dros unrhyw ddarnau oedd yn anodd. Yna ewch ati i'w gwneud eto. Ac eto ...

1) Cwblhewch enwau pwyntiau'r cwmpawd ar y diagram hwn:

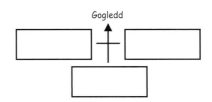

2) Nodwch y cyfeirnodau grid pedwar a chwe ffigur ar gyfer pob symbol ar y map sy'n cyd-fynd â'r allwedd.

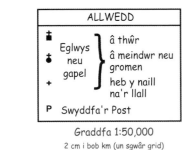

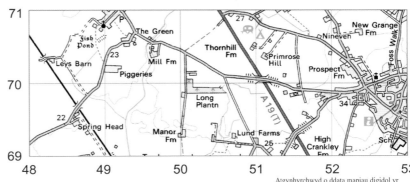

Atgynhyrchwyd o ddata mapiau digidol yr Arolwg Ordnans ⓗ Hawlfraint y Goron 2001

3) Gan ddefnyddio'r map uchod, beth yw'r pellter, mewn cilometrau, o'r Swyddfa'r Post i a) Manor Farm, b) Leys Barn, c) yr eglwys agosaf?

4) Pa fap cyfuchlin sy'n cyfateb i ba siâp?

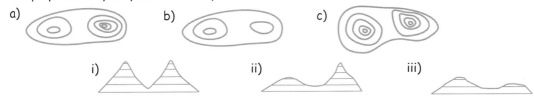

5) Ar gyfer pob pwynt A) i CH) ar y map, nodwch p'un ai llethr serth neu lethr graddol sydd yno. Rhowch esboniad byr o bwynt uchder a philer triongli, a chwiliwch am enghraifft o bob un ar y map.

Atgynhyrchwyd o ddata mapiau digidol yr Arolwg Ordnans ⓗ Hawlfraint y Goron 2001

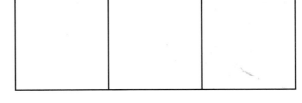

6) Gan ddefnyddio'r map uchod, tynnwch y llyn a'r amlinelliad o'r goedwig (y llinell ddu). Yn gyntaf, copïwch neu dargopïwch y grid gwag uchod, yna mesurwch rai o'r pellterau pwysig er mwyn sicrhau bod popeth yn y lle iawn.

7) Pa fath o nodweddion y byddech chi'n eu defnyddio i weithio allan sut mae ffotograff a chynllun o'r un ardal yn cyfateb i'w gilydd?

8) Disgrifiwch yn fyr sut y byddech yn gweithio allan pa ran fyddai wedi newid mewn ardal, a pham, pe byddai gennych ffotograff a chynllun o'r un ardal gyda dyddiadau gwahanol.

9) Sut y byddech chi'n adnabod y canlynol ar gynllun o dref neu awyrlun?:
   a) CBD b) ardal breswyl c) pentref.

10) Beth yw'r prif reolau i'w defnyddio wrth ddisgrifio ffotograff daearyddol?

Trowch drosodd am weddill y cwestiynau

Crynodeb Adolygu ar gyfer Adran 14

11)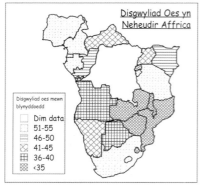

a) Pa fath o graff yw hwn?

b) Disgrifiwch ddosbarthiad y gwledydd â disgwyliad oes cyfartalog sy'n llai na 35 oed, neu'n fwy na 51 oed.

12)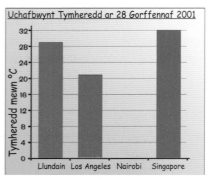

a) Beth oedd uchafbwynt tymheredd Singapore?

b) Cwblhewch y graff i ddangos mai 16°C oedd yr uchafbwynt tymheredd yn Nairobi.

13)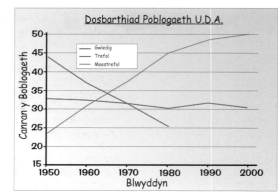

a) Pa fath o graff yw hwn?

b) Cwblhewch y graff i ddangos bod y boblogaeth wledig wedi gostwng i 22.5% yn 1990, ac i 19.8% yn 2000.

c) Ym mha flwyddyn y cofnodwyd canran isaf y boblogaeth drefol?

14)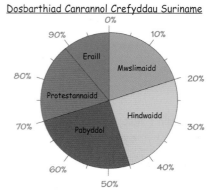

a) Pa ganran o boblogaeth Suriname sy'n Hindwiaid?

b) Esboniwch yn fanwl sut y byddech yn tynnu siart cylch.

15)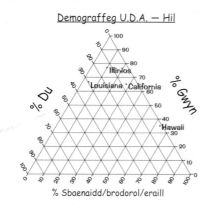

a) Beth yw canran y bobl wyn yn Hawaii?

b) Gwnewch gopi o'r graff ac ychwanegwch bwynt data ar gyfer Massachusetts: Gwyn — 87%, Du — 5%, Eraill — 8%.

16)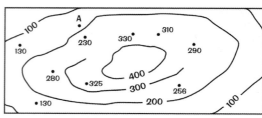

Dosbarthiad dwysedd cerddwyr mewn CBD

a) Cwblhewch yr isolin ar gyfer dwysedd cerddwyr o 300.

b) Beth, yn fras, yw'r dwysedd cerddwyr ym mhwynt A?

17) A dyma gwestiwn anodd i orffen — disgrifiwch yr hyn mae graffiau 12 i 15 yn ei ddangos.

Mynegai

Mynegai

Mynegai

Mynegai